冶金工业出版社

普通高等教育“十四五”规划教材

目标伪装概论

主　编　吴　迪
副主编　孙文邦　白新伟

北　京
冶　金　工　业　出　版　社
2023

内容提要

本书共分为7章，主要内容包括伪装概述、现代侦察监视与攻击威胁、伪装原理、伪装基本方法、伪装效果检测与评估、典型目标伪装、武器装备目标伪装隐身。

本书可作为高等院校遥感成像相关专业教学用书，也可供目标伪装技术爱好者阅读与参考。

图书在版编目(CIP)数据

目标伪装概论/吴迪主编. —北京：冶金工业出版社，2023.5
普通高等教育"十四五"规划教材
ISBN 978-7-5024-9504-6

Ⅰ.①目…　Ⅱ.①吴…　Ⅲ.①目标伪装—高等学校—教材　Ⅳ.①E951.4

中国国家版本馆CIP数据核字（2023）第098138号

目标伪装概论

出版发行　冶金工业出版社　　**电　话**　(010)64027926
地　址　北京市东城区嵩祝院北巷39号　　**邮　编**　100009
网　址　www.mip1953.com　　**电子信箱**　service@mip1953.com

责任编辑　刘林烨　美术编辑　吕欣童　版式设计　郑小利
责任校对　梁江凤　责任印制　禹　蕊
三河市双峰印刷装订有限公司印刷
2023年5月第1版，2023年5月第1次印刷
787mm×1092mm　1/16；11.5印张；274千字；174页
定价55.00元

投稿电话　(010)64027932　投稿信箱　tougao@cnmip.com.cn
营销中心电话　(010)64044283
冶金工业出版社天猫旗舰店　yjgycbs.tmall.com
(本书如有印装质量问题，本社营销中心负责退换)

前　言

随着科学技术的进步，伪装已经成为一门涉及内容非常广泛的综合性课题，横跨图像科学、电子科学、信息科学、光学、电磁学、遥感科学、生理学、心理学等多门领域，现在的伪装技术还涉及量子物理、热力学、高分子材料科学等。

本书在介绍伪装基本原理的基础上，着重介绍伪装方法及其在军事目标和战场上的运用。尽可能在保证内容体系逻辑性、完整性的同时，聚焦前沿理论。书中根据现代侦察监视特点，重新梳理构建了伪装原理的基本结构，在伪装方法、目标伪装等部分内容中搜集编入了能够反映现代战争条件下的伪装问题，可供读者参考。

本书主编吴迪负责全书统稿，并编写了第 1 章、第 3 章、第 5 章和第 7 章部分内容；副主编孙文邦负责全书理论内容、相关公式等科学性把握，并编写了第 3 章部分内容；副主编白新伟负责全书图表准确性把握，并编写了第 2 章部分内容；李德军编写了第 6 章；于光、武赫男、陈健编写了第 4 章；尤金凤编写了第 2 章部分内容；孙晓锐、刘文静编写了第 7 章。

本书在编写过程中，参考了有关文献资料，在此向有关作者表示感谢。

由于作者水平所限，书中不妥之处，望读者批评指正。

编　者

2022 年 12 月

目　录

1 伪装概述

战场上伪装与生存息息相关。现代战争条件下，战场侦察监视能力和武器打击能力飞速发展，给军事目标构成了极大威胁。为保存战场有生力量，任何军兵种部队都必须进行伪装，战场上忽视伪装必将导致严重的后果。随着科技的进步，未来战场对伪装的要求将越来越高。

1.1 伪装的概念

伪装是为隐蔽自己和欺骗、迷惑敌人所采取的各种措施，包括隐真和示假。在现代战争中，伪装是作战保障的重要内容。

《中国军事百科全书》(战役分册) 伪装条目中表述为："伪装是隐蔽自己和欺骗、迷惑敌人的各种措施。"伪装是各种隐真、示假措施在平时和战时的具体运用，是直接在军事目标上和军事行动上所采取的诱敌手段。

美国对伪装的定义："伪装是指为尽量减少敌人对我方部队、武器、装备及设施的发现和识别，而采用的隐真和示假手段。"此种手段包括利用当时当地的自然环境，以及利用天然的和人工的材料。

俄罗斯在《军事百科辞典》指出："伪装是为使敌人对我方军队（兵力）和各种军事目标的存在、配置、状况、战备程度、行动及指挥部的计划产生错觉而采取的整套措施；伪装是战役保障的一种类型。"伪装有助于军队作战行动的突然性，能够保持其战备状态和提高其生命力。

伪装是隐藏己方和欺骗、迷惑敌方所采取的各种隐真、示假的措施。隐真就是将真目标（包括人员、装备、设施等）隐藏起来，使敌人不能或难以发现和识别；示假就是把假目标逼真地模仿和显示出来，使敌人"认假为真"或"真假难辨"。伪装是对付侦察的主要手段，是作战保障的重要内容。

有些观点认为伪装主要在于挫败敌方的目标侦察，优先考虑对付目标侦察的伪装措施，在学术体系上把伪装和战场欺骗分为两个概念和系统考虑，并认为战场欺骗是一种指挥手段。这里的伪装概念则要宽得多，这里的伪装包括隐蔽自己和欺骗、迷惑敌人两个方面，同时要求通过伪装达到保持战备、提高生存能力和达成作战突然性的多重目的。

按层次，伪装分为战略伪装、战役伪装和战术伪装；按方法，伪装分为天然伪装和人工伪装；按对象，伪装分为人员伪装、装备伪装、工程伪装；按伪装所应对的侦察器材种类，伪装分为防可见光侦察伪装、防热红外侦察伪装、防雷达侦察伪装、防声测侦察伪装和防多、高光谱侦察伪装等。战略伪装由国家最高统帅机关拟定计划、组织实施，包括对战略性战役和战局的保密伪装，使敌人对我武装力量集结、部队状态和作战意图产生错误判断。战役伪装是根据战役决心组织实施，通过军事目标伪装模拟、军队集结和佯动产生有利于己方的虚假情报。战术伪装是利用地形、天候、伪装器材及假阵地工事隐蔽部队运动、态势和目标配置，由军队全体人员在没有得到上级指示的情况下，根据兵团、分队指挥员决心所实施的伪装。实际上，无论在战略、战役或战术层次实施伪装，多数条件下都是通过采用各种工程技术措施和作战组织措施来伪装各类军队目标和具有重大军事、经济价值的国家后方目标。

伪装目的在于使敌人对我方军队的行动、配置、作战企图和各种目标的位置、状况等产生错觉，造成指挥失误；降低敌人侦察器材的侦察效果和武器命中率。

1.2 伪装的地位作用

伪装是降低敌人侦察、监视和识别目标的有效途径，熟练的侦察人员和先进的侦察设备都受限于战场上的伪装，阻碍敌方侦察会削弱敌方战场作战模式评估能力，从而削弱敌作战能力。伪装是战争基本手段之一，能否正确利用伪装关系到战争的成败。伪装历来都受到人们的高度重视。第一次世界大战期间，德国就认为："没有不可摧毁的工事，只有良好的伪装才能达到不被摧毁的目的。"随着科技的发展，人们对伪装的认识有了进一步的提高，认为伪装是特别有效的战争武器。历次战争的实践表明，创造性地运用各种伪装手段，能为赢得战争的胜利发挥重要作用。在现代高技术战争条件下，由于高科技广泛运用于战场，侦察与反侦察、制导与反制导的斗争异常激烈，对伪装提出了更高的要求，针对当前侦察、制导、攻击手段特点，采取有效的伪装措施，提高目标战场生存能力、增强战斗力，成为现代作战至关重要的问题。

按传统的观点，地面目标的战场生存能力基本上等同于目标装甲的厚度、强度或目标防护工程工事的抗力。武器的毁伤能力高度发展，只着眼于装甲的防护力和工事的抗力来提高目标的战场生存能力往往要付出很大代价或者根本就不可能，而运用现代系统分析理论进行分析，地面目标战场生存能力的含义则比传统的装甲防护力或工事抗力要宽，除破坏毁伤因素外，还包括侦察探测和攻击命中两个因素，即侦察与攻击系统要造成目标的毁伤必须经过侦察、攻击命中、毁伤三个层次：侦察探测下目标被发现和识别的程度；目标被侦察探测下攻击命中的可能性；目标被命中条件下毁伤的可能性。按照这种分析，实战中地面目标的战场生存能力可用其生存概率表示，表达式为：

$$P_S = 1 - P_d P_{M/d} P_{h/M} \tag{1-1}$$

式中，P_S 为目标的生存概率；P_d 为目标被探测的概率，包括目标被搜索、发现和识别的概率，以搜索、发现条件下的识别概率衡量；$P_{M/d}$为目标被探测条件下的命中概率；$P_{h/M}$ 为目标被命中条件下的毁伤概率。

由式(1-1)可看出，降低上述任意一种概率，都可提高地面目标的战场生存概率。伪装效能的系统分析表明，伪装技术措施能有效地降低目标被探测概率和被命中概率。例如实施部分隐蔽的坦克，在导弹袭击的情况下，其生存概率可提高 50%以上；实施良好隐蔽的加强型炮工事，其首发命中条件下的生存概率可提高 70%以上；若采用隐蔽措施时配合示假，则其生存概率可能更高。另外，伪装提供的隐蔽可以有效地隐蔽己方目标的配置、活动和作战企图，使战场指挥员成功地实现出其不意、保存实力和增强战斗力。现代战争证明，伪装是影响战斗力的重要因素之一，例如，在导弹袭击的条件下，隐蔽良好的坦克，先敌开火的取胜率可提高 2~9 倍；又如海湾战争中，美国出动 30 架 F-117A 隐形轰炸机，对伊拉克防空能力最强的 80 个目标进行袭击，无一架被击落。

世界各国，不论是军事力量强大的国家，还是军事力量有限的国家，都重视伪装的作用并给予高度评价，美军认为“战场上有效的伪装是保存自己的关键”。为了适应未来高技术条件下实施伪装的需要，许多国家的军队中都编有伪装部队或分队，装备有成套伪装器材和伪装作业机具，并设有伪装研究和训练机构，积极开展对抗侦察探测系统和捕获攻击系统的伪装技术研究和伪装训练。

（1）伪装是对付敌方侦察的主要手段，是提高军事目标战场生存能力的重要措施。伪装是对抗军事侦察和武器攻击的一种有效手段，这是因为在军事侦察和武器攻击系统高度发展、日趋高技术化的情况下，对信息、情报的依赖性也越来越强，采取严密而有效的伪装措施，能起到破坏和干扰情报的准确性和及时性的作用。降低敌人侦察、监视及目标识别效能，使敌人对己方军队的行动、配置、作战企图和各种目标的位置、状况等产生错觉，造成指挥失误。伪装能够降低敌人侦察器材的侦察效果从而延长侦察时间，为己方争取更多时间。

对于提高防护工程生存能力，伪装是最经济、最有效的措施，具有很高的性价比。搞好现代工程伪装需平战结合。处于防御地位的国家，要想避敌锐气，保存实力，以利再战，首先要采取有利的防护措施，保存自己，而保存自己最有效的方式就是分散、隐蔽和伪装。

科索沃战争中，南联盟普里什蒂纳机场是北约重点打击的目标，曾被反复空袭，但南军撤出普里什蒂纳时，南空军的 11 架 MC-21 战机像是从地下“冒出来”似的飞走了，秘密就在普里什蒂纳机场的下面还有一个伪装十分巧妙的地下机场。

（2）伪装是作战保障的重要内容。伪装使军队能够隐蔽地部署，隐蔽地集结兵力与物资器材，隐蔽军队的战斗队形和阵地体系，隐蔽地构筑各种目标，以及隐蔽地开展为投入和进行战斗所必需的各项准备工作，从而使己方达到攻其不备、出其不意的目的。伪装是指挥员施计用谋的重要方式，现代高新技术的运用并没有改变人的谋略在战争中的作用，可以说，现代战争谋略仍然是胜负的决定因素。

任何一方单靠力量上的优势取胜并非易事，相反弱小的一方，如果善谋施计，同样可以取得战争的胜利。未来战争条件下，面临的战场环境将是十分复杂和瞬息万变的，这不仅对实施正确的指挥提出了更高要求，同时也为我们施展谋略提供了广阔舞台。运用谋略实现隐蔽战役企图，隐蔽战役行动、部署、重要目标，都离不开伪装。可以说，离开了伪装，谋略就失去了智慧的光泽。因此，伪装能提供隐蔽和提高生存能力与战斗力，是高技术局部战争条件下一种强有力的对抗手段。

（3）伪装是高技术条件下以劣抗优的有效途径。在科索沃战争中，北约对东欧一些国家使用了各种先进武器，进行了 78 天的狂轰滥炸，发射巡航导弹 1000 枚，空袭 34850 架次，投掷炸弹 23000 枚，空袭强度大大超过了持续 17 天的“审慎力量”行动、持续 3 天的“沙漠之狐”行动、持续 38 天的“海湾战争”行动。然而，在这样一个高强度、高密度、高精度的空袭中，东欧一些国家的军力却有效地保存下来了。据报道，南联盟驻科索沃的部队 85%得以保存，其中坦克保存 90%，飞机保存 70%，车辆保存 80%，人员保存 95 %。以一个弱小之国何以抗住一个强大北约 78 天的猛烈轰炸，使北约的地面部队始终不敢越雷池一步，靠的是什么？靠的就是严密巧妙的伪装。科索沃战争，再一次向世人证明了伪装具有不可替代的极其重要的作用。

据有关资料介绍，如果在作战地域内设置2~3个假军事目标，可使敌对真军事目标的发现概率下降60%~80%，毁伤概率降为50%。1991年10月美国国防部对伪装、隐蔽与欺骗（CCD，Camouflage，Concealment，and Decoys）技术进行联合试验，测试和评估CCD技术对重要固定设施和可移动装备器材在受到空中打击时，提高生存力方面的效果。在试验中，出动海空军多种型号飞机（包括F-15E、F-16、A-6E、A-10、F-111、F-117和F/A-18等），测试结果清楚地说明使用CCD技术是提高地面重点目标和高价值装备器材生存力的有效技术。空中飞机攻击到真目标的数量从79%下降到48%，同时攻击假目标的数量显著上升，失败的次数也增加了。使用假目标时，它们受到攻击的概率为27%，计算结果表明：无CCD技术时，目标幸存概率为9%~38%，而使用CCD技术时，上升到42%~90%。无CCD技术时，平均瞄准误差小于2~155m，而有CCD时，其上升到640m。

打击的前提是发现，对付发现的有效办法是欺骗，实施伪装能够以小的代价换取敌大的消耗。一般战争用成套伪装技术装备的价值很少超过被防护装备价值的1%，如法国的一个制式假坦克为6000~9000美元，而美国一辆M1A1坦克的价格为250万~400万美元，一枚“海法尔”激光反坦克导弹的价格为4万美元。假设真目标被发现的概率为50%，毁伤概率也接近50%，如果每套目标配置2套假目标，则真目标受攻击概率为1/3，其等效毁伤概率为16.7%，不仅有效地保存了真目标，而且伪装的效费比为17.5∶1。极为逼真的苏-27假目标研制生产费用为数十万美元，而一架真的苏-27飞机价值2亿多美元，可见伪装是对付侦察最经济而有效的方法。海湾战争中，伊拉克设置假目标的效费比为150∶1，因此，战场示假是一种高效费比的欺骗措施。专家研究证明：当假目标、假阵地占有真目标、真阵地的1/3时，即可减少真目标、真阵地损失的20%，同时可使敌方的弹药消耗量增加70%~90%。

1.3 伪装的任务

美军认为，每名士兵，都对自己及其装备的伪装负有责任。良好的伪装、隐蔽及示假（CCD）能够减小士兵及其装备成为打击目标的可能，此外，对CCD的透彻了解也能够帮助士兵轻松地识别敌方所使用的伪装。指挥官对部队的伪装负责，士官负责监督士兵是否严格地遵循伪装纪律，使他们熟悉常规的伪装操作程序，通过伪装演习提高伪装能力。美军指出CCD是战斗力的倍增器，应充分利用。

伪装的任务是有计划地实施隐真和示假。隐真即隐蔽真目标，通常采取电子、电磁、光学、热学等技术手段，改变目标本身所反射或辐射的特征信号，实现目标对周围背景的模拟复制，降低或消除目标的可探测特征信号，以实现目标隐真。示假即显示假目标或模拟目标的可探测信号，散布假情报，实施战场佯动以示假，其目的是保证军队行动的突然性和降低有生力量与物资器材的损失。隐真和示假两者相辅相成，具体如何运用，应根据上级的作战意图密切配合使用。

1.3.1 隐蔽真目标

隐蔽真目标就是使目标在一定条件下不被敌人发现或使其难以分辨。隐真所涉及的范围包括隐蔽、降低显著性、改变外形，以及对敌方侦察或目标捕获系统实施干扰等方式。

1.3.1.1 隐蔽

隐蔽目标是隐真的基本方法，就是采用各种措施消除目标的各种暴露征候，使目标不被发现，只要条件允许，各种目标在任何类型的战斗中都应实施隐蔽。所谓暴露征候，指目标处在一定探测手段和背景条件下，因为与背景之间在外貌、物理特性方面存在差别，而使目标可能被敌方发现和识别的特征。其包括外表特征、配置特征和活动特征，这些特征可以从不同方面反映目标的存在、位置和性质，暴露征候是识别与揭露伪装措施的主要依据，也是反映和评价伪装效果的主要参数，充分了解暴露征候，设法消除、减少或利用目标与背景在可见光、红外、微波等方面的特性，是伪装技术手段的根本。对于国家后方目标，一般面积较大，组成复杂，要想全部隐蔽十分困难，因此，应根据目标的重要程度与完成该任务在军事上、政治上和经济上的效费比来决定。例如，机场，其面积通常不小于 $1200\times2500m^2$，敌打击时，往往着重消灭飞机、人员、跑道和指挥所等。因此，若不能对机场实施全部隐蔽时，可对上述要害部分实施隐蔽。美军对于大型目标提出了关键性设施和敏感性设施的分类。

1.3.1.2 降低显著性

当各种条件不允许全部隐蔽时，需要采取措施降低其显著性，降低显著性是减少目标暴露征候的明显程度，使敌人难以侦察发现和识别目标。降低显著性主要是利用各种伪装措施，降低目标的暴露征候，把目标和背景的差别降低到使之难以鉴别的程度，从而达到目标发现距离缩短，瞄准、攻击困难，来不及瞄准的效果，如陆军身穿绿色军服，各种陆地战车涂绿色涂料都是基于这一设想而采取的伪装措施。当目标已被敌人定位、条件不允许对目标实施隐蔽，或者实施隐蔽对该目标意义不太大时，还可以提出降低显著性的任务，即对目标范围内的关键部分实施隐蔽，其他目标降低明显程度，譬如在反坦克地域内，主要隐蔽人员、技术装备和物资器材等。降低显著性的效果一般比隐蔽差，通常在隐蔽困难或人力、器材和时间不足时实施。

1.3.1.3 改变目标外形

在某些场合（如运动目标），降低显著性难以达成伪装目的的前提下，应采取措施改变外形。改变目标外形是改变目标原有的暴露征候，掩盖目标的真实外貌。也就是把人们所熟知的具有军事价值的目标外形，改头换面，变成一般地物、地貌或其他无多大军事价值目标的外形，从而使敌难以判断目标的性质，或使目标在敌人的印象中失去或降低军事价值，避免成为敌人重点攻击的对象。这种伪装方法多用于目标庞大，且难以用隐蔽方式达到伪装目的时候。

改变目标的外形往往在这些场合实施：一是不可能完全隐蔽目标；二是仅仅降低显著性又不能产生应有的效果。此时，可使目标外形不再反映原有目标的性质和状态。譬如将军用仓库的外形改成民用住宅的外形、将正在使用的野战机场被赋予废弃的外形，将完好的桥梁显示出被破坏了的模样、将行军车队改扮成民用车队等，都能起到大大降低敌人侦察注意力的作用。

1.3.1.4 干扰敌方侦察/捕获系统

随着探测系统的日趋完善，面临的主要侦察威胁具有侦察范围广、侦察速度快、侦察效率高的特点。除了隐蔽目标、降低目标显著性和改变目标外形的伪装方法，还应该运用干扰敌方侦察/捕获系统，使敌侦察失去找到目标的可能性，从而保护军队、装备和国家后方目标不受任何武器特别是精导武器的杀伤和破坏。

有些干扰措施（如人工地形斑点）主要作用在于给敌方制造困难的观察条件，增加目标捕获时间，从而获得伪装效益；另一些干扰措施（如箔条、角反射器、烟幕、水雾）能强烈地影响传感器对于目标的探测，实际上也具有隐蔽目标的作用。

1.3.2 示假

示假就是模拟真目标暴露征候，使敌侦察误假为真，主要包括设置假目标、实施佯动和散布假情报等。实践表明，隐蔽军队和目标的措施，尤其是降低显著性和歪曲目标外形的措施，大多情况下要与示假配合才能达到更好的效果。

（1）设置假目标主要是用装备、器材与建筑物的模型模拟军队和目标的方法。这些模型要具有被模拟的军队和目标的活动特征，各种模型和假建筑物逼真地模仿真目标或其重要组成部分，使敌方认假为真。

（2）实施佯动是指隐蔽军队行动企图和欺骗、迷惑敌人而采取的军事行动。实施佯动能够牵制敌人兵力，打乱敌人火力部署；通过显示军队假的征候和假的作战行动来实现，佯动的组织实施计划应成为作战计划的重要组成部分。

（3）散布假情报是为使敌人的注意力离开真实目标和使敌人难以发现真目标，欺骗、迷惑敌人，诱使敌人做出错误的决策，属于伪装谋略的具体运用。

军队实施战术隐蔽可以不需要上级指挥员的指示，但是设置假目标、假阵地却需要谨慎。因为设置假目标和假阵地会促使敌人集中兵力，吸引敌人火力。不经过协调就采取这些措施，可能会严重影响或完全破坏上级、友邻部队战斗任务的完成。因此，在部队行动时，只有经上级允许或按上级的指示才能设置假目标和构筑假阵地。脱离本部队行动的分队在选择伪装方法方面可以发挥主动性和创造性。

1.4 伪装的优先顺序

每个士兵和军事单位都有伪装自己的任务，他们应尽可能使用所有可用的伪装、隐藏和示假手段。但是，由于技术的进步，伪装面临的威胁变得更加复杂，指挥官必须认识到先进技术增强了敌方侦察和监视设备的性能，增强了敌方电磁探测、检测能力，减少了伪装作业的时间。因此，部队必须以更快的速度执行战场行动的所有任务。面对为部队提供伪装支援的时间、器材及其他资源不充足的情况，军队的指挥员应对任务、敌情、部队、地形及可用时间进行分析，确定伪装的优先顺序。

（1）任务。通常任务都是首要的，也是最重要的考虑因素。伪装行动必须有助于任务的完成，不能因为伪装作业的程序而妨碍任务的完成。

（2）敌情。敌方侦察、监视与目标跟踪能力，影响己方完成伪装任务的敌方情报。

任何伪装作业的情报分析应该包括了解敌人所使用的侦察、监视和目标跟踪设备的类型和性能。

（3）地形。作战地域内的不同地形通常影响着所需的伪装技术和器材。熟练利用地形伪装能力在伪装中具有重要意义，针对不同的地形需要不同的伪装技术。

（4）部队。部队的伪装能力、人员数量、伪装器材情况。部队必须接受适用于任务、作战和装备的伪装技术培训。环境或任务的改变通常要求对伪装技术进行额外的培训，指挥员还必须考虑部队的机动性，如果伪装工作不够严谨、伪装效率低，可能会泄露部队的位置，降低其生存能力及妨碍作战任务的完成。伪装前应明确部队通常的暴露征候和被敌方探测的相对概率。人员数量和伪装器材影响部队伪装任务完成的速度和伪装保障能力。

（5）时间。时间是至关重要的因素，复杂费时的伪装在战术伪装范围内一般不太实用。时间影响因素包括部队占领地域的时间、现有伪装时间、部队行动后重新伪装所需的时间，这些因素决定伪装的类型和数量。

2 现代侦察监视与攻击威胁

现代战争中高技术武器广泛应用于战场，侦察与反侦察的斗争异常激烈，对伪装提出了更高的要求，针对战场高技术威胁，有计划地采取隐真与示假的措施，隐蔽自己和欺骗、迷惑敌人，成为组织指挥作战至关重要的问题。

2.1 高技术军事侦察与伪装的关系

高技术军事侦察是在侦察器材、侦察平台和侦察信息处理等方面运用多种高新技术的现代侦察。侦察的实质则是以各种技术手段来揭露、显示目标与背景的信息特征差别以发现、识别目标。现代战争中，赢得作战胜利的第一步是了解战场情况。而侦察的目的是想方设法揭开敌人的神秘面纱，通过侦察与长期监视，充分获取战场信息，通过发现、识别、研判和分析，最大限度地获取战场上真实可靠的情报。

现代伪装技术具有很强的综合性，涉及光学、电学、声学、热学、化学、植物学、生理学、仿生学、材料科学等。伪装利用电子、电磁、光学、热学的技术手段，改变目标本身原有的可探测特征，减少目标与背景在可见光、热红外、微波波段等方面的反射或辐射能量差别，以改变或降低目标的形状、大小、所在位置、阴影、运动痕迹、辐射或反射的电磁波与红外线等特征，将目标隐蔽在背景之中，降低目标的显著性，以实现目标的隐真；或者模拟或扩大目标与背景的这些差别，构成假目标，以通过示假欺骗敌方，这样就可降低目标被发现的概率。作为一种重要的作战行动保障，伪装可使军队能够隐蔽地部署和集结兵力与物资器材，隐蔽地构筑阵地体系，隐蔽地展开战斗队形，以及隐蔽地开展为投入和进行战斗所必需的各项准备工作。伪装目的是要千方百计蒙住敌人侦察的眼睛，隐蔽自己的战场行动和作战企图。

伪装与侦察之间的关系，既是相互对立、相互斗争，又是相互联系、相互影响、相互促进的。近现代战争发展历史可以证明，侦察技术发展和侦察能力提高直接影响到伪装技术的改进完善和发展，而伪装技术改进和提高又反过来促进侦察技术发展，它们之间是一对矛盾体的关系。

高技术侦察是信息化战争中获取信息的源泉，是进行指挥和作战的基础和依据。伪装是保存实力，对付侦察的有效手段。在现代信息化战争中侦察与伪装是一场实力的较量、高技术的较量。因此，要从高技术侦察的现状、特点出发，不断加强目标的伪装建设，提高未来信息化战争条件下的生存能力。

2.2 现代侦察监视技术基本手段和特点

现代侦察监视的方式主要是运用航天、航空、地（水）面及水下等多种侦察平台，运用可见光、红外、雷达、微波、高光谱、多光谱等多种侦察器材进行全方位、全天候、不间断的多谱段侦察。同时，侦察所获得的信息可做到实时处理、实时传递。外界认为，侦察大体可以分为战略监视（长期监视）、战术监视（短期监视）和目标侦察（捕获）三种类型。所谓监视，就是按计划实施的系统侦察；所谓侦察，就是利用探测系统发现识别目标，并测定其位置。战略侦察通常利用卫星、有人驾驶飞机或无人驾驶飞机上的高分辨率探测系统在远距离进行。战术监视通常在战时进行，需要查明敌人短期战术目标和小规模部队的调动等情况。目标侦察是在战斗环境中对目标进行探测，以便发现、识别目标并确定其位置，主要目的是确定军事目标在地面或空中的准确位置。

从侦察空间的角度分析，高技术侦察是航天、航空、地（水）面的立体空间侦察，作用距离远，侦察范围广。航天侦察的运用，使得侦察日益向纵深化、大视场、全方位、高精度、高时效、全天候的方向发展，既能对平时纵深腹地的战略、战役目标进行全天候、全天时的侦察，又能对战时战场及战场以外的重要目标及军事动态实施连续不断的侦察与监视，为各种远程精确制导武器系统提供准确的打击目标。随着战场空间空前扩大，战场将向大纵深、立体化发展，战场将没有前后方的概念，纵深腹地的战略、战役目标也便失去了安全的屏障。

一颗地球静止轨道导弹预警卫星，可昼夜连续监视地球总面积大约42%的地面。美国“白云”系列海洋监视卫星每小时绕地球一周，可覆盖75%以上的地球表面。一架预警机上装载的合成孔径侧视雷达，可探测到500~600km远的高空目标和300~400km远的低空目标，其监视覆盖面积可达30万~65万平方千米。美国TR-1A战术侦察机每小时可监视38.9万平方千米的区域，巡航高度为22500m时可侦获160km远的高分辨率战场图像。地面侦察的范围也进一步扩大，美国陆军最新装备的远距离红外监视系统能探测和识别15km远的目标。同时，侦察的空间分辨率也大大提高，卫星上装载的光学照相装置，最高地面分辨率已达0.1m，可分辨出地面坦克的类型，计算出各种车辆、帐篷甚至人员的数量。美国E-3A预警机的雷达在9000m高空，当无明显背景杂波时可分辨出时速为1~8km的海面慢速目标，甚至可以看到潜艇的望远镜。地面用夜视器材的系统分辨率已达到0.76mrad（1mrad=0.0573°），夜视距离达上千米。航天、航空、地（水）面侦察组成了一个立体的侦察网，它们共同作用、互相印证、互为补充，可监视地球的每一个角落，使侦察能力大为提高。

从侦察频谱的角度分析，高技术侦察是可见光、红外、微波的多谱段侦察。可见光侦察是使用望远镜等观测器材及应用普通照相、电视设备实施的侦察，这类侦察发展最早、使用最广、组织方便且分辨率高。20世纪60年代以后有了微光夜视仪，可将微弱的光线增强使人眼能在夜间进行正常观察。红外热成像技术的研制成功使侦察波段扩展到红外波段，它利用探测目标本身发出的热辐射进行侦察，不但可在白天，而且可在全黑的夜间使用，同时还能透过烟雾进行远距离侦察。工作在微波波段的雷达早在第二次世界大战期间已用于战场侦察，早期雷达分辨率低，现在使用的合成孔径侧视雷达已可得到类似光学照相的雷达图像。高技术侦察不但实现了可见光、红外、微波的多谱段侦察，而且能将目标发出的光谱进行细分，实现了多光谱侦察，通过对获得的光谱进行分析，大大提高了识别目标的能力。

从侦察时间的角度分析，高技术侦察是全天候、全天时的实时侦察。可见光侦察只能在白天无云的条件下进行观察和照相，受时间、气候等因素的影响很大。夜视侦察技术的发展打破了白天和夜晚的界限，使得夜间战场变得相对透明。热成像侦察还可穿透烟雾发现目标，对烟雾缭绕的战场观察很有价值。合成孔径雷达可以透过云层拍摄图像，克服了不良天候对侦察的影响。现代侦察已具有全天时连续侦察能力，成像侦察卫星早在20世纪70年代就实现了全年覆盖，年观测天数均在300天以上。侦察机的空中续航能力增强，采用空中加油后续航时间大为提高，美国的E-3A空中预警机续航时间为9~15h，空中加油后可飞行24h，以色列的“先锋”无人机续航时间为7h，在其基础上发展的“搜索号”无人机续航时间已达24h。地面侦察设备更可以实时地、不间断地实施侦察。高技术侦察不但做到了全天候、全天时，而且侦察信息的传递速度已大大加快，实现了“实时”或“准实时”侦察。

从侦察速度的角度分析，现代战场快速多变，部队机动能力越来越强，要求侦察与监视速度越来越快。通过计算机辅助对侦察图像进行自动分类和识别，大大提高处理速度。如美国E-3A预警机上装备的计算机容量大，运算速度快，可同时跟踪600个目标，同时识别200个目标，同时处理300~400个目标信息。为了及时发现和摧毁目标，将侦察监视系统和武器装备有机地结合起来，构成一个合理的整体，实现侦察、监视与攻击系统一体化。例如有的无人机携带有侦察、跟踪、瞄准装备和弹药，侦察发现目标后，能够快速将目标摧毁；有的侦察机雷达发现100~200km距离上的目标后，快速完成信号处理，传输给地面，并引导地面武器准确打击目标；预警卫星将得到敌攻击目标信息及时地传递给攻击系统，力求实现发现即摧毁；海洋监视卫星一旦发现敌舰，立即给己方舰艇、导弹指示攻击目标等。

各种高技术精确打击武器装备的发展，对侦察监视系统构成了严重威胁，侦察监视系统本身的生存能力，成了完成任务的重要因素。对于空中侦察监视系统，主要向高空、高速或超低空发展，采用远距离大倾斜遥感设备，并充分发挥无人侦察机的优越性，同时发展隐身侦察机。另外，反卫星侦察武器促使空间侦察监视系统必须采取进一步措施躲避攻击、抗电子干扰和抵御辐射。

现代侦察监视技术的发展趋势表现为：一是改变和提高综合侦察器材的性能，实施全空域、全时域、全频域侦察，研制小、轻、强的综合侦察器材，今后各国还将研制利用气流、电子信号、磁场、自然环境变化识别隐形目标的高技术侦察器材；二是卫星具有小型化特点，灵活性强，小型卫星经济实用，发射成功率高，可一箭多星，并能根据战时的需要实时发射，急需改变侦察地域目标时，还可使卫星变轨；三是力求在光学、探测、感应、解码处理等技术方面取得新突破，使分辨率更高，侦探范围更广，全天候能力和实时处理目标情报的能力更强，以满足信息化战争的需要。利用计算机软件新技术，把获取的目标影像图，做成三维立体动画，在计算机上进行模拟攻击目标训练，使目标打击方案更全、命中精度更高、毁伤效果更好。

2.3 现代武器攻击威胁

现代武器攻击威胁主要是空袭威胁，具体包括作战飞机和直升机空袭导弹、航空炸弹以及火箭炮、机关炮等。用于空袭作战的炮弹主要包括航空机关炮（主要用于攻击地面有生力量及停放的飞机、炮兵阵地、车辆等目标）、空空导弹（主要用于攻击空中运动目标）、空地导弹（主要用于攻击坦克等地面坚固点状运动目标）、爆破弹（主要用于攻击机场、桥梁、车站、雷达站、地面建筑物、码头等目标）、凝固汽油弹（主要用于攻击有生力量和车辆、建筑物、据点、工事等）。

2.3.1 现代空袭作战的主要特点

现代空袭作战特点具有以下几点。

（1）作战飞机性能先进、空袭范围大。例如，美国的 F-16 和法国幻影 2000 等飞机，航程远、航速高、作战半径大、性能先进。美军由于空中加油技术的广泛应用，其飞机作战距离大大增加，美军 B-52 轰炸机经空中加油，可环球飞行。

（2）作战飞机机动性高，有利于突袭进攻。新一代作战飞机普遍安装了卫星导航和地形跟踪导航等高技术自主飞行控制系统，可在夜间、复杂气象和地形条件下，距地面、海面几十至几百米高度，以音速、亚音速掠海（地）飞行，利用雷达盲区，低空、超低空突防，达成空袭突然性。隐形飞机更是理想的隐蔽突防空袭兵器。美军弹道导弹和巡航导弹，由于其速度快、雷达截面小，具有与隐形飞机近似的突防性能。隐形飞艇、隐形直升机和隐形战术导弹等，可使空袭突然性更大。另外，无人作战飞机在战场上的运用越来越受到重视。2020 年纳卡战争中，无人机作战大放异彩，阿塞拜疆装备的“哈洛普”等自杀无人机在战场上游荡侦察，攻击随机出现的地面装备和人员，表现了优越的战斗能力。

（3）广泛应用精确制导武器，空袭精度高。目前，导弹和航空炸弹有红外制导、电视制导、激光制导、地形匹配制导等多种制导方式，已具备了实施精确打击能力，美军的精确制导武器命中概率高达 95%以上，轰炸效果比常规炸弹提高 5~10 倍。一架携带精确制导武器的飞机，作战效能相当于 20~40 架携带普通炸弹的同类飞机。

（4）空袭强度高，破坏威力大。根据海湾战争经验，美军平均每架飞机每天出动 1.2 架次，据此推算，其作战飞机每天可出动几千架次。另外，美军作战飞机的载弹量很大，一架远程轰炸机可载弹 20t，普通战斗机外挂弹最高可达 10t 左右。其空投弹药中有大威力的新型燃料空气弹、凝固汽油弹、集束炸弹、子母弹等，其中燃料空气弹可在直径 410m、高度 430m 的范围内，产生相当于 1 枚小型核弹所能产生的冲击波威力，而 1 枚反装甲子母弹可同时使十几辆坦克丧失战斗力，成了对集群坦克最有威胁的武器。另外，美军还有专用弹药，不仅有对付防空预警系统的反辐射导弹，还有对付机场跑道的反跑道穿甲弹等。

2.3.2 精确制导武器

精确制导武器这一术语起源于 20 世纪 70 年代，西方军事家把这些直接命中率很高的导弹和制导炸弹统称为精确制导武器或精确制导弹药，从而“精确制导武器”这一术语开始出现，并给武器的发展带来了革命性的变化。从美国越南战争到海湾战争，从英阿马岛战争到“沙漠之狐”，从美军对利比亚实施的“外科手术式”打击到北约空袭南联盟，精确制导武器都发挥了突出作用。由此可见，精确制导武器有着很好的发展趋势。当前，精确制导武器被定义为采用精确制导技术，对点状目标的直接命中率在 50%以上的武器。

精确制导武器包括导弹和精确制导弹两类，精确制导弹药又分为末制导弹药和末敏弹药。精确制导武器多指导弹，因此具体介绍一下导弹的构成。导弹一般由战斗部、动力装置、制导系统、弹体和电源五部分构成。

2.3.3 精确制导技术类型

2.3.3.1 寻的制导

自动寻的就是弹体自己寻找、跟踪并击毁目标。当弹体上的导引头接收到从目标辐射或反射来的某种能量（如红外辐射、无线电波、光辐射、声波等）时，弹上的制导系统就会引导弹体沿着能量的来向飞向目标。

根据能量的来源，自动寻的制导可分为以下三类。

（1）主动式寻的制导。在弹头上装有信号（激光、红外线、雷达波和声波等）发射机和接收器，发射机发射信号照射目标，接收机接收目标反射的信号，引导弹体命中目标。这种系统在锁定目标之后便自动地、完全独立地去攻击目标，但该系统加重了武器的分量，且价格昂贵。因此，主动式制导一般只适用于作末段制导，法国的“飞鱼”反舰导弹就采用了末端雷达主动式寻的制导方式。

（2）被动式寻的制导。在弹头上装有信号接收器，依靠目标发射的信号进行工作，即信号接收机接收到目标发射的信号后，引导弹体命中目标，这是一种便宜而有效的制导方式。通信卫星的电波、喷气发动机的尾焰、舰艇烟囱的热流等都可能成为制导武器的“向导”。反辐射导弹是一种雷达被动寻的制导的导弹，鱼雷则采用声波被动寻的制导，但更多的是红外线被动寻的制导，防空导弹，空空导弹和空地导弹大多采用这种制导方式（如美国的“响尾蛇”空空导弹）。

（3）半主动寻的制导。半主动寻的制导是用另外的信号发射器发射信号，照射或选定目标，弹头上的信号接收机接收目标反射的信号，引导弹体命中目标，在这种系统中，照射或选定目标是由目标照射站来完成的。它的最大优点是可以增加攻击目标的威力而不需要增大武器的重量和尺寸。半主动寻的有雷达半主动寻的和激光半主动寻的两种，美国的“霍克”地空导弹采用雷达半主动寻的制导，而“海尔法”反坦克导弹、“铜斑蛇”制导炮弹和多数制导炸弹则采用激光半主动寻的制导。

2.3.3.2 遥控制导

根据制导信号产生的情况，遥控制导可分为指令制导、电视指令制导和波束制导三种。

（1）指令制导。制导信号是弹外制导系统产生的。制导系统探测目标和弹体的位置，形成制导指令信号传给弹体，弹体在制导指令的控制下飞向目标。指令制导又分为有线指令制导和无线电指令制导。有线指令制导通过联结指挥站和弹体的导线传输制导指令，采用这种制导方式的导弹射程受导线长度的限制，多用于射程很短的导弹。其优点是不易受干扰，第一、二代反坦克导弹大多采用这种制导方式，如美国“陶式”、德国的“眼镜蛇”、前苏联的“赛格尔”等。无线电指令制导是将制导指令转换为专用编码，通过无线电波传给弹体，控制弹体的飞行，其跟踪探测系统主要是雷达。这种制导方式作用距离远，制导精度高，但易受干扰，多用于中、远距离防空导弹，如前苏联的“萨姆-2”、美国的“奈基”导弹等。

（2）电视指令制导。在弹头上安装微型电视摄像机，可将目标及其周围的景象信息送至控制点，控制人员根据荧光屏出现的目标及其周围的景象进行观察，发出指令，修正弹体的飞行方向，使之对准目标飞行直至命中。电视指令制导的精度高，但易受干扰，受天气影响大，作用距离近，美国的“秃鹰”空地导弹即采用这种制导方式，有些精确制导炸弹，也采用电视指令制导。

（3）波束制导。波束制导的制导信号是在弹体上产生的，它是由指挥站发出一道目标跟踪波束，弹体沿波束的轴线飞向目标。当弹体偏离轴线时，弹上的制导系统就会发出修正方向的制导信号，使弹体回到波束的轴线上来，直至命中目标。波束制导有雷达波束制导和激光波束制导两种。早期的防空导弹和岸舰导弹大多采用雷达波束制导，由于易受干扰，且导弹容易脱离波束而失去控制，现在已很少采用雷达波束制导。

2.3.3.3 惯性制导

惯性制导是根据弹体运动的惯性，以测量弹体运动的加速度来确定弹体飞行轨迹的制导方式。它不需要任何外界信息，就能自动地根据飞行时间、引力场的变化和弹体的初始状态，确定弹体的瞬时运动参数，因此不易受外界干扰，而且不受距离的限制，可全天候工作。大多数的弹道导弹和潜地导弹（如美国的“大力神”“民兵”等）几乎都采用惯性制导。

2.3.3.4 地形匹配与景象匹配制导

A 地形匹配制导

在一座大城市里，要寻找一个人是相当困难的，犹如海底捞针。但是，如果对每个区、每条街、每栋楼都进行编号，就像邮政编码一样，这时寻找起来就方便多了，地形匹配制导就是利用这个道理。根据侦察照相，获取导弹预定攻击目标及沿途航线上的地形地貌影像，并据此做出专门的标准地貌图。例如，在一块 10km×3km 的长方形区域内，可以画成许多小方格，在每个小方格内都标上该处地面的平均标高，如此计算，一幅数字地图就出现了，把这幅预先测定的数字地图存入弹体计算机。导弹在实际飞行的过程中，利用雷达高度计和气压高度计连续测量飞经地区的实际地面海拔高度，并把这一数据输入计算机与预定弹道的相关数据进行比较，如发现已偏离预定飞行轨迹，计算机会将需要纠正偏差修正量以指令形式传送给自动控制装置，使导弹及时回到预定轨道上来。然而，在导弹的整个射程内，要把沿途地形全部做成数字地图存入导弹的计算机是不可能的，所以一般只能沿其飞行弹道选定几个（3~4 个）定位区予以修正，其余由惯性制导系统进行制导，在接近目标区之后，再由数字式景象匹配区域相关器进行更为精确的末端制导。地形匹配制导具有地形越复杂精度越高的特点，所以它不适用于海面和平原。

B 景象匹配制导

景象匹配制导方式与地形匹配制导的原理是一样的。地形匹配是通过测定导弹飞经路线地面的实际标高来修正航向的，景象匹配制导则是利用弹载“景象匹配区域相关器”获取目标区域景物图像，然后把目标及其周围的影像与弹体计算机存储的影像进行比较，从而确定导弹相对于目标的位置，验明正身并确认目标无误时再进行攻击，因而是一种高精度的末端制导方式。

2.3.3.5 全球定位系统（GPS）制导

美国为满足各军种导航需要，于 1987 年开始发展全球定位系统，简称 GPS。全球定位系统（GPS）是利用时间信息和无线电精确测距进行导航的系统。它由空间设备、地面控制设备及用户设备三部分组成。空间设备由24颗导航卫星（其中21颗为工作卫星，3颗为备用卫星）构成；地面控制设备由5个地面监控站、3个上行数据发送站和1个主控站构成。用户设备为各种GPS接收机（导航接收机）。全部系统已于1993年完成并投入使用。最初研制目的是为海上舰船、空中飞机、地面车辆等提供全天候、连续、实时、高精度的三维位置、速度和精确的时间信息，现已扩展为精确制导武器复合制导的一种手段。其工作原理是利用弹上安装的GPS接收机接收4颗以上导航卫星发出的信号来修正导弹的飞行路线，提高制导精度。出于保密考虑，美国开通的GPS服务分两个等级，即标准定位服务（SPS）和精密定位服务（PPS），只有后者才能实时获取精确的GPS数据。精确制导武器利用GPS系统可以大大提高制导精度，例如，美国BGM-109C“战斧”巡航导弹已改装为“BLOCKIII”型，其主要改进是加装一个GPS接收机和天线系统，据说可使圆概率误差值由9m降为3m。

2.3.3.6 复合制导

导弹在飞行的不同区段采用不同的制导方式。导弹大多实行复合制导，目的是提高制导精度，在命中精度相同的条件下，作用距离比单一制导方式的导弹更远，并可以增强导弹的抗干扰能力。这是因为任何一种制导方式都有它的优缺点，采用复合制导可以取长补短，更好地满足作战要求。下面列举复合制导常用类型。

（1）自主、寻的制导。法国的“飞鱼”反舰导弹，开始是程序或惯性制导，接近目标时改为寻的制导。

（2）遥控、寻的制导。美国的“波马克”地空导弹，中段用无线电指令制导，末段用寻的制导。

（3）惯性、遥控、寻的制导。瑞典的RBS-15反舰导弹，中段用惯性制导，全程用无线电指令修正其飞行路线，末段用寻的制导。

（4）惯性、地形图匹配、全球定位系统制导。美国的“战斧-3”型巡航导弹，先是惯性制导，中段用地形图匹配制导，全程使用全球定位系统进行制导。

（5）主动寻的、被动寻的制导。美国的“黄蜂”空地导弹，先是主动寻的制导，末端改为被动寻的制导。

2.3.4 精确制导武器的弱点

尽管精确制导武器自投入战争以来，已经显示出了强大的作战能力，但在实战中，也暴露出了这样或那样的弱点。

（1）系统组成复杂。任何一个部分或部分间结合出现故障和差错，都会影响武器整体效能。

（2）作战使用时技术与保障环节较多，任何一个环节或其相互配合出现差错都将影响其作战效能的发挥。

（3）除惯性制导外，使用各种制导系统都可以干扰。

（4）战场环境（地形、目标与背景、天时、电磁等）气象条件都影响其作战效能。历次局部战争中精确制导武器的使用效能远远低于设计要求和理论计算，就是上述弱点的反映，这些弱点提供了对抗精确制导武器的可能性。

3 伪装原理

3.1 光学伪装原理

光学伪装的任务就是采取各种技术措施来消除、降低、歪曲或模仿目标与背景反射光波的差别，使敌人不能发现目标或获得错误信息，做出错误判断，来达到对抗光学侦察的目的。伪装领域里面的光学波段主要包含紫外线、可见光和近红外波段，电磁波波长在300~2500nm。

现代侦察技术发展迅速，各种手段同时使用，相互补充。而光学侦察目前仍然是使用最广泛、分辨率最高的侦察手段。在考虑目标伪装时，无论采取哪一种措施，都应该具有防光学侦察的性能，光学伪装是目标伪装时要优先考虑的问题。

研究目标与背景光学反射差别的问题，是实施光学伪装的基本问题。本章主要分析影响目标与背景光学反射差别的各种因素，介绍光学侦察的伪装途径。

3.1.1 目标被发现和识别的影响因素

在光学侦察条件下，目标被发现和识别主要与人眼的特性、感光元件光谱功率响应特性、表面材料的光谱反射特性、物体表面的粗糙状态、表面的受光方向、大气的透明状况等因素有关，这些因素决定着目标被发现和识别的程度。

3.1.1.1 人眼的特性

现代战场上，目视侦察仍然是光学侦察中非常重要的组成部分，目标侦察与人眼的特性密切相关。

人眼之所以能够看见外界的景物，是因为有光线进入人眼。外界物体表面的光线进入人眼，并投影到视网膜上，产生视觉。人眼视网膜上的感光细胞有锥体细胞与杆体细胞两类。锥体细胞只能感受较强的光线，所以它在一定光照条件下才能工作；杆体细胞可以感受微弱的光线，所以可以在弱光条件下工作。锥体细胞能够区分光的颜色，而杆体细胞只能区分光的明暗。

A 人眼的色视觉

在人眼目视侦察条件下，影响目标被发现和识别的主要因素是目标与背景的颜色差别，这种差别的明显与否决定着目标在背景上的暴露程度。

a 颜色

颜色是可见光（380~760nm 的电磁波）作用于人眼所引起的一种生理感觉。在1666年，牛顿所做的分光实验，使人们弄清了白色的阳光是由红、橙、黄、绿、青、蓝、紫七种单色光组成的混合光。单色光的波段范围越窄，其单色性越好。由两种或两种以上的单色光组成的光称为复合光。因为人眼不能详细区分光谱成分，所以无论对单色光还是复合光都只能得到单一颜色感觉。

b 颜色的分类

颜色可分为彩色和消色两大类。彩色包括红、橙、黄、绿、青、蓝、紫及红紫之间的各种中间色。消色包括黑、白及黑白之间的各种中间色——灰色。

c 颜色的基本特性

任何彩色均具有色调（色别）、饱和度（色彩纯度）、亮度（明度）三种基本特性。这三种基本特性是描述彩色的三个基本要素，故又称彩色的三要素。色调、饱和度是色彩的特性要素，消色颜色只有亮度这一个特性要素。

（1）色调是彩色的基本色感，它标志着彩色颜色之间“质”的差别，如红、橙、黄、绿、青、蓝、紫色的基本色感不同，所对应的主波长也不同，这标志着它们的色调不同。表 3-1 列举了几种色调的主波长。红与暗红虽不完全相同，但基本色感相同，均为红色，这标志着它们的色调相同。正常人眼能从色调上区分的光谱色约 150 种，非光谱色约 30 种。

表 3-1 几种色调的主波长

可见光波长/nm	对应的颜色感觉	可见光波长/nm	对应的颜色感觉
380~430	紫	530~560	黄绿
430~470	蓝	560~590	黄
470~500	青	590~620	橙
500~530	绿	620~760	红

（2）饱和度是某种彩色颜色与同色调光谱色的接近程度，它标志着彩色颜色之间消色含量的差别，其消色含量越少，饱和度越大；消色含量越大，饱和度越小。正常人眼能区分饱和度的等级为 8~12 个。

（3）亮度是颜色的明亮程度，即单位投影面积上的发光强度。正常人眼可以区分的亮度等级约 600 个。

物体呈现出的颜色既与物体本身的反射光有关，又与人眼的视觉特性有关，前者为影响颜色的物理因素，后者为影响颜色的生理因素。对于正常人眼观察而言，影响颜色差别的因素主要是物理因素。一切物体都可以根据发光与否分为发光体和非发光体两大类，非发光体分为透射体和反射体，光学伪装中主要考虑的是反射体。

B 人眼分辨亮度差别的能力

在人眼观察时，根据目标与背景的颜色差别来发现目标。颜色差别包括色调、饱和度和亮度方面的差别。人眼在分辨目标时，这三个特征对分辨的影响是不一样的。在近距离观察时，颜色的色彩差别和亮度差别对识别目标都很重要。但在远距离观察时，由于空气、烟尘的影响，大气产生消色作用，彩色颜色会失去色彩而接近于消色颜色，颜色之间只能以亮度来区分。因此，三个特征中亮度影响最大，色调其次，饱和度最小。

因此，在光学伪装中，主要是从目标与背景的亮度入手，其次是色彩。亮度差别通常使用亮度对比来表示。

目标与背景的亮度对比定义为：

$$K=\frac{B_b-B_0}{B_b}\quad (B_b>B_0) \tag{3-1}$$

或

$$K=\frac{B_o-B_b}{B_b}\quad (B_0>B_b) \tag{3-2}$$

式中，K 为目标与背景的亮度对比；B_0 为目标的亮度；B_b 为背景的亮度。

由于亮度系数是一个随照明条件和观察方向等因素而变化的物理量，常用亮度系数来描述物体的亮暗程度。当目标与背景的表面都可以近似看成漫反射面，而且表面的受光方向近似相同时，其亮度对比通常表示为：

$$K=\frac{r_0-r_b}{r_0}\quad (r_0>r_b) \tag{3-3}$$

或

$$K=\frac{r_b-r_0}{r_b}\quad (r_b>r_0) \tag{3-4}$$

式中，r_0 为目标的亮度系数；r_b 为背景的亮度系数。

从式(3-3)和式(3-4)可以看出，K 的数值最大不超过1，最小为0。当 K 值接近于1时，目标与背景的亮度对比最明显，就像白纸上的黑字一样；当 K 接近于零，目标与背景的亮度对比最不明显，就像白纸上的白字一样。

人眼观察的实际结果表明：当亮度对比 K 值大于或等于某一数值时，人眼就能从背景上发现目标。把人眼能从背景发现目标的最小亮度对比值 K 称为亮度对比阈或对比视觉阈，并以 ε 表示。亮度对比域是一个生理数值，它受人眼的视力、照明条件、观察时的视角等因素的影响，对正常人眼视力来说，只有在白天正常照明（照度在 1000～10000lux）和视角大于 30′条件下，照度 E 没有明显的变化，可以近似看成一个常数。经过多次实验证明，在上述条件下，ε 的平均值为 0.02。如果人眼视觉不正常、照明条件微弱或视角减小时，值就会迅速增大。

$\varepsilon=0.02$ 是实验条件下的亮度对比值。对于光学伪装来说，由于背景斑点的颜色比较复杂，有利于目标的隐蔽，所以实际中的亮度对比阈约比实验条件下的值大 5～10 倍，即 $\varepsilon'=0.1\sim0.2$。当然它还和目标的视角有关，所以在伪装中：

（1）当目标（非线状）视角大于 30′，要求目标不可见时，必须满足 $K\leqslant 0.05$；

（2）当目标视角小于 30′时，要求目标不可见的对比阈值应根据背景的斑驳程度而定：单调背景时 $K\leqslant 0.1$；斑驳背景时 $K\leqslant 0.4$。

C 人眼分辨目标尺寸的能力

目视侦察时，处在一定背景上的目标是否可见不仅取决于目标与背景的颜色差别，而且与目标的尺寸和观察距离有关。目标的尺寸越小或观察距离越大，目标对人眼所形成的视角就越小，当视角小到一定程度，即使亮度对比值很大，人眼也不能从背景上发现目标。

a 视角与视角阈

视角是人眼对目标两端的视线所形成的夹角，如图 3-1 所示。视角的大小与目标的尺寸成正比，与观察距离成反比。视角大时目标就显得清楚，反之就显得模糊。当视角减小到某一界限时，目标就不可见。

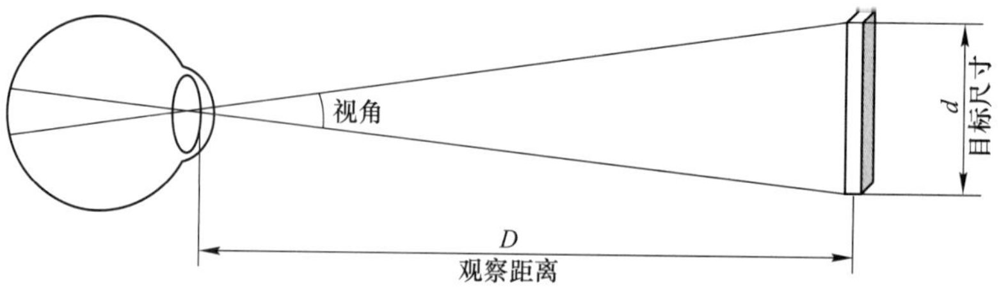

图 3-1 视角示意图

视角 θ 可以表述为：

$$\theta = \frac{d}{D} \tag{3-5}$$

人眼能够分辨目标的最小视角称为视角阈，用 α 表示，人眼分辨目标尺寸的能力就是由它决定的。人眼的视角阈与视场的亮度水平有关，亮度水平越高视角阈值越小。但亮度高到白天的亮度范围内，视角阈将基本不变。当亮度对比小于 0.02 时，无论视角多大，人眼也不能产生分辨能力。

视角阈是一个生理数值，与人眼的视力、照明条件、目标与背景亮度对比等因素有关。在正常照明、目标与背景的亮度对比明显的条件下，对非线性目标，视力非常好的人，视角阈 α 可达到 $0°0'0''$，视力差的则大于 $2'$，正常人眼的平均视角阈为 $1'$。

b 目标可见尺寸

在观察距离较大时，视线长度可视为近似等于观察距离，而且视线垂直于目标，根据上述视力和视角阈的近似数据，可求出目标的最小可见尺寸公式为：

$$d \approx D\tan\alpha \tag{3-6}$$

当 $K = 0.9$、$\alpha = 0°1'$ 时，目标可见尺寸的范围可表示为：

$$d \geqslant D\tan 0°1' = 0.000291D \approx \frac{D}{3400} \tag{3-7}$$

$$d \geqslant \frac{D}{3400} \tag{3-8}$$

同理可推出：

$$d \geqslant \frac{1.2D}{3400} \quad (K = 0.4 \sim 0.9,\ \alpha = 1.2') \tag{3-9}$$

$$d \geqslant \frac{1.35D}{3400} \quad (K = 0.2 \sim 0.4,\ \alpha = 1.35') \tag{3-10}$$

式中，d 为目标可见尺寸；D 为观察距离。

望远器材能够增大目标视角，在大气纯净透明且亮度对比较明显的情况下，望远器材与人眼发现目标距离的近似关系换算公式为：

$$D_H = D_E\sqrt{W - 1} \tag{3-11}$$

式中，D_H 为望远镜发现目标的距离；D_E 为肉眼发现目标的距离；W 为望远镜放大倍率。

c 目视侦察伪装容许目标尺寸

式(3-9)和式(3-10)是在满足视力具有最大值的照明条件下推导出的，目标伪装通常是在野外实施，在野外观察条件下，由于大气的影响必须作一定的修正。

当要求目标明显可见时，目标尺寸通常按式(3-12)～式(3-14)计算。

(1) 当 $K\geqslant 0.4$，$W\geqslant 6$ 时，

$$d \geqslant \frac{(2.5 \sim 3)D}{3400} \quad 或 \quad d \geqslant \frac{2.5 \sim 3}{3400\sqrt{W-1}} \tag{3-12}$$

(2) 当 $0.2<K<0.4$，$W\geqslant 6$ 时，

$$d \geqslant \frac{(3.5 \sim 4)D}{3400} \quad 或 \quad d \geqslant \frac{3.5 \sim 4}{3400\sqrt{W-1}} \tag{3-13}$$

(3) 当要求目标不可见时，

$$d = \frac{D}{3400} \quad 或 \quad d = \frac{D}{3400\sqrt{W-1}} \quad (W \geqslant 6) \tag{3-14}$$

D 人眼体视能力

双眼观察能产生立体视觉，依靠立体视觉能识别目标的立体形状和判断目标在空间的纵向位置，这就是人眼体视能力。这是因为双眼观察时，对远近不同的部分产生不同视差角。

视差角是双眼注视目标上某一点时，两眼视轴线之间的夹角（见图 3-2），视差角的大小决定于人眼基距和观察距离，在基距一定时，视差角随着观察距离的增大而减小。视差角大小不同时，目标上不同远近的部分或者不同距离的目标，就会在双眼视网膜的不同部位上成像，经过神经中枢和大脑的综合，就能感知目标的立体形状和空间的纵向位置。

双眼的体视能力与视差角之差 $\Delta=\beta_1-\beta_2$ 的大小有关。Δ 数值越大，说明 A、B 两点间的距离越大，则断定目标的立体形状和目标间的纵向位置越容易，反之就越困难。如果 A、B 两点距离逐渐减小，Δ 越小，β_1 与 β_2 相等，A、B 两点就好像在一个平面上。

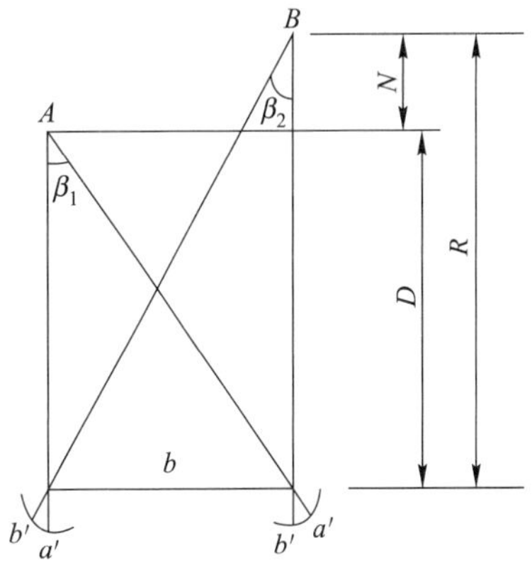

图 3-2 视差角和视差角之差

a 体视阈

体视阈（δ）是双眼能够区分视差角之差的最小值。当 $\Delta=\beta_1-\beta_2<\delta$ 时，人眼就不能区分空间两点之间的纵向距离，此时的空间两点在双眼观察的感觉上似乎在同一平面上；当 $\Delta=\beta_1-\beta_2>\delta$ 时，人眼就能区分空间两点之间的纵向距离，此时的空间两点在双眼观察的感觉上就有前后之分。体视阈与照明条件、颜色对比、观察员的训练程度、观察时间等因素有关。在白昼正常照明和颜色对比明显的条件下，一般观察员的短暂观察，体视阈在 30″～10″；而受过体视训练的观察员长时间的观察，体视阈可达 5″。

b 体视极限距离

体视极限距离 N 是人的双眼能够区分空间两点的最小纵向距离。当目标与背景之间的距离大于或等于体视极限距离 N 时，即使亮度对比不能满足目标可见的要求，也可能由于双眼观察所产生的立体效应从背景上发现目标。根据体视阈的数值（δ）通常取 5″可以求出体视极限距离：

$$\beta_1 \approx \frac{b}{D} = \frac{b}{R - N}, \ \beta_2 = \frac{b}{R} \tag{3-15}$$

当 $\Delta = \beta_1 - \beta_2 < \delta$，由式（3-15），得：

$$\Delta = \frac{b}{R - N} - \frac{b}{R} = \frac{Nb}{(R - N)R} \tag{3-16}$$

由此解得：

$$N = \frac{\delta R^2}{\delta R + b} \tag{3-17}$$

式中，N 为体视极限距离；δ 为体视阈；R 为观察距离；b 为双眼基距。

因为人的双眼观察能够产生立体视觉，立体视觉能够识别目标的立体形状和判断目标在空间的纵向位置，所以只要目标是可见的，即使与背景的亮度对比值 $K<0.2$，也能通过立体视觉将其从背景上分辨出来。为了保证目视侦察条件下的伪装效果，在隐蔽目标时必须满足伪装容许目标与背景间的距离（ΔL），即在隐真时，$\Delta L < N$。

3.1.1.2 感光元件光谱功率响应特性

光学侦察除了目视侦察，还包括电视侦察、照相侦察、激光侦察。不同侦察器材感光元件的光谱功率相应特性是影响目标被侦察探测的重要因素。

照相机、夜视器材、电视器材等感光元件的光谱功率响应特性各不相同。例如，照相胶片对蓝光和红光灵敏度比人眼高，所以在照片上蓝色、红色物体则会比人眼观察时更亮。又如红外线是人眼所看不到的光线，无论强弱变化有多大，人眼都不能分辨；但在近红外照相、红外夜视仪及微光夜视仪中，都可以显现出亮度的差别。多光谱成像技术可以把目标与背景在任一波段上反射特性的差别用不同亮度或色调显现出来。

3.1.1.3 目标与背景表面材料的光谱反射特性

任何材料对于照射到其表面的光，都会产生不同程度的反射、吸收和透射。对于不透明材料，光谱吸收多，则反射就少。一点也不反射，或一点也不吸收的材料，只有在理论上存在，而在自然界是没有的。光谱反射率的含义是：在特定的波长为 λ(nm) 的单色光照明下，在规定的立体角和限定的方向上，从表面反射的辐射通量与相同照明、相同方向完全反射漫反射体的辐射通量之比。不同材料的表面，对不同波长的光的反射各不相同，这是材料性质决定的，也正是侦察器材区别不同材料的依据。自然界的物体之所以呈现出多种多样的颜色，就是因为物体的表面材料对入射光具有不同反射特性的缘故。

彩色材料是具有选择性的反射（或吸收）物体，对某些波长的光反射较强，对另外一些波长的光反射较弱，具有明显的选择性。例如，红色颜料因为它对 690nm 左右红光的反射要比对其他波长强得多，所以呈红色；普通绿色颜料和绿色植物对 530nm 左右的绿光反射较强，所以呈绿色。图 3-3 是三种不同材料的光谱反射特性曲线，它是表面的光谱反射率与波长的关系曲线，反映了物体对光的选择性反射，是目标与背景间光学特征差异的内在因素。

彩色材料在白光（复合光）照射下，由于对不同波长的光的选择反射而使反射光的光谱成分与白光相比发生了变化，从而呈现各种颜色。红颜料的红色比绿颜料的绿色亮，是因为其反射光的强弱不同的缘故。因此，各种彩色颜色之间既有色彩差别，又有亮度差别。

光谱反射曲线可以反映物体的组成。图 3-3 中，绿色植物和普通绿色颜料在 550nm 左右都有绿色反射峰；绿色植物在 680nm 左右反射率明显增大，在红外波段反射率较大，800nm 以后反射率变化不大。由于树叶中大量水分的存在，在 1450nm、2030nm 附近出现大的水分吸收峰，在 970nm 附近有小的水分吸收峰。普通绿颜料反射绿光的能力与绿色植物基本相同，但反射红外线的能力却比绿色植物弱得多，波长大于 750nm 以后二者发射率差异明显。绿色植物和普通绿颜料的光谱反射曲线在红光和近红外部分存在着明显的差异，这种差异人眼不能区分，可通过近红外观察、照相和多光谱照相等侦察手段把这种差异揭露出来。因此，在绿色植物背景上对目标实施隐真，必须使伪装材料对光的反射特性与绿色植物背景近似一致。

消色材料是具有非选择性反射（或吸收）的物体，它对不同波长入射光的反力射能力近似相等。如图 3-4 所示，列举几种消色材料的光谱反射曲线。

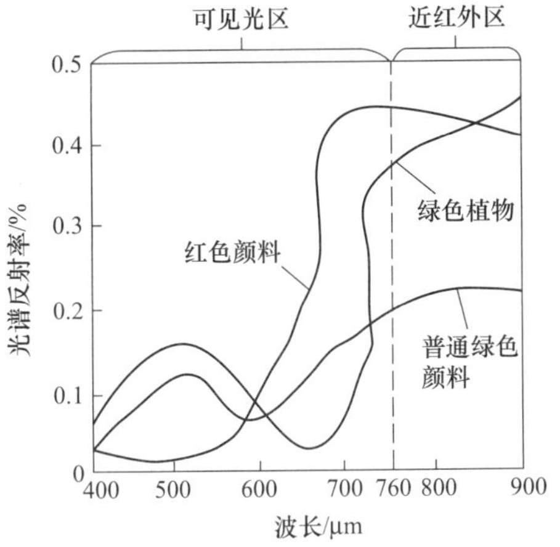

图 3-3 三种不同材料表面的光谱反射曲线

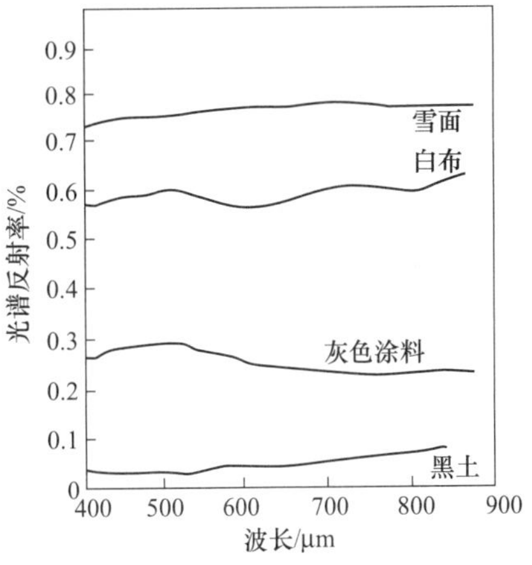

图 3-4 几种消色材料的光谱反射曲线

白色材料对各种波长的可见光都具有相同的、较强的反射能力，黑色材料的反射能力较弱，灰色材料介于白、黑材料之间。

了解和掌握自然背景中各种物体的光谱反射曲线，对光学伪装来说非常重要，因为只有目标表面的反射曲线接近其相应背景的反射曲线时，才能消除或减小目标与背景之间的反射差别，才能对抗光学侦察，达到良好的伪装效果。

颜色是最基本的光学伪装性能，颜色有多种表示方式，比如在彩色显示器中常采用 RGB 表示。在伪装技术领域颜色一般采用 CIE1931 标准色度系统观察者光谱三刺激值描述。三刺激值 X、Y、Z 中只有 Y 值既代表色别又代表亮度，而 X、Z 只代表色别。通常所指的可见光亮度即为 Y 值。

根据光谱反射率可以计算出三刺激值 X、Y、Z：

$$\left.\begin{aligned} X &= K\sum_{\lambda=380}^{780} S(\lambda)\bar{x}(\lambda)R(\lambda)\Delta\lambda \\ Y &= K\sum_{\lambda=380}^{780} S(\lambda)\bar{y}(\lambda)R(\lambda)\Delta\lambda \\ Z &= K\sum_{\lambda=380}^{780} S(\lambda)\bar{z}(\lambda)R(\lambda)\Delta\lambda \end{aligned}\right\} \tag{3-18}$$

式中，K 为归化系数，且 $K = \dfrac{100}{\sum\limits_{\lambda=380}^{780} S(\lambda)\bar{y}\Delta\lambda}$；$S(\lambda)$ 为 CIE 标准照明体 D_{65} 的相对光谱功率分布；$\bar{x}(\lambda)$、$\bar{y}(\lambda)$、$\bar{z}(\lambda)$ 为色度系统中的色匹配函数；$R(\lambda)$ 为物体的光谱反射率；$\Delta\lambda$ 为波长间隔。

式(3-18)中所计算的颜色三刺激值，是指标准日光下用标准人眼观察的结果。式中 $S(\lambda)$ 是模拟太阳的 D65 光源的光谱功率分布，色匹配函数是标准人眼（标准色度观察者）的光谱功率相应特性。加权系数 $S(\lambda)\bar{x}(\lambda)$、$S(\lambda)\bar{y}(\lambda)$、$S(\lambda)\bar{z}(\lambda)$ 值见表 3-2。

表 3-2 CIE 标准照明体 D65 金额 CIE 标准色度观察者色匹配函数的加权系数（波长间隔 10nm）

波长 λ/nm	$S(\lambda)\bar{x}(\lambda)$	$S(\lambda)\bar{y}(\lambda)$	$S(\lambda)\bar{z}(\lambda)$
380	0. 007	0. 000	0. 031
390	0. 022	0. 001	0. 104
400	0. 112	0. 003	0. 532
410	0. 377	0. 010	1. 795
420	1. 188	0. 035	5. 708
430	2. 329	0. 095	11. 365
440	3. 456	0. 228	17. 335
450	3. 722	0. 421	19. 621
460	3. 242	0. 669	18. 608
470	2. 124	0. 989	13. 994
480	1. 049	1. 525	8. 918
490	0. 329	2. 142	4. 790
500	0. 051	3. 342	2. 814
510	0. 095	5. 131	1. 614
520	0. 628	7. 040	0. 776
530	1. 686	8. 784	0. 430
540	2. 869	9. 425	0. 201
550	4. 267	9. 797	0. 086
560	5. 625	9. 415	0. 037
570	6. 947	8. 678	0. 019

续表 3-2

波长 λ/nm	$S(\lambda)\bar{x}(\lambda)$	$S(\lambda)\bar{y}(\lambda)$	$S(\lambda)\bar{z}(\lambda)$
580	8. 305	7. 886	0. 015
590	8. 613	6. 353	0. 009
600	9. 047	5. 374	0. 007
610	8. 500	4. 265	0. 003
620	7. 090	3. 162	0. 002
630	5. 063	2. 088	0. 000
640	3. 547	1. 386	0. 000
650	2. 147	0. 810	0. 000
660	1. 252	0. 463	0. 000
670	0. 681	0. 249	0. 000
680	0. 347	0. 126	0. 000
690	0. 150	0. 054	0. 000
700	0. 077	0. 028	0. 000
710	0. 041	0. 015	0. 000
720	0. 017	0. 006	0. 000
730	0. 009	0. 003	0. 000
740	0. 005	0. 001	0. 000
750	0. 002	0. 001	0. 000
760	0. 001	0. 000	0. 000
770	0. 001	0. 000	0. 000
780	0. 000	0. 000	0. 000

按 10nm 间隔求和有：

$$\left.\begin{aligned}\sum_{\lambda=380}^{780} S(\lambda)\bar{x}(\lambda) &= 95.020\\ \sum_{\lambda=380}^{780} S(\lambda)\bar{y}(\lambda) &= 100.000\\ \sum_{\lambda=380}^{780} S(\lambda)\bar{z}(\lambda) &= 108.814\end{aligned}\right\} \tag{3-19}$$

3.1.1.4 物体表面的粗糙状态

表面粗糙程度影响其反射光通量在各个方向上的分布，并不影响其光谱反射特性，所以粗糙程度不同只影响表面颜色的亮度，而不影响其颜色的色彩。例如，压实的黄土要比松土亮，践踏过的草地要比未动过草地的绿色亮，涂在粗糙面上的颜色要比涂在相对光滑面上暗等。自然界的表面，按其粗糙程度可以分为光滑面、无光泽面、粗糙面和植被面四种，其对光的反射能力各不相同，如图 3-5 所示。

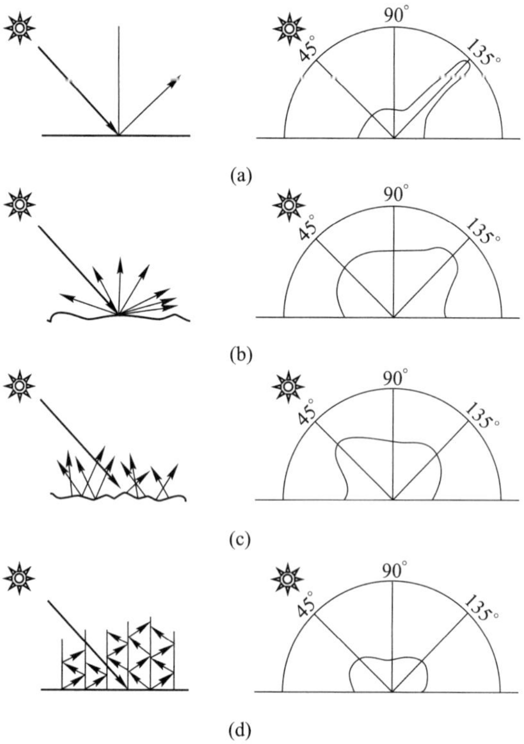

图 3-5 不同表面的亮度特性曲线

（a）光滑面；（b）无光泽面；（c）粗糙面；（d）植被面

（1）光滑面。光滑面是指像水面、冰面、玻璃、磨光的金属面及光亮的油漆面等。当入射光照射到这类表面时，产生镜面反射，即绝大部分光线按照反射定律，沿着反射角方向反射出去，只有很少部分光向其他方向散射，因而表面的亮度分布有明显的方向性：沿反射角方向，反射能力最强，可见光范围内，对着光源观察这类表面时，表面闪光，亮度很大；而在其他方向观察时，则亮度很小，表面发暗呈浅黑色。光滑面的闪光是一个十分明显的暴露征候，在很远的距离上都能被敌人清楚地看到。因此无论在什么背景上伪装目标时，都要对目标表面的光滑部分采取消除闪光的措施，如遮盖、加工成粗糙平面等。

（2）无光泽面。无光泽面是如布面、纸张、胶合板、混凝土、路面、压实的土壤、积雪的表面等。这类表面向各个方向散射入射光，各个方向反射强度大致相等，但在反射角方向上亮度稍大。

（3）粗糙面。粗糙面是指如翻耕的土地、砂砾、煤堆、渣堆、松散土壤、岩石等表面。这类表面凸凹不平，容易产生阴影和二次反射，以致其表面亮度往往小于同类材料的无光泽面，它各个方向反射强度也大致相等，只在光源方向较大。

（4）植被面。植被面是指草地、庄稼地、灌木丛、树林等。这类表面由许多植物叶面（树叶、草叶、庄稼叶）构成，叶面之间互相遮蔽，容易产生阴影和多次反射，所以这类表面在各个方向上的反射强度分布基本均匀，只是由于叶面之间存在空隙和产生的阴影，因而在垂直于表面的方向观察时亮度较小。植被面的反射能力取决于植物群聚中各种植物的光学特性和植物群聚的构造，植被枝叶过于繁茂时，投影覆盖增加，植物表面亮度会随之增加。

各个方向亮度相等的面称为漫反射面，如无光泽面、粗糙面和植被面，其亮度可以用亮度系数表示，见表 3-3。

表 3-3 常见表面亮度系数

表面名称	亮度系数	表面名称	亮度系数
鲜绿色草地	0.06	干燥的黑土	0.03
干枯的绿草地	0.07	潮湿的黑土	0.02
已割的绿草地	0.06	海（美国沿海）	0.07
黄色（晒枯的）草地（垂直照相时）	0.14	洋（大西洋）	0.04
黄色（晒枯的）草地（倾斜照相时）	0.20	新降的积雪	1.00
干枯的黄色草原	0.10	半新的积雪	0.90
绿色的庄稼	0.05	正融化的积雪	0.80
成熟的黄色庄稼（垂直照相时）	0.15	小丛林稀少的积雪田野	0.60
成熟的黄色庄稼（倾斜照相时）	0.34	河川的水	0.35
收割后的田地	0.10	干的公路	0.32
长满苔藓的沼地	0.05	泥的公路	0.11
针叶树木（树冠）	0.04	干的圆石路	0.20
秋季的阔叶树林	0.05	湿的圆石路	0.07
秋季黄色的阔叶树林	0.15	沙筑的干土路	0.20
冬季的阔叶树林	0.07	沙筑的湿土路	0.07
干燥的黄沙	0.15	砂壤土筑的干土路	0.09
干燥的红沙	0.10	壤土筑的干土路	0.21
干燥的砂壤土	0.13	黑土筑的干土路	0.08
潮湿的砂壤土	0.06	红砖	0.20
干燥的壤土	0.15	浅色石灰石	0.40
潮湿的壤土	0.06	毛石板	0.35
花岗石碎块	0.17	新的白墙	0.90
稻草	0.15	旧的白墙	0.70
新的松木板	0.50	红色铁皮屋顶	0.13
旧得发灰的模板	0.14	木造（板条）屋顶	0.15
木围墙	0.20		

亮度系数是在相同照明条件下，某一表面的亮度与理想白面的亮度之比。理想白面是假定对入射光全部反射的漫射面，这种表面的亮度系数为 1，其他各种漫反射面的亮度系数均小于 1。

从表 3-3 中可以看出，干表面比湿表面的亮度系数大，这是水能较大地吸收光线的缘故。由于表面的粗糙状态影响颜色的亮度，在隐真伪装时，应力求目标表面的粗糙状态与背景取得一致。

3.1.1.5 表面的受光方向

当表面材料的反射特性与粗糙状态相同时，表面的受光方向不同，也会影响颜色差别。表面的受光方向不同，表面亮度会随之发生变化。当侦察方向与反射光方向一致时颜色就亮，反之就暗。表面的受光方向不同只影响颜色的亮度，而不影响颜色的色彩，在隐真伪装时，应力求目标表面与背景表面的受光方向一致。表面的受照情况实际上取决于表面的空间位置和外表形状，一般光源的位置是既定的，如果目标表面与背景表面空间位置一致，外形没有差异，那无论光源来自何方，受照方向是完全一致的；如果二者其一有所不同，受照方向发生变化，它们会产生亮度差别。

3.1.1.6 大气的影响

A 大气的散射作用

光在大气中传输时会产生衰减现象，这是因为大气中的水微粒和尘埃、烟尘对光的散射和吸收所引起的。大气的衰减程度以大气的透明度（浑浊度）来衡量，大气的透明度通常以定向透射系数 τ 表示。定向透射系数是光透过单位大气层（即 1000m 或 1m 的大气层，大气较纯净时以 1000m 为单位）时，定向透射的光通量与入射光通量之比，即：

$$\tau = \frac{F_1}{F_0} \tag{3-20}$$

式中，τ 为定向透射系数；F_1 为定向透过单位大气层的光通量；F_0 为入射的光通量。

由式(3-20)可以看出，τ 越大，说明大气越透明，对光的衰减越小，反之越大；τ 是小于 1 的真分数。一般情况下，晴朗天气，纯净大气，τ 值在 0.8 以上。

对各处均匀且厚度为 L 层的大气层，其定向透射系为 τ^L 为：

$$\tau^L = \frac{\Phi_L}{\Phi_0} \tag{3-21}$$

式中，Φ_L 为定向透过 L 层大气层的光通量。

B 气幕亮度

大气的散射作用对观察的影响不仅表现在对来自目标与背景的光通量的衰减上，而且还在于它把来自太阳的照明光线散射到观察方向上来，从而给目标和背景都附加了一个亮度。这个亮度的大小与太阳照明情况及大气透明程度有关，也和目标到观察者之间的大气路程长短有关，称为气幕亮度。可以证明，在地面水平观察时，气幕亮度大小的计算公式为：

$$L_a = L_{sky}(1 - \tau^R) \tag{3-22}$$

式中，L_{sky} 为地平线处的天空亮度（与天空的照明情况及大气透明程度有关）；L_a 为厚度大气层的气幕亮度；R 为观察距离。

C 视亮度

把经过大气传播以后，被人眼所看到的目标与背景的亮度称为视亮度。如上所述，视亮度与真实亮度的关系如下。

（1）目标视亮度：
$$L'_0 = L_0\tau^L + L_{sky}(1 - \tau^R) \tag{3-23}$$

（2）背景视亮度：
$$L'_b = L_b\tau^L + L_{sky}(1 - \tau^R) \tag{3-24}$$

式中，L_0、L_b分别为目标与背景的真实亮度；L'_0、L'_b 分别为目标与背景的视亮度。

从式(3-23)和式(3-24)可以看出，不管目标与背景的真实亮度如何，其视亮度都会随观察距离 R 逐渐增加而将逐渐接近于地平线处的天空亮度 L_{sky}，大气透射系数 τ 值越小，变化越快。当目标与背景的真实亮度小于天空的亮度时，则其视亮度将随着 R 的增大或 τ 的减小，逐渐接近于天空亮度，比如积雪的山和白色建筑物，近处看要比远处看亮。

既然大气对目标与背景的亮度有影响，当然也会影响到它们之间的亮度对比。从上述视亮度公式(3-23)和式(3-24)可看出，随 L 的增加都将接近于气幕亮度，说明了当 L 增加时，目标与背景的亮度对比将逐渐降低，最后接近零。

对于人眼直接观察来说，即使当目标的尺寸足够大，使得目标视角在距离增大时也能保证大于30′时，视亮度对比也会随距离增大而减小，直至小于亮度对比阈时，从而使目标变得不可见。

对于使用望远器材的观察，尽管望远系统有放大视角的作用，但因为大气的作用使得目标与背景的视亮度对比的变化，就限制了观察距离的增大。因为当视亮度对比降低到 0.02 时，无论望远系统的倍率有多大，也无法分辨目标了。

夜间使用微光夜视器材观察时，大气对观察的影响与白天使用望远系统的观察是一致的，而对使用近红外夜视器材观察来说，因为红外探照灯的照度是随距离平方成反比的，所以大气在观察方向上的散射亮度对视亮度的影响更为严重，从而成为近红外夜视探测距离的最严重的障碍。

D 大气对目标可见尺寸的影响

在大气的影响下，由于目标与背景的亮度对比 K 降低为 K'，将影响到人眼视角阈的增大（或视力的降低)，其增大的倍数与大气透明度 τ 的亮度对比 K 有关。在本章伪装容许目标尺寸中，对目标可见尺寸有所修正，是在大气较为透明的条件下（$\tau=0.8\sim0.9$）通过实际观察证明的。

E 大气对体视极限距离的影响

大气对体视极限距离的影响是个复杂的问题，这里只直接给出结论：在白天大气较为透明的条件下（$\tau=0.8\sim0.9$），对于目标与背景的亮度近似相等或亮度对比较小的情况，大气影响下的体视极限距离 N'（目标与背景亮度不产生明显纵深差别的距离)，其经验公式为：

$$N' = \frac{R}{5} \quad (R \geqslant 670\text{m}) \tag{3-25}$$

当观察点至背景的距离 $R<670$m 时，可按式(3-17)计算。

3.1.1.7 光源的光谱功率分布

通常所说的颜色（包括色彩和亮度）都是在自然光下用人眼观察的结果。当光源的光谱功率分布发生变化时，或者当感光元件发生变化时，得出的结果就可能不一样。

太阳是人类最重要的光源，它的光谱功率分布近似一个 5900K 的绝对黑体。月亮只是一个反射光源，它把太阳光反射到地面上，无论在照度水平或者在光谱功率分布上都和太阳有很大差别。太阳高度角为 90°时，地面照度可达 10^5lux，日出和日落地面照度也有几百勒克斯。而晴朗夜间，满月对地面照度仅有 0.1lux，在这种照度条件下，人眼的锥体细胞基本不能工作，主要依靠杆体细胞工作。无月阴天的地面照度仅有 10^{-4}lux。太阳、月光、星光的光谱功率分布曲线各有不同的特点。

3.1.2 光学的伪装途径

根据目标与背景光学反射差别的因素和光学侦察发现目标与背景反射差别的程度，以及实施伪装的可能，光学伪装主要可以从以下几个方面着手：消除目标与背景颜色差别，改变和模仿目标的识别特征，使目标小于可见尺寸，满足伪装允许目标与背景间的距离，增强大气的衰减作用。

3.1.2.1 消除目标与背景颜色差别

消除目标与背景的颜色差别，就能隐蔽目标，其方法有以下几种。

（1）消除颜色差别。消除颜色差别是使物体表面材料的反射特性、表面粗糙状态和受光方向这三个因素中与背景接近一致，使目标完全隐蔽。

（2）降低颜色差别。降低颜色差别是使物体表面材料的反射特性、表面粗糙状态和受光方向这三个因素中的两个或一个与背景接近一致，它只能减小目标的暴露程度，而不能隐蔽目标。

（3）模仿颜色差别。模仿颜色差别是模仿已被破坏的目标、没有军事价值的目标或背景的颜色。

3.1.2.2 改变和模仿外形

识别目标是指通过对有助于揭示目标的资料来认识和辨认目标的类型、用途甚至使用状态等性质，明确所发现的目标是什么样的目标（坦克、汽车、工事或其他建筑物）。识别目标的过程，既依赖目标的可见性，又依赖于观察员对各类目标综合分析、推理判断的心理过程和观察员对目标的注意程度。通过改变和模仿目标外形，延长侦察探测时间，减小注意程度。

（1）改变目标外形。改变目标的外表特征，歪曲目标原来的外形特征，降低军事价值，变为不引起注意的无害目标，使其不以本来面貌出现，使目标难识别，包括外形、大小、阴影、配置、活动等。例如，将一辆坦克的外形改变为土堆，变成背景的一部分。

（2）模仿目标外形。模仿不重要的、没有军事价值的目标外形，重新显露的外形必须降低军事价值，使其变为对敌人不构成威胁，不引起注意的无害目标，比如将一辆坦克模仿成一辆民用车辆。

3.1.2.3 使目标小于可见尺寸

通过视角表达式可以推知，目标是否可见的客观因素取决于目标的尺寸和观察距离。因此在考虑目标伪装时，可以从减小目标尺寸和增大观察距离两个方面出发。在目标尺寸不容易改变的情况下，确保不影响作战任务的同时尽量增大目标的侦察距离。随着增大观察距离，对于改变目标外形是非常有利的；当满足观察距离 D 大于目标尺寸 d 与视角阈 α 之比时，即 $D > \dfrac{d}{a}$，能够使目标小于可见尺寸，隐蔽目标。

目标外形及其细部随观察距离增大视角减小而模糊歪曲，如图 3-6 所示。从图中看出，目标的棱角和细部逐渐消失。观察距离越大，消失的部分越多，好像逐渐被削去了似的。之所以会产生这种现象，是因为观察距离增大时，目标上大小不同的棱角和细部视角减小的情况不同，当某一尺寸较小部位的视角减小至视角阈值以下时，该部位就变得不可见。观察距离越远，这种不可见的部位就越多，因而目标就产生不同程度的变形。

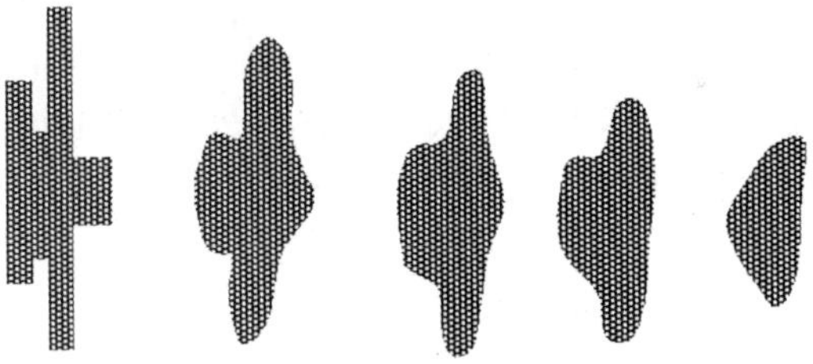

图 3-6 观察距离增大时目标的变形情况

亮度对比随观察距离下降时，目标产生变形是因为目标上与背景颜色差别较小的部位将融合于背景之中，而形成对目标的某种分割或歪曲。在大气纯净透明和目标与背景间存在明显颜色差别的条件下，要从背景上识别出目标来，目标的视角一般应大于视角阈值的4~6倍。

3.1.2.4 满足伪装允许目标与背景间的距离

为了避免人的双眼观察产生立体视觉，进而通过立体视觉将目标从背景上分辨出来，确保目标与背景间距离 ΔL 小于体视极限距离 N。在实际伪装中，满足大气透明条件下的体视极限距离即可。

3.1.2.5 增强大气的衰减作用

大气能够影响目标可见尺寸。可以通过改变目标与背景之间某个区域中大气分子成分，增加大气中对光有散射和吸收作用的悬浮微粒，包括大气中的水微粒和尘埃、烟尘，从而增强大气对光的衰减作用，减小目标与背景的亮度对比，从而降低目标的显著性。

3.2 热红外伪装原理

热红外伪装发展的历史较晚，从20世纪70年代后期才发展起来。热红外伪装是指消除、减小、改变或模拟目标与背景间中远红外波段两个大气窗口辐射特性的差别，以对抗热红外探测所实施的伪装。实施热红外伪装，首先要搞清楚红外辐射基础知识，研究目标和背景的红外辐射特性，大气的红外传输特性，目标与背景的温度特性等内容。在此基础上，进一步探讨热红外伪装的方法和途径，对目标实施有效的热红外伪装。

3.2.1 目标和背景红外辐射特性

3.2.1.1 红外辐射基础知识

A 红外辐射

自然界中一切物体都具有一定的温度，都能产生热辐射。热辐射发出的电磁波绝大部分在波谱中处于可见光区和微波区域之间的广阔的红外辐射区域。红外辐射波长介于0.76μm~1mm，整个波段根据电磁波波谱离可见光区的“远近”分为近红外、中红外和远红外三个区域，它们的波长范围分别是：近红外为 0.76～1.5μm；中红外为 1.5～6μm；远红外为 6～1000μm。

所有的电磁辐射都是由于物质内部的电子、原子和分子不断运动产生的。产生红外辐射的原因在于热激发，受热物体是红外辐射良好的发射源，而红外辐射又很容易因它所产生的热量被探测出来。人们感兴趣的目标和背景所处温度发射的辐射大多在红外波段的中、远红外波段，所以习惯上也称中、远红外为热红外（3～1000μm）。人们正是利用红外辐射特性实现对目标的红外侦察，因此研究红外辐射特性对于研究热红外伪装十分重要。

B 红外辐射基本定律

在热辐射现象中可以看出，热辐射能量的大小与物体本身的温度有关。实验表明：在同一温度下不同物体辐射的能量会大不一样，为了进行定量研究，定义在同样状态下能够辐射出最多能量的物体为绝对黑体，简称黑体。经过研究人员发现，黑体所发射的辐射按波长分布，如图 3-7 所示。

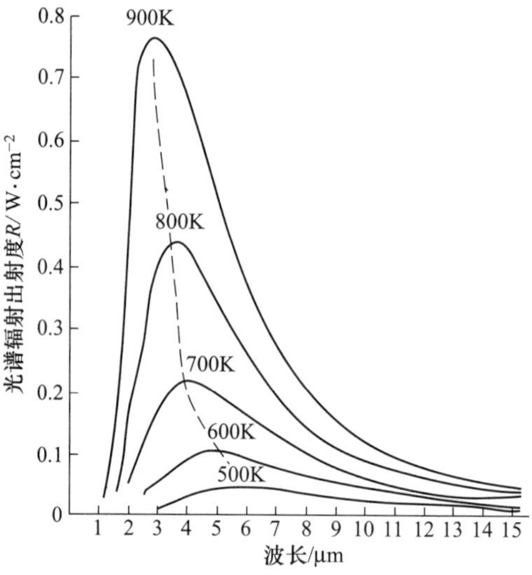

图 3-7 黑体辐射曲线

每个温度的分布曲线都有一个最大值，其对应的波长 λ_m，会随温度的升高向短波方向移动，黑体辐射强度随温度的增加而迅速增加。从测量得到的曲线可以得出两个重要定律。

a 斯蒂芬-玻耳兹曼定律

黑体单位面积辐射的总能量与它的绝对温度的四次方成正比，即：

$$M_b = \sigma T^4 \tag{3-26}$$

式中，M_b 为黑体辐射度，它定义为单位面积辐射的能量；σ 为斯蒂芬-玻耳兹曼常数，$\sigma = 5.67\times10^{-8}\mathrm{W/(m^2 \cdot K^4)}$；$T$ 为绝对温度，K。

绝对温度与摄氏度关系为：

$$T(\mathrm{K}) = t(^\circ\mathrm{C}) + 273.16\mathrm{K} \tag{3-27}$$

b 维恩位移定律

黑体在不同温度下最大辐射能量所对应的波长称为峰值波长，黑体峰值波长 λ_m 与黑体的绝对温度成反比，λ_m 与黑体绝对温度的乘积为一个常数，即：

$$\lambda_m T = 2898\mu m \cdot K \tag{3-28}$$

这两条定律总结了黑体辐射的一部分特性，为了进一步定量分析黑体辐射特性，普朗克在 1990 年引入了量子概念，并推导出普朗克公式，即：

$$M_b(\lambda, T) = C_1 \lambda^{-5} \left(e^{\frac{C_2}{T}} - 1\right)^{-1} \tag{3-29}$$

式中，$M_b(\lambda, T)$ 为黑体的光谱辐射度，它为单位面积、单位波长上辐射出的能量；C_1、C_2 分别为第一辐射常数和第二辐射常数。

物体的表面温度越高，辐射能量越大所对应的峰值波长越短。处于低温的物体发出远红外，当温度逐渐升高时，发出中红外、近红外，温度再升高到达 500℃左右时，就会发出红、黄、青、蓝、紫等可见光甚至紫外线，黑体在不同温度下最大辐射能量所对应的峰值波长，见表 3-4。

表 3-4 黑体在不同温度下最大辐射能量所对应的波长

物体温度 /℃	最大辐射能量所对应的波长 /μm	物体温度 /℃	最大辐射能量所对应的波长 /μm
-53	13.2	300	5.10
-23	11.6	500	3.80
0	10.6	800	2.70
27	9.7	1500	1.60
60	8.7	3000	0.88
100	7.1	5000	0.55

人体表面温度约为 32℃，最大辐射能量对应的波长约为 9.5μm；汽车发动机表面温度为 60~70℃，最大辐射能量对应的波长约为 8.5μm；坦克排气孔温度约为 200℃，最大辐射能量对应的波长约 6.1μm。它们的辐射能量均集中在中远红外波段（热红外），可被工作在中远红外波段的侦察器材探测。

基尔霍夫定律指出：在与黑体处于热平衡条件下，任何物体对黑体的吸收率等于同温度下该物体的发射率。因此，对于一个低发射率的表面，它的反射率很高。有效辐射出射度是指本身辐射与反射辐射之和，表示离开物体表面的总的辐射出射度。热像仪测得的主要是有效辐射出射度。

C 发射率、物体的辐射

黑体是一种理想的辐射体，在自然界中并不存在，自然界周围的物体辐射的本领都小于黑体。人们用发射率描述实际物体的辐射能力，发射率定义为在相同温度下实物物体的辐射能与黑体辐射能之比，用 ε 表示。黑体发射率为 1，自然界中物体的发射率都小于 1。

根据物体发射率与波长的关系，物体分为灰体和选择性辐射体。灰体的发射率与辐射波长无关，选择性辐射体在某些波段辐射较强，在其他波段辐射很弱。自然界中的很多物体在一般情况下可以被认为是灰体，其辐射度 M 可以表达为：

$$M = \varepsilon M_b = \varepsilon \sigma T^4 \tag{3-30}$$

由式(3-30)可知，一个物体发射红外辐射能量的大小，主要决定其本身的温度和它表面发射率。

物体表面的发射率主要受物体材料种类和表面粗糙状态的影响，非金属材料的发射率较大，金属材料的发射率较小。不同材料的发射率见表 3-5。

表 3-5 材料的发射率

表面材料	发射率 ε	表面材料	发射率 ε
精抛光铝	0.08	普通红砖	0.93
抛光铜	0.15	混凝土	0.92
氧化铁表面	0.73	水	0.95~0.96
铝粉漆	0.55	雪	0.85
无光黑漆	0.96	砂土	0.60
石棉瓦	0.96	腐殖土	0.64
油纸	0.91~0.93	草地	0.80
炉灰渣	0.93~0.97	树林	0.85

植被背景对伪装来说是一种重要的背景。植被的存在，改变了地表对太阳的吸收和反射，在 3~5μm 和 8~14μm 波段绝大部分植被树冠发射率在 0.9 以上。

土壤近似为黑体，其发射率在 0.9 以上。岩石、砂土的发射率和土壤差不多，但有一个明显特征，在 9~11μm 光谱发射率有一个凹陷，凹陷的位置与岩石、沙子中二氧化硅含量有关。

雪在可见光区是反射率很高的漫反射体，但它在红外区反射率很低，其发射率达到 0.85。陈雪经过一段会结成一层硬皮，呈现出明显的反射特性。

很多目标外露表面都涂有油漆或颜料，尽管大部分油漆在红外区域发射率都很高，但它们的光谱特性存在很大差异，油漆的光谱发射特性和黏合剂、颜料成分有关。

物体表面材料相同时，其粗糙状态不同，发射率也不同，粗糙表面的发射率较大，光滑表面的发射率较小。表 3-6 为表面粗糙状态对发射率的影响。

表 3-6 材料的粗糙状态及发射率

表面材料	发射率 ε	
	粗糙面	光滑面
铝	0.06	0.04
铜	0.8	0.25
黄铜	0.2	0.06
铁	0.73	0.14~0.38

由于物体表面各部分的温度和发射率存在差别形成了发射能量的差别，红外探测器材

接收到这一能量分布，通过光电转换在荧光屏上形成亮度差别分布的图像。由于其图像亮度主要由物体表面发热程度所决定，这一红外图像称为热图。

由于实际物体的发射率均小于 1，它不仅自身辐射能量，而且能反射一部分辐射能。非黑体辐射是自身辐射和反射其他物体辐射叠加而成，可表示为：

$$M = M_{辐} + M_{反} = \varepsilon\sigma T^4 + \rho M_0 \tag{3-31}$$

式中，ρ 为物体的反射率。

对于具体目标来说，它的温度特性与它本身有无热源及热源的工作状态关系极大。战场上的目标，如正在发动或行进的车辆、坦克，正在射击的火炮，正在工作的电站等都是有源目标，这些目标在工作时它们的表面温度通常比周围背景高出许多，形成明显的对比，所具有热源的目标很容易被红外侦察器材发现、识别。

自然背景（如树林、土地、水面等）通常是无源的，有源目标在不工作时也成了无源目标。虽然它们的温度不高，但由于自身热特性不同，在受到太阳加热和与周围物体进行热交换时表现出自己特有的温度特性，也能被红外侦察器材分辨。

D 大气的红外传输特性

从目标发出的红外辐射在被红外探测器材接收前还要在大气中传播一段距离。红外辐射在大气中传输会受到很大衰减，其原因主要来自大气中的各种气体对辐射的吸收和大气中悬浮微粒对辐射产生的散射。

大气中包含的水蒸气、二氧化碳、臭氧会对红外辐射产生强烈的吸收，由于这些分子存在一些强的吸收带，即对某些波长会产生强烈吸收，其结果是在频谱中形成了一些高的透过区域，被称为“大气窗口”，如图 3-8 所示。

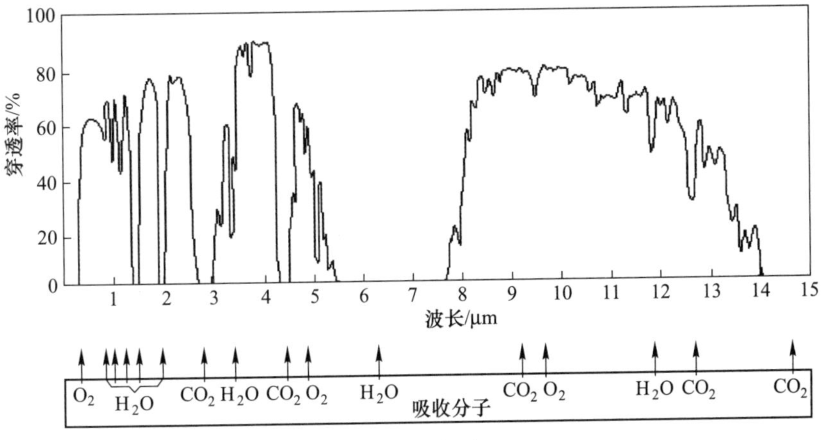

图 3-8 “大气窗口”

在中远红外区存在着 3~5μm 和 8~14μm 两个高透射率区域的大气窗口，由于地面上的常温物体发出的红外辐射能量大部分集中在这一波段范围，所以这两个“大气窗口”的存在极利于地面常温物体红外辐射的传输，这也是红外探测器材的工作波长范围常取 3~5μm 和 8~14μm 两个波段的原因。

大气中的悬浮微粒如云、雾、尘埃等对红外辐射会产生散射，使部分辐射改变方向从而使传播方向的辐射减弱。散射引起的红外辐射衰减是一个很复杂的问题，衰减的程度依赖于微粒的大小、形状和性质，同时还与辐射波长有关。大气本身也是一个辐射体，大气辐射的存在以及它的起伏也影响着目标和背景的辐射能差别。

3.2.1.2 目标与背景温度特性

从红外辐射基础知识知道，温度是影响物体发射红外辐射的主要因素。研究物体的红外辐射特性，首先要研究它的温度特性。目标和背景的温度特性是指它的温度分布特性和随时间变化特性。目标与背景的温度高低及变化规律除受自身因素影响外，还受到外部环境条件的影响。

A 影响目标和背景温度特性的内在因素

影响目标、背景温度特性的自身性质主要是它对太阳辐射的吸收系数、表面发射率和它本身的热特性。

吸收系数是指被物体表面吸收的能量与到达物体表面总能量的比值。太阳能量97%集中在2.5μm以下波段范围，在小于2.5μm波段的吸收称为太阳吸收系数（记为α_i）。太阳吸收系数越大，表明物体吸收的能量越多，物体温度升高越大。表面发射率（ε）决定处于物体温度下向外发射能量的能力。由于一般常温下的物体96%的能量集中在6μm以上的波段范围，发射率主要指长波部分的发射率。

综合以上两个因素，物体的太阳吸收系数（α_i）和发射系数（ε）的比值$\frac{\alpha_i}{\varepsilon}$反映了物体得到能量的大小，比值大，吸收太阳能多而辐射能量少。不同材料的$\frac{\alpha_i}{\varepsilon}$差异很大，要想使物体在太阳照射下表面温度上升得少，就必须降低$\frac{\alpha_i}{\varepsilon}$。对于飞机，考虑到吸热的不利影响，常在机身上涂以白色的氧化钛，以降低$\frac{\alpha_i}{\varepsilon}$。

目标和背景的热特性对其温度的影响也很大。物体在获得能量后其温度的变化与自身的热特性有关，即与比热、密度、导热系数的大小有关。比热大的物体温升小，比热小的物体温升大；密度大的物体温升小，密度小的物体温升大。导热系数反映物体热传导的特性，导热系数越大，物体热传导性能好，温度就不易上升。考虑到比热、密度、导热系数这三个量的综合效果，将它们乘积的平方根定义为热惯量。热惯量大的物体在一天中温度变化幅度小。

B 影响目标和背景温度特性的外在因素

影响目标与背景温度的外部因素主要是太阳辐射的影响。太阳能是地面物体温度变化的主要动力，它每时每刻给地球带来巨大能量。太阳是一个主要由氢和氦组成的炙热的气态球，其直径为1.39×10^6km，表面温度为5762K，中心区可达$4\times10^6\sim40\times10^6$K。在地球大气层外，太阳产生的照度可达1353W/m^2。太阳辐射的能量主要集中在2.5μm以下，可见光区域占47.35%。影响太阳在地面产生照度大小的主要因素是太阳入射角，这个角度随观察者所处地理位置、季节和一天中时间的变化而变化。这样，在太阳的影响下，地面物体的温度产生周期性变化。

太阳能量到达地球经大气的吸收、散射，一部分太阳能到达地面形成直接辐射，另一部分经大气散射后形成天空散射。到达地面的太阳总辐射是由太阳直接辐射和散射辐射所组成。气象条件对作用在物体上的太阳能量影响极大，阴雨天气辐射量大大减小。

大气不但对太阳辐射产生吸收、散射衰减作用，而且本身也产生辐射作用。目标所处的环境不同也使得它本身与其他物体产生的热交换能量也不同，也影响它的温度特性。局部气象条件对目标和背景的温度影响极大，晴天形成较大温差，而风、雨、阴云天会把各部分温度拉平。

3.2.2　热红外伪装途径

热红外侦察伪装与防可见光伪装一样，都是采用隐蔽、歪曲目标的征候、信号或其他痕迹的方法，混淆目标的数量和位置，降低敌方探测能力。红外伪装的基本任务是消除、降低或模仿目标与背景的红外辐射差别，以达到降低目标被发现和识别概率的目的。

实际目标和背景的红外辐射特性由其表面的温度和发射率决定，而自然界温度每时每刻都在变化之中，想要目标温度完全与背景一致是非常困难的；而红外侦察器材对地面目标的探测是在温度自然起伏的背景中进行的。由于太阳的作用，自然背景中有的地物温度变化快、有的变化慢、有的变化大、有的变化小，结果形成了错综复杂的温度分布背景。在这样的背景中，只要目标表面温度的变化控制在背景温度变化范围之内，就不会显得特别突出。红外伪装对目标的温度要求可以由此提出。

衡量温度变化的基准温度应是背景平均温度，不同纬度地区、不同季节、不同时刻的温度分布范围是不相同的，只能推荐适合某些情况的经验值。根据实际测试，背景之间的平均温差在1~7℃。将被伪装目标的温度降低到环境温度的±4℃以内，即可达到良好的效果。实施红外伪装温度差的要求，应建立在对目标所在地区的背景温度分布测量的基础上。

热红外侦察伪装的技术主要包括红外遮蔽、红外融合、红外变形和红外示假，实现目标伪装往往需要综合应用上述四种方法，达到“隐真示假”的目的。

3.2.2.1　红外遮蔽

红外遮蔽就是把目标屏蔽起来，使敌传感器接收不到目标的辐射信息，或使接收到的信息大为减小，以致观察不到我方军事目标的存在和活动。遮蔽可以采用利用地形地物的天然屏障，由于要遮蔽的是目标的红外辐射能量，遮蔽物必须要有一定的隔热能力。比如一个隐蔽在灌木丛中的士兵，树叶阻挡了他的身影达到了防可见光伪装的目的，但由于人体的辐射能通过树叶间隙穿透出来，还是可被红外侦察所发现。所以要达到热红外伪装的目的，树丛要具有一定的厚度才行。红外遮蔽还可以用人工的遮蔽物，普通的伪装网由于热遮蔽能力有限，遮蔽后目标辐射仍可透出网面被红外探测器材所发现，所以必须用热红外遮障来遮蔽；也可用一些就便材料制作，同样必须注意它的隔热能力，设置时与目标要离开一定距离。烟幕也可用来进行红外遮蔽，但必须用红外烟幕剂制成红外发烟器材，形成能遮蔽目标红外辐射的红外烟幕。

A　热红外遮障

热红外伪装遮障可以用装备的制式器材架设，也可用就便材料制作。对于无热源的目标，一般只采用热伪装网就可以达到消除目标暴露征候的作用。对于存在热源的发热目标，需要用热伪装网和隔热毯联合使用的方法。隔热毯大大降低了发热目标的热特征，而隔热毯上覆盖的热伪装网，则可消除由于阳光照射而产生的隔热毯的热特征。隔热毯用定距支架固定就位，而后在支撑杆上覆盖热伪装网，如图 3-9 所示。

图 3-9 热遮障伪装坦克

热红外伪装遮障也可做成热伪装伞，适合于活动目标使用。对于发热量较大的目标，还需要采用空气或水冷却等多种强制性冷却方法。热红外伪装遮障的装饰面涂以不同发射率的伪装涂层，在热红外侦察下形成亮度不等的红外斑点。热伪装网网面的颜色与使用地区的背景相适应，网面用发射率为 0.6~1.0 的不同热斑点按要求混合配置，使整个伪装网的热图与周围环境热图相融合。

隔热毯不同于日常生活中的“毯子”，它的厚度和伪装网的装饰材料差不多。隔热毯至少由三层材料构成：中间的织物增强层主要赋予隔热毯以一定的机械强度，金属反射内层用于屏蔽来自目标的热辐射并将其“均匀化”，而低发射率面层使隔热毯的表面具有低的辐射能力，从而降低它的暴露征候。隔热毯上一般开有“眼检式”冲孔，这些直径约为 15mm 以小圆孔的冲切线约为 3/4 圆弧，未切割部分仍与隔热毯相连，使得从法线方向上通过冲孔看不见热目标，遮盖率大于 90%，而热空气可通过冲孔向切向排出。

B 热红外烟幕

由于热红外侦察器材能透过普通烟幕探测目标，在热红外伪装中使用烟幕技术，必须把传统的烟幕遮蔽能力从可见光、近红外区扩展到中远红外区。烟幕对红外区的辐射衰减机制一般包括以下两个方面：一方面是利用烟幕本身发射的更强红外辐射覆盖目标及附近背景，使热红外侦察器材显示烟幕本身的一片模糊热像；另一方面是利用烟幕中遮蔽微粒对目标辐射的红外辐射吸收、散射作用，使径向穿透的红外辐射减少，从而达到阻止红外辐射穿过的目的。即使红外烟幕不能完全阻断红外辐射进入红外探测系统，也会对跟踪系统的特征提取和特征选择产生干扰作用。对红外成像系统而言，它所处理的只是目标的灰度图，而红外烟幕对目标红外辐射的衰减作用，在图像上表现为目标的灰度值降低，大灰度级对应的像点减少，图像各部分的对比度变差。图像特征和灰度分布发生变化直接影响了目标成像特征，从而影响判读的结果。

为了达到遮蔽热红外辐射的目的，由散射理论可知，热红外烟幕中遮蔽物微粒直径应不小于 14μm，$1m^3$烟幕中的微粒数目不低于 6.4×10^9 个。研究表明，在烟幕消光光谱中，波长较短的光谱区消光仅与烟粒尺寸、形状有关，波长较长的光谱区消光与烟粒的折射率和形状有关。实现红外烟幕的关键是红外烟幕剂，即烟幕中能有效地遮蔽中远红外辐射的物质。通过对遮蔽材料的选择、实验，发现鳞状片、纤维状的良导体材料（如铝粉、铜粉）和许多有特征吸收峰的化合物都可以考虑制作红外烟幕剂。许多天然材料（如石墨、高岭土、纤维素、水）都可用来产生遮蔽8~14μm红外辐射的烟幕或遮蔽气溶胶。

世界各国对热红外发烟器材的研制都十分重视，目前在基础理论、测试技术、材料筛选、烟剂研制、烟幕武器制造及试验等方面都取得了显著的成绩，已有数十种红外烟幕武器装备部队使用。例如，美军M1主战坦克配用的M76型红外烟幕弹，弹径66.3mm，弹长238.3mm，弹重1.8kg，用于对抗0.4~15μm侦察。发射后可在坦克前约30m迅速形成宽30m，长40m的方形屏蔽烟幕，有效作用时间150~180s，其可靠度达99%。FFV烟幕弹是瑞典陆军装备的一种发烟器材，它用常规火炮发射形成烟幕屏障，发烟剂由六氯乙烷、二氧化钛和红外发烟剂混合而成，产生的烟幕可防可见光、近红外和中远红外波段的侦察，烟幕持续时间可达2~3min。这类烟幕弹的弹体内装有两个带减速板的烟幕霰弹，霰弹离开弹体后减速板自行打开，使下落速度减缓，以保证霰弹到达地面时发烟口朝上，烟幕弹正常工作。

今后，红外发烟器材的发展方向是力求进一步提高使用效能和扩大使用范围，发烟剂朝着无毒、无刺激的高分子材料发展。有的国家用压缩空气或烟火剂燃气发射直径为50~60μm的高岭土、滑石粉和碳酸铵等材料，当发射线速度为5cm/s时，形成的气溶胶可遮蔽可见光到14μm的红外辐射；有的国家还用汽油一类燃料产生的高温高压燃气喷射发烟油雾，形成的油雾也可遮蔽可见光到远红外的辐射。

3.2.2.2 红外融合

热红外融合技术是一种通过降低热对比度实现目标红外伪装的方法。降低热对比（即降低温差）包括目标与背景间的温差和目标本身各部分之间的温差。这可通过降低热点温度、绝热、发射率控制、能量转换等方法来实现。目标中某些温度较高的区域称为热点（如发动机、排气管等），在热图中十分明显，往往成为判别目标性质的依据。采用局部遮挡，或引入冷空气对流等方法降低热点温度，可消除目标的热暴露征候。绝热能降低热能的聚散速度，缓和温度与时间的关系，在目标发热部分绝热是非常有效的（如在发动机与外壳之间用泡沫塑料喷涂形成隔热层，减少热能散发）；另外，可以通过增加对流的散热方式实现目标的绝热。发射率控制则是通过控制目标表面各部分发射率的大小，来控制目标的红外辐射能量。在发热目标表面涂刷隔热涂层的方法，也能够实现目标表面的热辐射与背景相近似，降低对比度。能量转换是将目标原来易被探测的能量形式转换成不易被探测的能量形式，如用气化冷却的方法将目标热能通过气化、对流消散，同样也降低了目标与背景的热对比度。

在热红外波段，目标暴露征候主要是与背景辐射温度的差别，运用涂料改变目标表面的发射率可改变辐射温度，所以热红外伪装涂料就是在中远红外波段有不同发射率的涂料，具体实现起来就是在目标表面涂覆各种辐射特性不同的材料。这样，红外侦察器材就会形成表面辐射温度不同的热图斑点，歪曲目标的热图像。另一方面，热图迷彩通过改变目标的红外辐射分布，使目标的红外图像在涂覆热图迷彩前后不仅存在很大的灰度等级差异，而且还存在一定程度的成像形状畸变。虽然通过灰度校正和图像校正可以在一定程度上得以改善，但是仍然存在一定的灰度失真和图像几何形变，给红外成像跟踪系统对目标计算或相关匹配运算带来困难，从而降低红外成像系统命中目标的概率。为了不降低防可见光伪装效果，热红外伪装涂料还需具有满足防可见光伪装要求的不同颜色和亮度。

热红外伪装涂料研究从20世纪60年代末就开始探索，到80年代中期第一代热伪装涂料已达到成熟应用阶段。第一代热伪装涂料以兼容可见光伪装为主，主要用于地面和海上目标，它是通过大量添加金属原料来降低发射率。由于加入金属颜料后涂料的颜色发生变化，会影响防可见光伪装的效果，这一代热伪装涂料只能用于有限的场合。第二代热伪装涂料研制开始于 80 年代中期，主要是探索新型的黏合剂和着色颜料，以组成可呈现任何颜色、可见光伪装性能优良的热伪装涂料。

美军早期生产一种低发射率耐热铝粉涂料，在中远红外波段有效，它的涂层发射率小于 0.4，可耐 650℃的高温。该涂料用来涂敷军用高温设备或者装备的高温部件，如单兵用加热器、火箭发射器等。德国研制宽波段伪装涂料的有效波段为可见光、近红外和中远红外，它通过在涂覆表面的各个部位恰当地组合基层和面层，使各部位的发射率不同，从而形成热斑点，达到热变形的目的。涂层的发射率范围为 0.5~0.95。

新一代热伪装涂料是要进一步与反雷达伪装兼容，运用掺杂半导体颜料是一个发展方向。理论证明掺杂半导体材料的发射率可由材料的载流子密度、载流子迁移率和载流子碰撞频率来控制，而材料的这些特性又可通过控制掺杂条件加以调整。这样就可使掺杂半导体材料在热红外波段有较低的发射率，而在雷达和毫米波波段具有较高的吸收率，从而形成可见光、红外、雷达伪装一体化的新型涂料。

3.2.2.3 红外变形

不同的目标在不同的状态下具有特定的红外图像特征，红外成像侦察与制导系统就是通过目标的这些特定特征来识别目标。红外变形则是通过改变目标各部分红外辐射的相对值和相对位置，来改变目标易被红外成像系统所识别的特定红外图像特征，从而使敌方识别困难或产生错误识别。热红外变形技术是用显示目标假外表的方法来掩盖事物的真实性，对于热红外伪装主要是要改变目标原有的热特征，或显示其他热特征使识别产生错误，其方法有改变目标热特征、运用第二目标热特征、改变目标热踪迹和活动特征等。用红外变形器材可以改变目标的热特征，运用第二目标热特征是将原目标热图改变成另一军事威胁或价值不大的目标热图，如将坦克改成车辆，将军用车辆改为民用车辆等。机动装备在展开、移动时会留下特有的踪迹，在红外图像上也会形成特有的图形，这些人为的踪迹和活动特征的改变也会给敌方侦察识别带来困难。

3.2.2.4 示假技术

红外示假主要是通过设置红外假目标来实施。热红外假目标要能模拟出真目标的热红外探测特征（即目标的红外辐射特征），所以热红外假目标一般都需要配备加热装置。按示假伪装的要求，热红外假目标可分为两大类：一类为只模拟原型设备的辐射能量，即“热点”的热红外特征；另一类为原型设备的足尺模型，能模拟出设备的表面热红外辐射能的空间分布。

第一类热红外假目标比较简单，主要是用加热装置产生一个与真目标发热相似的热源。这类假目标用来欺骗热红外侦察器材的远距离侦察和吸引敌方空地导弹的攻击。科索沃战争中，南联盟军队采取燃烧汽车轮胎和加热铁板等简单的方法形成发热点，起到了欺骗和吸引北约热寻的导弹的作用。美军在 20 世纪 80 年代研制成“热红外特征模拟器”，能模拟大型车辆或汽轮发电机等热目标“热点”的热红外特征。它由内外缘导管、侧壁和顶部形成的空腔组成，腔内热源采用固体推进器，可在 1~1.4s 内形成大的黑体热特征。国外在飞机和舰艇上装备的点源式红外假目标已相当成熟且有效，但点源式红外假目标的有效性已面临着成像式红外制导技术的严重威胁。

另一类热红外假目标是在防可见光假目标的基础上加上模拟真目标发热特征的装置而组成的。它的外形类似于防可见光假目标，具有与真目标相似的亮度和颜色，其内装有发热部件。美军研制的吉普车热红外模拟器可模拟吉普车的热特征，如图 3-10 所示。该红外模拟器由加热组件及顶部和底座、控制电路、程序转换装置、定时器件、燃料供给和控制器件、电源及电源控制器件、电缆和篷布等组成。它用丙烷作燃料，通过变动程序器，可提供不同热辐射周期；通过控制电路的变化，可提供与周围环境不同的温度特征；通过控制加热组件的数量，可灵活地模拟不同的热特征；采用定时器件，可按预定的时间自动开闭模拟器。相对而言，成像式红外目标还不太成熟，主要问题是模拟目标红外图像不逼真，其逼真程度还不能与红外成像制导技术相适应，全天候性能也不好。这类器材的代表有美军的“红外假目标”，用于模拟大型车辆，对付空地导弹；美军配有热源的“薄膜充气式假目标”和“可膨胀泡沫塑料假目标”；另一个具有代表性的是瑞典军队装配的“装配式假目标”。

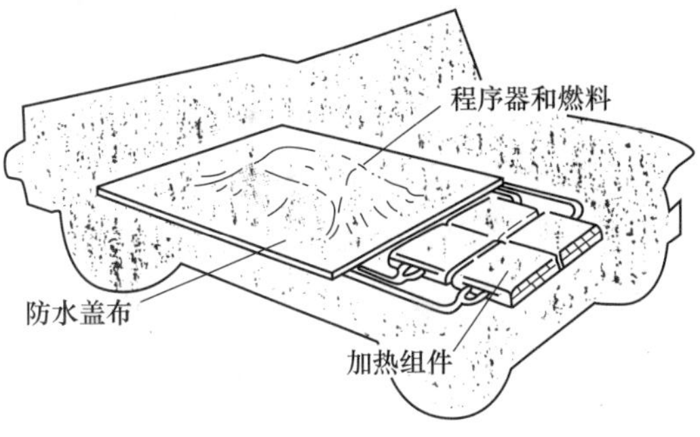

图 3-10　吉普车热模拟器

热红外假目标的加热方式一般有电加热和利用燃料加热等类型，电加热方式一般在假目标部件表面需加热的部位布以电阻丝，按温度的要求选择电阻丝的类型及控制电阻丝分布的密度，改变电源的电压可灵活地模拟出不同要求的表面温度分布。此类方法设备简便、加热可靠、易于控制，但需要有大功率电源作保证。利用燃料加热的方式设备较为复杂，燃料可采用气体、液体和固体等多种燃料，通过控制燃料的燃烧来控制加热部位的温度，以模拟目标不同部位的发热特征。燃料加热方法无须电源，因此使用起来灵活、方便，有广阔的发展前景。某型导弹发射车假目标的可见光和热红外图像如图 3-11 所示。

(a)　(b)

图 3-11　某型导弹发射车假目标

（a）可见光照片；（b）热图

扫码查看图片

3.3 雷达伪装原理

雷达侦察具有全天候性，作用距离远，搜索范围大，有穿透地表、沙层、森林、冰块等物体表面的能力，加之SAR成像分辨率的不断提高，在侦察监视战场情况，揭露隐蔽和伪装的目标方面发挥重要作用，所以在军事侦察中的地位与日俱增。此外，雷达在制导、火控、自动寻的方面有着重要的作用，对军事目标构成严重的威胁。因此，如何对付敌雷达侦察和捕获，成为一个十分重要的问题。

3.3.1 目标与背景雷达散射特性

雷达伪装又称反雷达伪装，是指隐匿、减小、改变或模拟目标与背景之间微波散射特性的差别，以对抗雷达探测的伪装。要想在雷达侦察下隐藏目标，就必须掌握雷达伪装原理，包括目标与背景反射特性、SAR成像的特点等。

3.3.1.1 目标与背景雷达散射特性

A 目标的雷达散射特性

雷达侦察发现与识别目标，是靠目标与背景反射雷达波在荧光屏上显示出的光标亮暗（回波强的光标亮，弱的光标暗）、形状、活动规律等的差别来发现与判别目标的。在雷达工作波长和探测距离一定时，目标与背景回波的差别主要与其表面材料的种类、目标的几何特性、目标的姿态角、雷达参数和目标活动状态有关。具体如下。

a 目标表面材料的种类

各种材料反射雷达波的能力各不相同，金属材料能够强烈反射雷达波，而非金属材料对雷达的反射则明显弱于金属材料，这是由于其电导率不同。当电波照射在导体上时，导体对电波的吸收较少，二次辐射（即反射）较多，而非金属则恰恰相反。兵器的表面绝大部分都是金属，而它所处的背景往往都是非金属表面，因此，在伪装中应当注意这一问题。

如图3-12所示，雷达波垂直入射在几种不同材料表面上时，回波强度大小的比较。由图3-12可以看出，钢铁的回波最强，钢筋混凝土的回波较强，木材的回波最弱，而石块与水泥块的回波则基本相同。由于材料的回波强弱不同，不同材料目标的雷达截面也不相同，所以非金属材料目标具有更好的雷达隐身性能。

b 目标的几何特性

目标的几何特性包括目标的形状、尺寸及表面粗糙度。一般情况下，目标体积越大，则目标雷达截面也越大。当体积一样时，外形构造不一样的目标，其雷达截面也有很大区别。例如投影面积相等的圆板、圆球、圆锥的雷达截面分别为13.76m^2、0.031m^2、0.023m^2。当今隐形技术在军事上的巨大成功，其中最为有效的技术手段正是采用低散射截面的外形技术。

c 目标的表面粗糙状态

目标表面的粗糙状态也影响到雷达截面的大小。如图3-13所示，当目标表面的不平度小于入射波长的1/8时，表面可以看作光滑面，电波在光滑面上产生镜面反射。

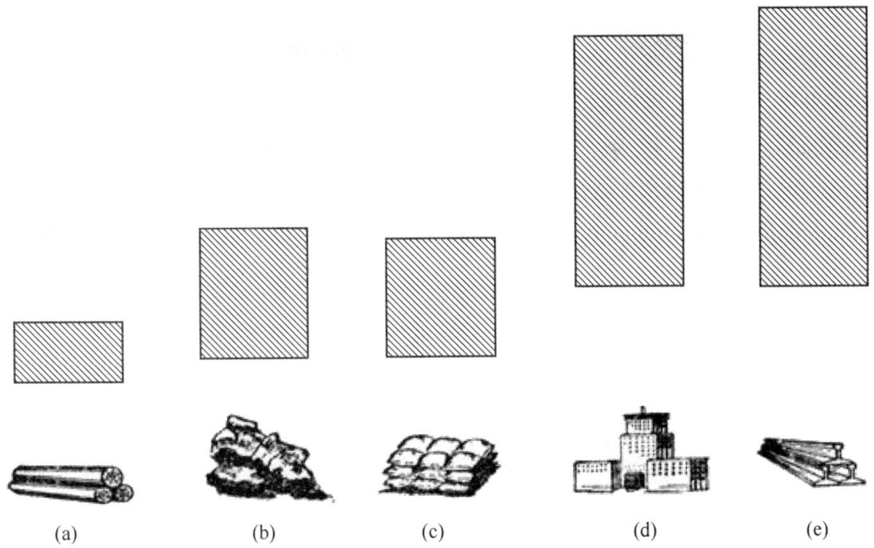

图 3-12 各种材料表面的回波强弱比较

（a）木材；（b）石块；（c）水泥；（d）钢筋混凝土；（e）钢铁

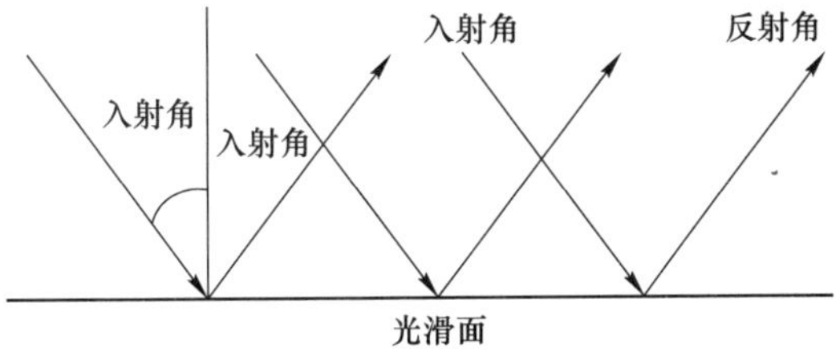

图 3-13 电波在光滑面上产生镜面反射

光滑面对入射电波的反射遵循镜面反射规律，绝大部分电波沿反射线方向反射，很少部分向其他方向反射。因此，光滑面的反射除了与表面垂直入射的方向能收到最强的回波外，其他方向收到的回波非常微弱。平静的水面是光滑的镜反射面，荧光屏上反映出的是暗色，只有在电波垂直入射时，才能反映出亮色。

当表面的不平度大于入射波长的 1/8 时，可看作为粗糙面，粗糙面对入射波产生漫反射，如图 3-14 所示。其反射规律遵循朗伯定律，当电波在任何角度入射时，二次辐射的图形都呈球状，且球与散射面相切，即入射的电波向四面八方反射出去。其中入射方向的反射波能被雷达所接收，所以在雷达上反映的光标比光滑面明亮，当雷达电波垂直入射粗糙面时，其回波比其他所有方向都要强，而且随着表面粗糙程度的减小而越来越强。

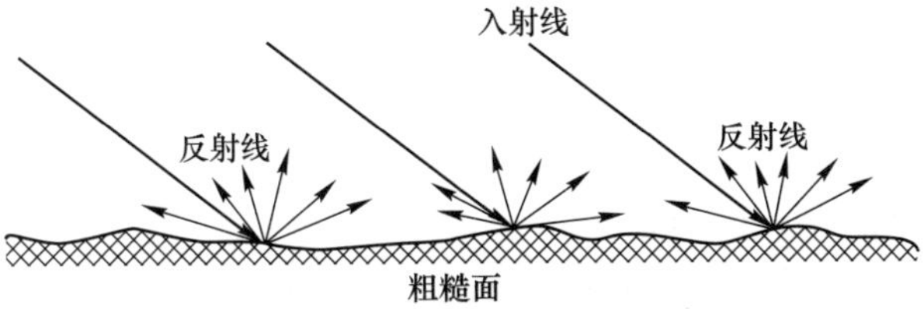

图 3-14 电波在粗糙面上产生漫反射

d 目标的姿态角

除球体外，任何目标从不同方向观察时，回波强度是不一样的。回波强度随着入射角的增大而减弱，入射角为零时回波强度最大。其原因是：随着电波入射角的增大，电波能量的散射就越多，反射得越少；当入射角为零时，电波能量散射最少，反之最多。如图3-15所示，当电波入射到水平面时，入射角较大，电波反射到远离雷达一侧，故回波较弱；当电波入射到倾斜面时，入射角较小，大部分反射波返回到雷达接收天线，回波较强。

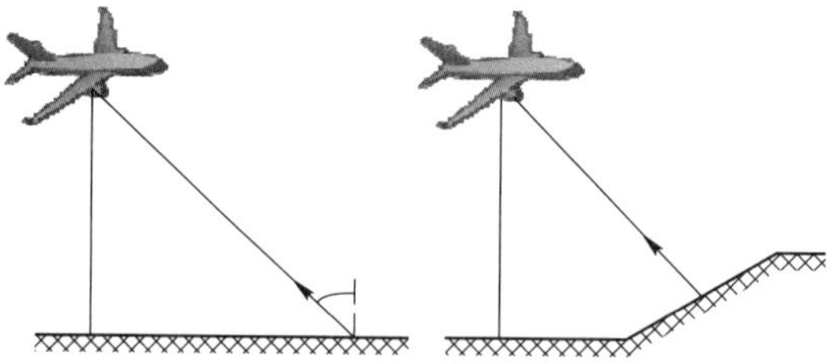

图3-15 目标姿态角与回波强度的关系
（a）射到水平面；（b）射到倾斜面

e 雷达参数

目标雷达截面的大小还与雷达参数有关，当入射到目标上的雷达波波长、极化方式不同时，目标雷达截面也不相同。球体雷达截面随波长的变化关系如图3-16所示，分为瑞利区、谐振区和光学区。

B 背景的雷达散射特性

雷达背景是指处在目标周围且和目标一同呈现在雷达荧光屏上的地面或海面等。不同背景对雷达的散射不同，因而在雷达显示器上呈现的图像也不同。影响背景后向散射系数的因素包括两个方面：一是地面背景的介电特性；二是地面背景的空间特性。

a 地面背景的介电特性

描写地面介电特性的主要参量是介电常数 ε 与电导率 ρ。一般来说，在电波作用下，背景物质的电导率越高，引起的传导电波越大，同时背景的介电常数越高，感应出的位移电流越大，从而在背景表面产生更强的雷达回波。为此，从地面介电特性出发可以把握以下规律：所有金属表面是相当好的反射体；砖面和混凝土是较好的反射体；干燥的砂砾、土壤、木材较易透射，属较弱反射体；但潮湿的土壤、沙土、木材不易透射，并有较强电波反射；含有一定水分的树干反射能力比树叶好，例如沼泽植物是植物中最好的反射体。

b 地面背景的空间特性

地面背景的空间特性参数主要表征为背景表面粗糙度。这种粗糙度是指与大规模的地形起伏状态无关的表面状态。表面粗糙程度是雷达背景特性参数中一个非常重要的参数，对于相同侦察条件，地面分辨单元的平均表面粗糙度决定了该单元的回波强度（见图3-17)，为不同类型地表的反射情况。

在光滑表面上，雷达波如同光线射向镜面，反射能量基本上沿着反射角等于入射角方向离开表面，而很少有反射波返回雷达天线。因此，对于非垂直入射情况，光滑表面的反

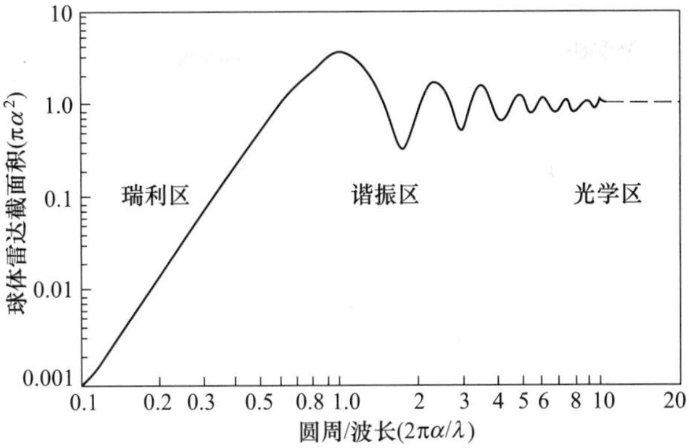

图 3-16 球体雷达截面随波长的变化关系

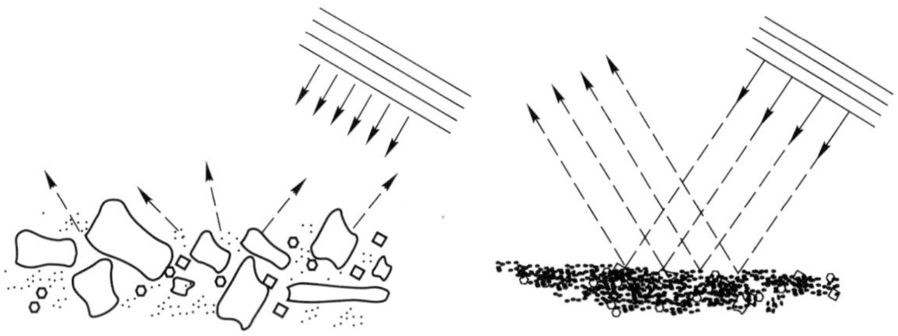

图 3-17 大砾石表面的漫反射与小砾石表面的镜面反射

射在雷达图像上呈现为暗色调。

值得注意的是，一个镜面是否产生回波，取决于它相对于入射波束的角度。当入射波束与镜面趋于正交时，将产生很强的后向散射。而另一种情况是，当多个镜面组合成二面角或三面角时将产生强烈的角反射回波，这种强回波图像将是明显的亮斑、亮点或亮线。二面角的反射情况如图 3-18 所示。

在实际背景中，诸如道路一侧的陡峭劈坡、河岸的堤坝、山体的正斜面、路旁的排树以及建筑物都可能在雷达荧光屏上以强回波显示。

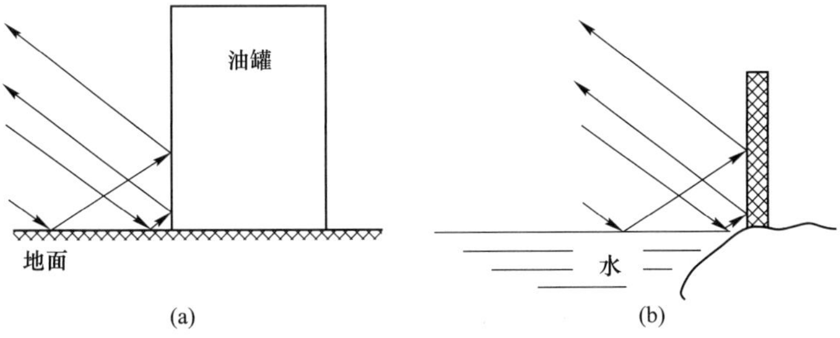

图 3-18 二面角反射示意图

(a) 油罐侧壁与地面形成；(b) 水面与铁塔形成

由于山脉或其他障碍物的遮挡，不能被雷达波束照射的区域称为雷达盲区，或无回波区，如图 3-19 所示。

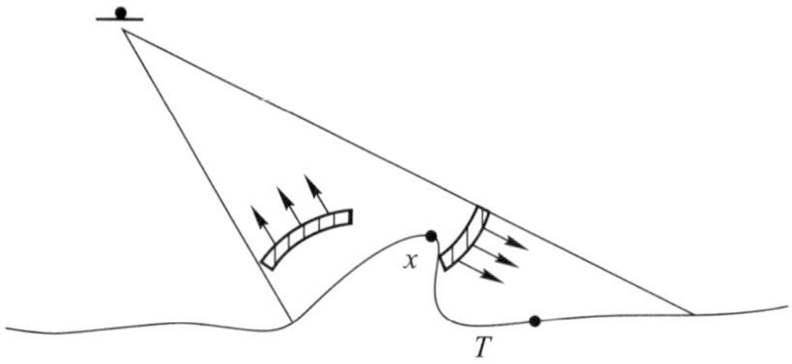

图 3-19 山头被雷达波照射时的雷达盲区

这些盲区不能向雷达天线反射能量，所以在图像上呈现为黑色调。一部分能量从山头反射回天线，剩余的部分将继续沿着视线照射到远距的地面。正是电磁波的这种似光性传播与反射的特点，在雷达图像上形成了物体的阴影，并呈现出物体的轮廓。

实际地面状态是十分复杂的，不论几何形状或物理、化学性能都可能千变万化。正是由于地面背景的复杂性形成了背景雷达图像的斑驳性，构成了有利于目标伪装的雷达景观性能；并且，利用地形地物形成的雷达盲区隐蔽目标是实施反雷达伪装的首选途径。

山林地的 SAR 图像如图 3-20 所示，这是分辨率为 10ft（英尺，1ft = 304. 8mm）的侧视雷达在 70000ft 高、8nmi（海里，1nmi = 1. 852km）斜距上以 250°俯角获取的图像。

图 3-20 山林地的雷达图像

3. 3. 1. 2 雷达截面积

目标受到雷达电波照射后向各方向散射，但各个方向的散射是不均匀的，某些方向强些。某些方向弱些。为了反映目标的散射效率，以雷达截面积来描述。雷达截面积的确定可采用计算和测量两种方法，但都比较复杂，在野战条件下，一般采用已知数据。

A 雷达截面积的定义

当雷达电波垂直投射在截面积为 σ 的一个有效目标表面上，被目标接收后，再全部均匀地散射出去并又被雷达接收，此时雷达所接收到的回波信号与真实目标散射情况下所收到的回波信号强度相等，那么 σ 就成为该目标的雷达面积或有效散射面积，并用 RCS（Radar Cross Section）表示。σ 的量纲是面积，单位一般用“m^2”表示。目标雷达散射截面可理解为把目标散射效率等效为一个各向同性反射体的截面积。

B 目标的雷达截面积

目标雷达截面积的研究在军事上具有重要的意义。其方法主要是理论计算法和实际测量法，通常只有将这两种方法结合起来，才能完成对目标雷达截面积的研究工作。

a 理论计算法

目标雷达截面积的计算，依目标结构不同其方法也不同。对于简单形状目标，可以直接由现成的公式来计算，而复杂形状的目标就要麻烦得多。这里的“简单”和“复杂”并非完全一致，有的目标几何外形上是简单的，但算起来并不简单，例如锥体就是如此。尽管这样，通过某些简单形状目标雷达截面积的计算可以进一步去研究复杂形状目标的雷达截面积，同时测量一些目标雷达截面积时，常利用雷达截面积已知的简单形状的目标作为比较标准。因此，下面介绍几种简单形状目标雷达截面积计算公式。

（1）金属球体的雷达截面积。金属球体的雷达截面积是各向同性的，与观察方向无关，对电磁波的极化方式也不敏感。球体的雷达截面积可与其几何截面积归一化，即：

$$\sigma = \pi R^2 \tag{3-32}$$

式中，σ 为雷达截面积，m^2；π 为圆周率；R 为球的半径，m。

（2）金属平板的雷达截面积。设金属平板为理想矩形薄板，边长分别为 a 和 b，其雷达面积的计算公式为：

$$\sigma = \frac{\pi a^2 b^2}{\lambda^2}\cos^2\theta\left(\frac{\sin\dfrac{2\pi a\sin\theta}{\lambda}}{\dfrac{2\pi\sin\theta}{\lambda}}\right) \tag{3-33}$$

式中，θ 为电波入射角，(°)；λ 为工作波长，m；a、b 为矩形的边长，m。

雷达波垂直入射时，平板雷达截面积的大小计算式为：

$$\sigma = \frac{4\pi A^2}{\lambda^2} \tag{3-34}$$

式中，$A=ab$。

（3）半波振子。在雷达伪装中所说的半波振子是指长度等于$\frac{1}{2}$雷达工作波长的金属丝，其雷达截面积的计算公式为：

$$\sigma = 0.86\lambda^2\cos^4\theta \tag{3-35}$$

须指出，大多数雷达目标（如飞机、舰船、桥梁及许多技术兵器）均属复杂形状目标。复杂形状目标雷达截面积的计算要麻烦得多，一般先把重要目标分解成若干典型几何形状的目标，然后分别计算它们的截面积，最后对计算的各雷达截面积进行综合处理。

b 实验测量法

目前，计算复杂目标的雷达截面积时，受到计算机容量和典型形状目标散射的精确解不易求出的限制。实验测量法仍然具有实际意义，而且随着要求的不断提高，还要进一步改进和发展。

实验测量分为室内测量和室外测量，它们均需涉及许多设备和仪器，这里不再赘述，常见几种目标的雷达截面积，见表 3-7。

表 3-7 目标雷达散射截面积平均值

目标	截面积平均值/m^2	目标	截面积平均值/m^2	目标	截面积平均值/m^2
人	1	歼击机	3~5	中型运输舰	7500
吉普车、小汽车	3	远程轰炸机	15~20	大型运输舰	15000
卡车	10	中型轰炸机	7~10	长度超过 100m 低水桥、浮桥	500~4000
坦克	30	小型轰炸机	150	铁路桥梁	10^4~10^6

C 背景后向散射系数和背景雷达截面积

为了描述背景微波散射特性，引入重要的参数——背景雷达后向散射系数（σ_0），其表征了背景单位面积上的雷达截面积，即：

$$\sigma_0 = \frac{\sigma}{A} \tag{3-36}$$

式中，σ 为背景雷达截面积，m^2；A 为雷达波束照射的实际面积，m^2。

σ_0 无量纲，常用分贝数表示，它集中反映了陆地、海面对电磁波散射能力的一个物理量。背景后向散射系数与很多因素有关系，这个问题国际上虽已研究多年，建立了一些物理、数学模型，但只适用于简单的情况，对复杂的问题并不令人满意。尽管如此，σ_0 雷达后向散射系数仍然是用来描述背景散射特性的一种有效参数。σ_0 通常可用计算法、动态试验法和静态试验法求得。现将收集到的国内外一些典型背景的后向散射系数 σ_0 汇总，见表 3-8。

表 3-8 不同地面后向散射系数

地面类型	σ_0/dB	地面类型	σ_0/dB
石子路	-20	牧场	-20
柏油路	-25	荒地	-17
混凝土路	-27	沼泽地	-12
平滑混凝土路	-32	耕作地	-11
湖面	-30	城市	-12
绿草	-10	综合背景	-20
树林	-12	起伏地	-12
谷类	-10		

背景雷达截面积不仅取决于背景向雷达天线方向反射电磁波的性能，而且与反射表面的大小有关。也就是说，背景雷达截面积等于背景的后向散射系数（σ_0）与参加反射信号的背景面积，即雷达波束在地面上的分辨单元的乘积。通过推导计算，背景的雷达截面积可以表示为：

$$\sigma = \sigma_0 S = \sigma_0 C\tau\theta \frac{H}{2\sin\varepsilon} \tag{3-37}$$

式中，σ 为背景的雷达截面积，m^2；C 为光速，m/s；σ_0 为背景的后向散射系数，dB；τ 为脉冲宽度，s；H 为雷达至地面的高度，m；θ 为水平波瓣宽度，rad；ε 为入射余角，(°)。

在实际应用中，也可计算为：

$$\sigma = \sigma_0 S = 5.25\sigma_0 \tau\theta \frac{H}{\sin 2\varepsilon} \tag{3-38}$$

3.3.2 雷达伪装途径

根据雷达侦察和捕获目标的过程可知，分别对敌雷达系统、雷达波传播的空间及雷达侦察和捕获的目标施加影响，有可能使敌方捕获不到信息或大大减少获取信息的数量。雷达对抗的主要途径有三个方面：一是以火力摧毁敌方雷达系统；二是使用有源干扰器材对敌雷达系统实施干扰；三是使用无源干扰器材对目标实施反雷达伪装。前两者的共同特点是要破坏敌方雷达侦察系统的正常工作条件，这里雷达伪装的重点不在于此，而是重点关注不破坏敌方雷达系统的正常工作条件，运用各种制式器材、就便材料和自然条件，以增强、减弱、消除、模拟或歪曲目标的雷达回波，从而使敌方雷达不能发现和识别目标。

尽管当今成像雷达的目标分辨能力以及动目标检测雷达的杂波可见度都有了很大提高，但反雷达伪装仍然可以大有作为。首先，不管雷达体制如何不同，它们提取目标信息的方法是相同的。雷达对目标的发现和识别有赖于目标和背景信号强度及特征信号的差别，而事实上，大多数制式伪装器材及就便伪装材料都能有效地消除或降低目标与背景间的信号强度差别。其次，电磁波具有直线传播的特点，起伏的地貌、地物将形成雷达的观察盲区，这为利用自然条件实施反雷达伪装提供了可能。其三，地面反射形成的强大杂波足以淹没小型目标的回波信号，并为地面固定目标提供良好的伪装掩护。其四，雷达成像依据物体回波强度差别形成灰度图像，其分辨率及成像能力仍有很大限制，模拟及歪曲目标的散射特征，将导致敌方雷达系统真假难辨。因此，在现代雷达侦察条件下，只要合理运用反雷达伪装措施，仍然可以取得理想的雷达对抗效果。

根据雷达波近似直线传播的特点，利用地形起伏形成的雷达侦察不通视区域，使雷达探测不到目标，这是雷达伪装最为可靠的途径。因此，在各种情况下都应尽可能利用敌人雷达侦察的不通视区来伪装目标。对于雷达不通视区域以外的目标，雷达伪装途径可根据雷达侦察的缺点和伪装实施的可能，分为消除（或降低）和模仿雷达回波差别两个方面。

3.3.2.1 消除（或降低）目标与背景雷达回波差别

消除目标与背景的雷达波反射差别，实际上是消除它们之间回波的差别，使雷达荧光屏上显示不出目标的光标信号，或使目标的光标信号与地物的光标信号相混淆。消除的方法可从目标、背景或雷达分辨力三个方面考虑。

A 减弱目标的回波

雷达所能发现的目标（如技术兵器、车辆以及水面背景上的桥梁、船只等），其回波通常比背景的回波要强，所以减弱目标的回波就能使目标与背景的回波反射相接近。其方法如下：

（1）将目标配置在天然地形地物中，使目标的回波反射被遮蔽物隔断或削弱；

（2）将目标配置在掩体或掩蔽所内，减小或消除目标的外露体积；

（3）在目标近旁设置人工隔绝遮障，使目标与遮障的光标信号都不在雷达荧光屏上显露出来；

（4）在日标表面涂刷电波吸收材料或覆盖吸波材料，减弱目标的回波；

（5）施放防雷达烟幕遮蔽目标，干扰雷达侦察。

B 增强背景回波

使背景的回波接近目标的回波，也是消除回波差别的一个重要方面。其方法如下：

（1）在能暴露目标配置和活动的背景上，设置角反射器增强背景回波；

（2）在水背景或平坦开阔地背景上设置角反射器，使其与目标强度相一致。

C 利用雷达分辨力的限制

将目标配置在背景近旁，使目标的光标与背景光标融合在一起。具体措施列举以下两个方面。

a 利用地形、地物伪装目标

利用地形、地物形成的雷达侦察不通视区域，使雷达探测不到目标，这是反雷达伪装中最为有效的天然伪装手段和优先选择的伪装方法。根据雷达特性可知，只要设法增大发射机功率，增大天线增益或提高接收机灵敏度，则雷达的探测距离可以无限制地增加。但实际情况并非如此，由于雷达波具有直线性传播的特点，雷达的探测距离将受到地球曲率及地形、地物的影响，使雷达视线受到遮挡，形成雷达观察的不通视区。雷达的不通视概念与光学的不通视概念基本一致，只不过由于雷达波波长远大于可见光的波长，从而由于折射作用和绕射作用，雷达侦察的不通视区域更小而已。

确定地形、地物对雷达侦察形成的不通视区域，可通过专门工具和方法进行标定，如利用斜面面积进行图上标定等。一般来说，地形的高低起伏是雷达侦察的良好天然遮障。山脉、高地、堤坝的反斜面（背向敌方雷达一侧）是雷达侦察的不通视区，将目标疏散地配置在这些地段，可解决部队及后方目标的反雷达伪装问题。此外，对着雷达方向的正斜面，使入射波产生强烈反射，在敌方雷达荧光屏上形成明亮的斑点和光标，同样有利于小型目标的隐蔽。

树林、人工地物等形成的雷达观察盲区，也是隐蔽目标的良好遮障。树林对目标的遮蔽能力与树林的种类、高度、密度、季节（潮湿度）等因素有关。当树木枝叶稠密、树冠彼此相连时，则处于树林纵深的目标不易被雷达侦察发现。此外，利用雷达分辨率有限的弱点，将目标配置在地物的四周，使目标光标与地物光标混合在一起，同样可使雷达难以发现和识别目标，目标与地物间的距离应小于雷达的分辨率。

为有效利用地形、地物的伪装性能，在战役准备阶段，应根据已知和潜在的敌人雷达配置位置和进入方向，确定作战地域内的雷达不通视区，研究确定战区内地形的遮蔽性，标出用于隐蔽军队的机动道路，计算地形背景的伪装容量。

b 设置人工隔绝遮障

反雷达遮障的种类很多，主要技术途径有：利用制式反雷达伪装网设置各种掩盖遮障，以吸收和散射入射电波，隐蔽遮障下的目标；利用电波反射体设置反雷达干扰遮障，以在敌雷达荧光屏上形成干扰光标，消除目标的暴露特征；利用电波隔绝材料设置反雷达隔绝遮障，以使雷达看不到遮障后的目标。反雷达掩盖遮障的运用与防可见光伪装中掩盖遮障设置方法类似。

3.3.2.2　模仿目标与背景雷达回波差别

模仿目标与背景雷达回波差别的方法是：

（1）设置各种金属角反射器，模拟地物与背景的回波差别，使雷达荧光屏出现大量的光标信号；

（2）用单个角反射器或角反射器组，模拟真目标与背景的回波差别，使雷达荧光屏上出现真目标所特有的光标信号。

反雷达伪装途径是针对敌方现役雷达装备的弱点而采取的雷达对抗措施，其基本技术途径除了隐真与示假之外，还有利用电波反射体设置综合遮障，以增强雷达背景的景观性能，以及歪曲面形目标或雷达方位物的雷达图像；此外，还可根据雷达发出电波容易暴露和易受干扰的弱点，用特制的干扰机发出电波进行积极干扰，或利用反雷达烟幕、箔条干扰物等反应式干扰器材，干扰雷达侦察及制导系统，妨碍雷达的正常工作。具体措施列举如下。

（1）反雷达假目标可以是角反射器、龙勃透镜、金属箔条等电波反射体，也可以是表面金属化的足尺目标模型。表面金属化足尺模型雷达假目标具有真实目标的各种反射信号特征，其雷达图像具有与真目标相近似的纹理、形状及外观影像，是理想的反雷达假目标。此类反雷达假目标通常为制式假目标，结构复杂，造价较高，因此目前仍然重视电波反射体假目标的研究与应用。

（2）角反射器是电波反射体假目标的典型形式，由三块互相垂直的金属板组成的一种立体结构，它能够将入射电波集中地沿入射方向反射回去，从而在雷达荧光屏上产生明亮光标。常用的角反射器有三角形、方形、扇形及混合形等，如图3-21所示。因此，对于依靠雷达荧光屏上的亮点、亮线来识别目标的低分辨率雷达，利用电波反射体可以模拟各种目标的雷达图像光标，达到反雷达示假目的。

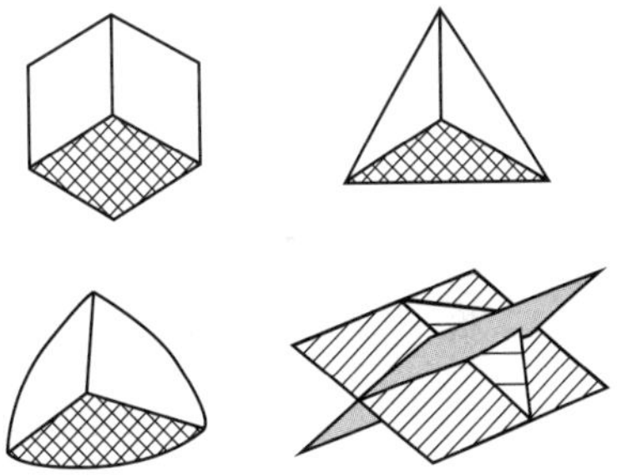

图3-21　具有不同反射面的角反射器

3.3.2.3　雷达伪装技术的发展趋势及启示

（1）重点开发防SAR侦察伪装技术。随着高技术的发展，实现了目标捕获与打击一体化，要求地面目标要隐蔽，并尽可能转入地下。军事工程由于施工周期长，目标范围大，平时极易成为敌雷达卫星侦察的主要对象，战时则成为敌机载成像雷达搜索瞄准的战术目标。军用工程口部伪装技术是保障国防战备工程隐蔽性能、防止被敌侦察监视乃至识别瞄准、确保战场生存能力的关键技术，该技术包括口部及接近路的伪装防护。

（2）研究防复合SAR探测的伪装技术。合成孔径雷达探测技术使地面目标很难隐蔽。地面用一草皮覆盖的跑道，虽然在X波段SAR中不见踪影，但在L波段SAR中却显露出来。采用常规光学伪装网、篷布等遮蔽的军事目标，在合成孔径雷达中形同虚设。埋藏地下的金属目标，在UHF/VHF等超宽带中，却历历在目。从SAR发展的技术现状看，高分辨率的波段在X、Ku、Ka及W波段，穿透能力不强；而探测能力强的波段在L、P、UHF/VHF等波段，该波段又普遍分辨率能力较差。针对这个薄弱环节，可以采用复合的伪装技术，来实现对防复合SAR的探测。

（3）研究防可见光、红外及SAR的融合伪装技术。伪装技术在实现了防可见光伪装、防红外侦察伪装等目标后，必须对现有的伪装技术进行综合运用，在发挥各个波段伪装效能的同时，逐步实现在雷达波段的伪装要求。因此，伪装技术面临着途径与方法的创新问题，面临着与合成孔径雷达成像侦察在技术层面的较量。

3.4 多/高光谱侦察伪装原理

光谱成像侦察是把入射的全波段、宽波段的光信号分成若干窄波段后，将目标二维空间信息和反映物质本质属性的光谱信息相结合。对于色调相近目标具有更强的揭露能力，给伪装防护提出了更高的要求。本节分别从多光谱伪装和高光谱伪装两个方面展开论述。

3.4.1 多光谱伪装

多光谱侦察是将目标反射或辐射的电磁波划分成若干窄的波段（光谱带），在同一时间内用几台装置分别在几个不同的光谱带上对同一目标进行照相或扫描，所得的信息可以是图像形式的，也可以是数字形式的。根据多光谱成像技术的发展，多光谱成像侦察设备可分为多谱段照相机、多光谱成像仪和成像光谱仪三大类。其主要区别是：多谱段照相机的焦平面是采用胶片成像，获取的是彩色胶片图像或黑白胶片图像；多光谱成像仪的焦平面采用的是光电探测器，获取的是多个谱段的数字图像；成像光谱仪与多光谱成像仪相比，光电探测器的数目更多，光谱分辨率更高，可达 10nm。

3.4.1.1 多光谱侦察系统主要性能

目前，多光谱成像侦察系统都采用 CCD 探测器件，可直接获取多光谱数字图像，其基本性能要求如下。

（1）地面像元分辨率（瞬时视场：IFOV）。单个探测元对应的地面面积大小，是标识遥感器几何分辨能力的主要指标。一般来说，多光谱侦察系统的地面像元分辨率为全色波段侦察系统地面像元分辨率的 3 倍左右。

（2）成像带宽。遥感器一次成像所能观测的地面横向尺寸，对于普查系统要达到 60km，详查系统要达到 40km。

（3）光谱范围。指传感器响应的光谱波长范围，一般在 400~1200nm。

（4）谱段宽度或光谱分辨率。谱段宽度或光谱分辨率是指每个工作谱段的光谱宽度，对于多光谱成像仪，其谱段宽度一般为几百纳米，对于成像光谱仪来说，一般为几十纳米或几纳米。

（5）系统调制传递函数。遥感器的空间频率响应特性，光学系统在奈奎斯特空间频率处的调制传递函数一般大于 0.6，传感器总调制传递函数一般大于 0.2。

（6）谱段图像配准精度。同一地面像元点基准谱段与其他波段的位置偏差，谱段配准精度应优于 0.3 个像元。

（7）量化等级。量化等级是指对 CCD 输出的模拟信号进行量化处理时的量化位数，一般用 12bit 进行量化。

（8）信噪比。信号与噪声的比值，最大输出信噪比应不小于 40dB。

（9）辐射校正精度。辐射校正精度包括相对辐射校正和绝对辐射校正，相对辐射校正主要是校正不同探测像元光谱响应的差别，绝对辐射校正是将各谱段的数字值转换成仪器入瞳处各谱段的辐射能量，是进行定量化处理的基础。相对辐射校正精度优于2%；绝对辐射校正精度优于10%。

（10）几何定位精度。几何定位精度即图像经几何纠正处理后的目标定位精度，其中系统几何纠正后，目标的定位精度一般要达到500m，几何精纠正后，目标的定位精度要达到30m。

3.4.1.2　多光谱侦察系统基本组成

多光谱成像侦察系统一般由多光谱成像仪、数据记录设备、数据传输设备、数据接收设备、数据处理系统组成。多光谱成像仪和图像处理设备是多光谱成像侦察系统的核心，决定了多光谱成像侦察系统的侦察性能。

多光谱成像仪由望远镜成像单元、分光或分束单元、光电探测器（线面阵）、辐射定标单元、电子学系统、数据处理系统组成。望远镜成像单元用于收集地面目标反射或辐射的电磁能量；分光或分束单元将望远镜成像单元收集的电磁辐射能量分成若干个谱段；光电探测器将各谱段的电磁能量转换成电信号；辐射定标单元是一个相对独立的单元，主要配有标准辐射源或标准反射板，用于对望远镜成像单元、分光或分束单元、光电探测器和电子学系统组成的成像系统进行辐射定标和光谱定标；电子系统将电信号进行处理，转换成视频信号或一定格式的数字信号，并送到数据记录设备进行记录；数据处理系统一般由数据格式转换、辐射校正处理、几何校正处理、图像组合与组合变换、目标分类识别等功能模块组成。

3.4.1.3　多光谱侦察系统分类

A　多光谱照相机

多光谱成像遥感的早期发展是从20世纪60年代的多谱段照相机开始的。多谱段相机多为画幅式相机，卫星在轨道上飞行时对观测场景凝视（停留、静止一段时间）测量。多谱段相机根据分光方式的不同又分为以下三种类型。

（1）多镜头型多光谱照相机。多镜头型多光谱照相机是最早出现的一种多光谱照相机。它是在一台相机中使用多个镜头（4~9个），并借助不同的滤光片组合，把图像同时记录在一张胶片上。

（2）多相机型多光谱照相机。多相机型多光谱照相机采用两台以上（一般为4台）照相机同时工作，各台照相机分别带有不同的滤光片，分别接收景物的不同光谱带的信息，同时对同一景物进行拍摄，各获得一套特定光谱带的胶片。美国“阿波罗9号”宇宙飞船中所装的S065型相机就是这一类型，它由四台瑞典哈斯布拉特500EL型相机组成，所采用的四种滤光片是橘黄色滤光片（0.5~0.9μm）、黄色滤光片（0.48~0.6μm）、深红色滤光片（0.7~0.9μm）、红色滤光片（0.6~0.7μm）。

（3）单镜头光束分离型多光谱照相机。单镜头光束分离型多光谱照相机是采用一个镜头拍摄景物，用多个三棱镜分光器将来自景物的光线分离为若干波段的光束，用多套胶片分别将各波段的光信息记录下来，因而又称为单镜头多胶片多光谱照相机。这种相机避免了多镜头或多相机型相机中视轴平行、镜头匹配、快门同步等困难，所以光谱图像的精度更高。但由于光束被分离成像，光学系统透射率低，对曝光量带来很大影响，所以对胶片感光度要求较高，同时结构复杂。

不同类型多光谱相机工作方式如图 3-22 所示。多光谱照相的发展是基于对物体光谱反射特性的研究。研究表明，各类物体都有表明自己特征的光谱反射特性曲线，利用物体的光谱特征就可以把它和别的性质的物体区分开来。例如，由于绿色植物、砍伐树枝、绿色材料在红光和近红外波段的光谱反射特性存在较大差异，可以利用 0.7~0.8μm 或 0.8~1.1μm 波段拍摄的照片，揭露处于绿色植物背景中用普通伪装网、树枝等伪装的目标。尽管反红外线照相的伪装材料能够躲过红外线和可见光谱段彩色照相的视线，但只要是人造材料就与周围自然背景的光谱特性不同，通过分析特定波段的影像，就可以把它揭露出来。

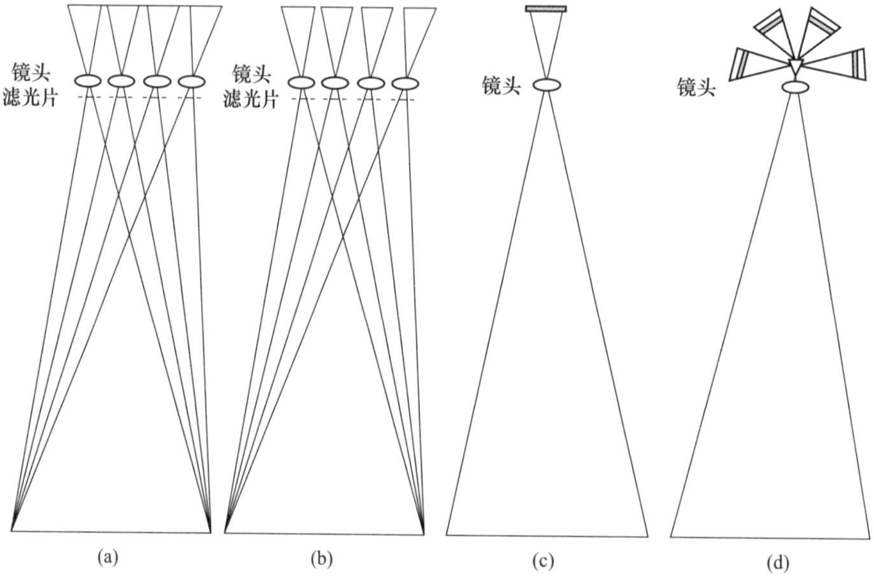

图 3-22　多光谱相机工作方式
（a）多镜头式；（b）多台式；（c）胶片式；（d）单镜

目前，用于侦察卫星的多光谱相机，对地面景物的分辨率已达 5~10m；机载的航空多光谱相机分辨率就更高了。机载相机由于受到感光胶片的光谱响应能力限制，只能感应 0.35~0.9μm 波段的部分可见光和近红外光，最多不超过 1.35μm。

B　多光谱电视

多光谱电视的工作原理与多镜头型和多相机型的多光谱照相机相同，采用滤光片分光方式。美国一家公司研制生产的多光谱摄像机，由 3 个硅-CCD 和 1 个光学系统组成，目标的反射光能量经光学系统反射、折射、透射后分成三部分，再通过不同的滤光片成像在硅-CCD 上，得到不同光谱影像，将所得到的影像按 RGB 原理合成后得到融合后的影像。

C　多光谱扫描仪

多光谱扫描仪是利用光学机械扫描的方法接收地面目标景物辐射和反射的电磁波，通过多个分光片将这些电磁波按不同的波长分成若干波谱段（通道），并分别聚集在能够感应不同波长的半导体探测元件上，转换成电信号，记录下来或直接传输给地面接收站。多光谱扫描仪一般具有 0.3~15μm 的许多通道，包括紫外、可见光、红外等波段范围。

目标的光束经过扫描反射镜进入仪器的反射式聚光镜（阳面镜）和次镜，聚焦后穿过凹面反射镜的中心孔射到分光片 1 上；分光片 1 将短于 2μm 的光波反射，只让长于 2μm 的光波通过；分光片 2 将短于 1.1μm 的光反射，只让长于 1.1μm 的光波通过；分光片 3 将短于 6μm 的光波反射，只让长于 6μm 的光波通过，并设法聚焦在碲镉汞探测器 E；碲镉汞能探测 8~14μm 的远红外线，砷化钢能探测 1.1~1.8μm 的近红外线，锑化铟能探测 3~5μm 的中红外线。这些半导体探测器一般都要在低温下工作，因此需要用开氏温度为 77K 的液氮和 20K 的液氢或其他方法制冷。

被分光片 2 反射的波长在 0.4~1.1μm 的光波，经玻璃三棱镜分光（色散）后分成 3 个波段的光波，用光导纤维将它们与 6 个光电倍增管相接，光电倍增管将光信号转换成电信号。至此，来自同一个地面目标的光波，在多光谱扫描仪内便被分离成 9 个光谱波段记录下来。例如，美国陆地资源卫星中的七波段扫描仪，其 7 个波段光谱范围分别为 0.45~0.52μm、0.52 ~ 0.60μm、0.63 ~ 0.69μm、0.76 ~ 0.90μm、1.55 ~ 1.75μm、2.08 ~ 2.35μm、10.4~12.5μm。

除了以上介绍的光机扫描式多光谱扫描仪，还有一种推扫式多光谱扫描仪，探测元件使用 CCD 线阵或面阵，不需要光机扫描。因此，推扫式多光谱扫描仪具有结构简单、无运动部件和无几何畸变等优点。

3.4.1.4 多光谱伪装途径

多波段综合伪装是消除、减少、改变或模拟目标和背景之间光学、热红外的辐射、散射特性的差别，以对付多个波段的综合探测所实施的伪装。由于微电子、CCD 成像、激光、红外组件、雷达与毫米波、自适应、人工智能和自动控制等技术的广泛应用，高技术装备的侦察器材在使用的波段上已经覆盖了可见光、热红外和雷达等几个主要波段，能够根据战场条件和作战的需要选择重点使用波段，或同时使用，并相互协同，相互补充，给目标防可见光、近红外与热红外伪装技术和材料提出了严峻的挑战，给军事伪装的发展带来了深远影响。根据预测，除了电磁谱段的威胁将继续发展以外，声响、磁力等特种传感器也将会运用到高新技术装备上。这就要求伪装技术和器材必须具有多波段综合伪装性能，既要能够对付可见光侦察，又要能够对付红外侦察和雷达侦察，还要能够对付声响、磁力等特种传感器的侦察。

消除（或降低）目标与背景多光谱反射差别的方法如下。

（1）利用地形、地物伪装目标。利用地形、地物形成的多光谱侦察不通视区域，使多光谱探测不到目标，天然伪装手段仍然是多光谱伪装最优先选择的伪装方法。

（2）利用多光谱性能的伪装涂料进行迷彩伪装。在多光谱遥感条件下，由于光谱分辨率较低，通过迷彩伪装技术手段，能够消除、降低目标的显著性，具有一定的伪装效果。如图 3-23 所示，某型绿色伪装涂料的光谱曲线可以较好地模拟橡树叶的光谱曲线。

（3）设置人工隔绝遮障。利用对可见光、红外等多波段电磁波具有吸收作用的伪装网设置各种水平遮障、垂直遮障和掩盖遮障，隐蔽遮障下的目标。多光谱遮障的运用与光学伪装中遮障设置方法类似。

模仿目标与背景多光谱回波特性的方法如下。

（1）在目标表面涂刷各种模拟地物与背景的多光谱回波特性的涂料和颜料，或在目标表面覆盖多光谱伪装网，使目标与背景环境中不重要目标的回波特性接近。

（2）在假目标表面模拟真目标与背景的回波差别，使假目标在多光谱侦察时更加容易被发现。

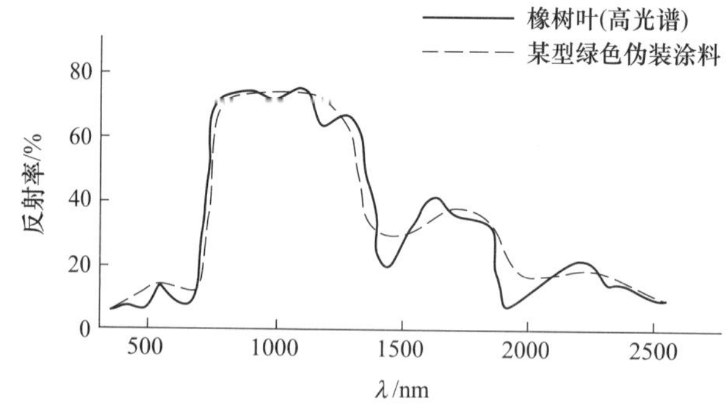

图 3-23 橡树叶和某型绿色伪装涂料高光谱曲线

3.4.2 高光谱伪装

3.4.2.1 高光谱侦察探测特点

高光谱遥感通过测得的光谱特征曲线，可反演出每一个像素点所对应的物质组成成分，区分它们是树叶、绿色涂料还是塑料，土壤、岩石还是混凝土，并且准确度是多光谱侦察所不能企及的，如图 3-24 所示。

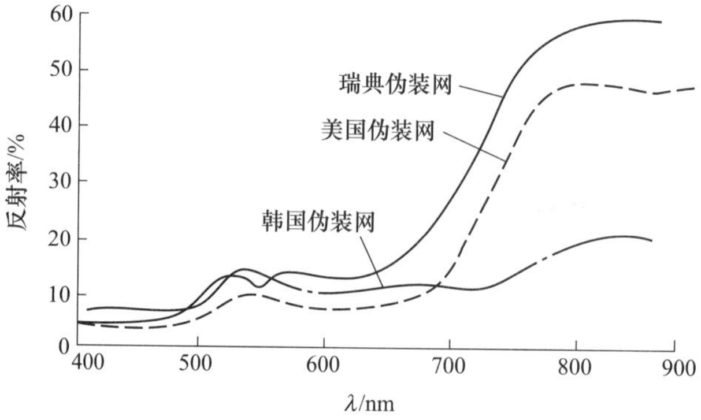

图 3-24 三种国外伪装网的高光谱曲线

多光谱成像条件下，采用具有多光谱特性的遮障伪装可在一定程度上实现的隐蔽，由于材料的高光谱曲线与周围土壤、岩石、植被背景的曲线有很大的差别，能够将目标从背景中区分出来。若采用恢复植被的方式实施伪装，一旦人工移植、种植的植物种类与口部周围植物不一致或者含水率差别较大，也将被高光谱侦察所发现。

在高光谱侦察条件下，若通过增加地物背景的斑驳特性进行伪装，随着除莠剂的加入，植被的高光谱特性也将发生改变，从而可以测定出外效除莠剂的基本组成，反而会导致目标的暴露。植被的光谱曲线受到种类、水分、覆盖度和混合地物等因素的影响。如图 3-25 所示，在可见光、近红外波段即小于 1300nm 波段区域，木耳菜叶含水率越高光谱曲线反射率越高，另外在 790~1120nm 谱段则出现了较明显的变化，含水率越低光谱反射曲线越高，反射率越高，并且表现了一定的起伏。

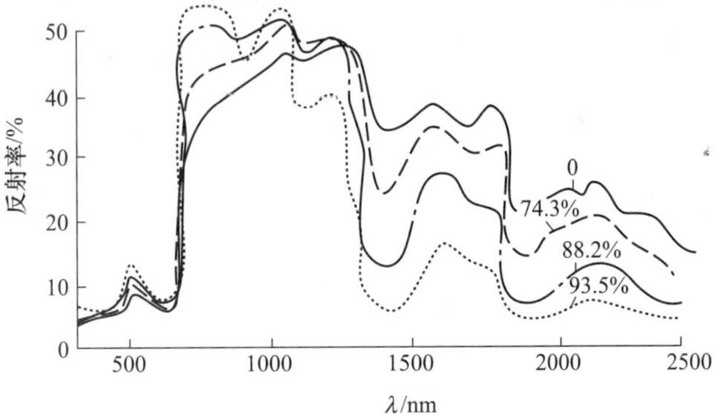

图 3-25　不同含水率的木耳菜叶光谱曲线

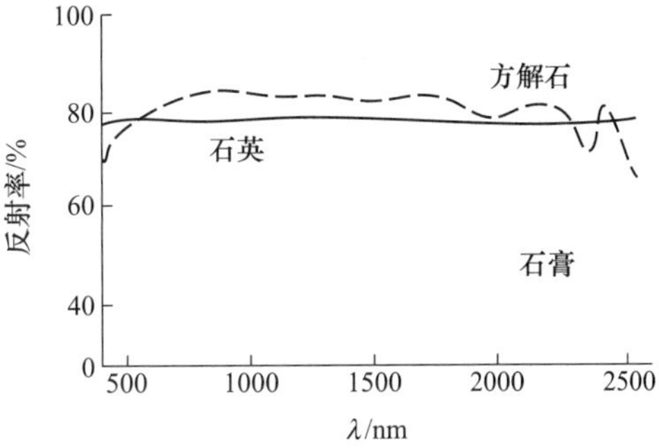

图 3-26　土壤主要原生矿物光谱曲线

土壤的高光谱特征曲线由于原生矿物含量、含水率、粒度、有机质含量的不同，其高光谱反射率曲线呈现复杂的变化，如图3-26所示。石英在整个光谱范围反射率较高接近0.8，并且光谱曲线整体在整个谱段都接近一条平直的直线；石膏在大于1500nm波段曲线整体呈现下降趋势，并且有较明显的波动。方解石光谱曲线略有波动，整体反射率较高。

3.4.2.2　高光谱伪装途径

由于高光谱遥感波段范围广，数据量非常庞大，冗余数据多，导致处理困难。由此，可以考虑以下伪装途径。

(1) 目标背景不同的地物呈现出不同的高光谱曲线，在当前迷彩涂料、制式伪装网还不能精确模拟背景的高光谱特征的情况下，在实施目标伪装时，应尽量减少此类材料的使用，而应更加注重天然植被的利用。当采用人工塑石实施目标仿造性遮障伪装时，人工塑石应能精确模拟背景岩石高光谱特征；当采用天然植被实施口部伪装时，应采用与周围背景相协调的植被（最好是一致的植被），还要避免因植被一致但含水率不同而被高光谱成像所揭露。

(2) 由于现地地物的组成种类、含水率、粒度、有机质等因素的不同，其高光谱曲线呈现复杂性，因此在实施口部伪装时，应尽量避免采用同一种材料，应根据周围背景的情况，尽量采用多种天然材料，如以多种地物进行混合配置，借以增加敌方遥感光谱图像的冗余数据，加大其处理的难度，减少识别目标的概率。如果必须采用制式伪装器材实施伪装（如施工作业场地的水平遮障），必须为此类伪装器材附加现地物，如种植爬藤植物、部分地段的覆土等，使敌方难以从高光谱合成数据中快速提取出伪装器材的标准光谱数据，增加敌方识别目标的难度。

(3) 在高光谱成像条件下，地物的光谱曲线还受到地物的造型、阴影面积含量等因素的影响，因此在采用多种材料实施目标伪装时，应使伪装面的总体造型与周围背景相协调，成为背景地物自然延续的同时，还使伪装面具有较为复杂的起伏造型，增加其阴影面积的含量，努力实现多维高仿真伪装。一方面可以使伪装更加逼真，另一方面由于纹理、造型和空间配置等参数的加入，进一步增强高光谱数据的复杂性，从而增大敌方高光谱数据提取和解析的难度。

高光谱遥感作为一种揭露伪装的新型侦察手段，给伪装带来了巨大的挑战。但是，就如每个事物都有自身弱点一样，高光谱遥感也有可以被伪装利用的不足。因此，通过对高光谱遥感技术更加广泛深入的研究，探究与之对抗的伪装技术和专用伪装材料，进行切实有效的伪装试验，必将找到更有效的高光谱伪装对策。

3.5 声波伪装原理

3.5.1 声学基础

声学是研究媒质中机械波的产生、传播、接收和效应的科学。媒质包括物质各态(固体、液体和气体等)，可以是弹性媒质也可以是非弹性媒质。机械波是指质点运动变化（包括位移、速度、加速度中某一种或几种的变化）的传播现象。声波是机械波。

声音是由物体的振动产生的。在弹性媒质中，依靠弹性力来传播振动的波包括纵波和横波。其中，媒介质点的振动方向和波的传播方向一致，称为纵波；媒介质点的振动防垂直于波的传播方向，称为横波。气体和液体媒质只能传播纵波，固体媒质可同时传播纵波和横波。表征声音的物理量主要有频率、声强和声速等。

3.5.1.1 频率

目前声学研究的机械波频率为 $10^{-4} \sim 10^{14}$Hz，跨越了很宽的数量级。人耳能够感受的声音频率范围是 20~20000Hz，频率低于 20Hz 的声波称为次声波，而高于 20000Hz 的称为超声波。人耳对声音频率的感受表现为音调的高低，低沉的声音频率低，尖厉的声音频率高。声音的频率主要由声源的振动频率决定。声波的传播距离与声源的频率有关，例如在水中低频率的声音传输过程中衰减慢，传播距离远。

3.5.1.2 声强

声强表示声音的强弱，物体振动幅度越大，发出的声音越强。从人的主观感受上可以采用响度来表征声音的强弱；而在物理上则采用声压和声压级来表征声音的强弱。

在没有声音传播时，媒质处于稳定状态，其微元体静压强为 P_0；当受到声音扰动时，组成媒质分子的杂乱运动中就附加了一个有规律的运动，使得微元体积内有时流入的质量多于留出的质量，有时少于留出的质量，微元体内的压强 P 随时间变化，同时也是其位置的函数。声压定义为 P 与 P_0 的差值，即：

$$P(x,\ y,\ z,\ t) = P - P_0 \tag{3-39}$$

式中，$P(x,\ y,\ z,\ t)$ 为某点瞬时压强，Pa。

但是，人耳和声探测器感受到的是声音在时间 Δt 的综合结果。由此，定义了有效声压的概念，有效声压值 $P(x,\ y,\ z)$ 是一段时间内瞬时声压的均方根值，即：

$$P(x,\ y,\ z) = \sqrt{\frac{1}{T}\int_0^T P^2(x,\ y,\ z,\ t)\,\mathrm{d}t} \tag{3-40}$$

式中，T 为周期的整数倍。

对于正余弦声波，有效声压 $P(x, y, z)=\dfrac{P_m(x, y, z)}{\sqrt{2}}$，其中 $P_m(x, y, z)$ 为声压幅值。

声压单位与压强单位一致：$1N/m^2=1Pa$。对于人耳而言，能感受到的最低声压（听阈声压）约为 $2\times10^{-5}Pa$，而可以忍受的最高声压（痛阈声压）约为 20Pa。

人耳从听阈声压到痛阈声压相差 10^6 倍，为了表述方便通常采用对数来表示声压，称为声压级，单位为 Db。声压级 L_P 定义为有效声压与基准声压之比的常用对数的 20 倍，即：

$$L_P=20\lg\frac{P(x, y, z)}{P_n} \tag{3-41}$$

式中，P_n 为参考声压（即听阈声压），Pa。

人耳所能听到的起使声压对应的声压级为 0dB，痛阈声压对应的声压级为 120dB。

声音的传播速度在不同的媒质中相差比较大，如在空气中约为 332m/s，在水中约为 5000m/s。

3.5.2 目标声波特征的产生

目标声波特征是侦察器材对其进行发现和识别的依据，弄清声波特征的产生是理解声波伪装的前提。

3.5.2.1 声音的频率分布及变化特征

人耳能够在交响乐中分辨出小提琴的声音，在嘈杂的人群中分辨出某个人的声音，依靠的就是不同的目标发出的声音频率分布不同。

下面以潜艇为例，探讨其噪声源的特征。潜艇的噪声源可以分为水动力噪声、螺旋桨噪声和机械噪声三类，每一类噪声都有特定的频率特征。

潜艇的水动力噪声是水流流过潜艇表面，水流动力作用于潜艇壳体的结果，潜艇航速越大噪声越大。其产生机理主要有：水流激励部分壳体或结构共振，或引起壳体上某些凹穴腔体的共鸣产生辐射噪声，这种噪声可能达到较高的强度，且属于线谱噪声源，即噪声出现在离散的频率点上；由湍流附面层产生的流动噪声；潜艇上循环水系统的进水口和排水口处发出的噪声等也属于水动力噪声，一般情况下水动力噪声被螺旋桨噪声和机械噪声掩盖，但有时共振共鸣产生的噪声可能成为主要的噪声源。

螺旋桨噪声是旋转着的螺旋桨所辐射的噪声，包括螺旋桨的空泡噪声和螺旋桨叶片振动时产生的噪声。螺旋桨的旋转使桨叶背面产生负压区，负压足够高时产生空化气泡，气泡随水流运动到高压区时发生破裂产生尖锐的声脉冲，大量气泡破裂产生的噪声就是螺旋桨的空泡噪声，这种是频率较高的宽频噪声，是潜艇辐射噪声高频段的主要部分。空泡噪声在潜艇超过一定航速时产生，一旦发生空泡噪声现象，潜艇的高频辐射噪声会突然增大 20~50dB。螺旋桨的唱音是螺旋桨叶片拍击、切割水流而引起螺旋桨叶片局部共振，是一种线谱噪声。

机械噪声是指潜艇内各种机械的振动，通过船体向水中辐射而形成的噪声。按照产生的原因可以细分为不平衡噪声、电磁力脉动噪声、齿轮噪声、轴承噪声、管系噪声等。其噪声性质以线谱性最明显为特征，处于低频段，因为传得较远，成为潜艇主要目标特征信号。

3.5.2.2 声音的声强变化特征

目标的声强变化特征，最主要表现是随着距离增加由强变弱。声强由强变弱的程度与声音传播的媒质性质有很大关系。

3.5.3 声波伪装途径

声波伪装的基本途径主要包括消除声源、降低声压、压制声源、模拟声源等。

消除声源是指采取措施使目标不发出声音或使声强降低到环境噪声以下。降低声压是指采取措施降低目标发声的强度，以降低敌方探测距离。压制声源是指用声压级高于目标15~17dB的强噪声来淹没目标声音。模拟声源是模拟目标的声音特征，以配合实体假目标的运用或本身作为声学假目标。

4 伪装基本方法

伪装的基本方法主要有天然伪装和人工伪装两大类。人工伪装又分为植物伪装、迷彩伪装、遮障伪装、烟幕伪装、示假伪装、灯火伪装与音响伪装等，如图 4-1 所示。

- **伪装方法**
  - **天然伪装**
    - **利用地形**
    - **利用天候**
  - **人工伪装**
    - **植物伪装**
    - **迷彩伪装**
    - **遮障伪装**
    - **烟幕伪装**
    - **示假伪装**
    - **灯火伪装**
    - **音响伪装**

图 4-1　伪装的主要方法

各种伪装方法作用范围，也就是与光学、红外、雷达、多/高光谱、声波伪装之间的关系，见表 4-1。

表 4-1　伪装方法作用范围

伪装方法	光学伪装	红外伪装	雷达伪装	多/高光谱	声波伪装
利用地形遮蔽	★	★	★	★	★
利用地形景观	★				
利用天候	★	☆			
植物伪装	★	☆	☆	☆	
迷彩伪装	★	☆	☆		
人工遮障	★	☆	☆	☆	
烟幕伪装	★	☆	☆	☆	
示假伪装	★	☆	☆		
音响伪装					★
灯火伪装	☆				

注：1. ★表示完全能够发挥伪装作用效果；

2. ☆表示受到一定条件约束，发挥伪装作用效果。

4.1 天然伪装

天然伪装是利用地形和能见度不良气候条件（夜暗、雾、雨、风、雪等）隐蔽目标、降低目标的显著性，不需实施人工作业的一种伪装方法，主要用于对付光学侦察，在一定条件下也能对付雷达侦察、红外侦察和声测遥感侦察。天然伪装实施方便、迅速、效果好，能节省人力、物力、器材。利用天然伪装条件来隐蔽目标时，主要是因地制宜地正确选定目标配置地点、行动时间和路线，正确使用天然伪装可以隐蔽军队的行动。天然伪装的运用时机比较宽泛，在任何情况下，对任何目标实施隐真都应充分利用天然伪装，只有在天然条件不足时，才补充以人工伪装。

4.1.1　利用地形的伪装

地形是地物和地貌的统称，是伪装研究的重要对象。地形对任何目标伪装都有影响，且在大多数情况下决定了伪装外形的选择，是实施伪装的基础和依据。一是地形影响伪装效果和实施伪装的难易程度：当目标处在密林深处，不采取人工伪装措施也能达到良好的隐蔽效果；当目标处在稀疏森林或森林边缘，采取少量人工伪装措施，即能获得较好的伪装效果；而当目标处在荒原或沙漠地区，就给伪装带来很大难题，即使花费大量伪装器材，也很难取得良好的隐蔽效果。二是地形影响伪装方法和器材的选择，如在某单调的地形背景上就难以选择隐蔽的伪装方法，仅能采取降低显著性或改变外形的方法。从保障伪装角度来看，地形本身就是重要的天然伪装手段和优先选择的伪装方法，地形具有遮蔽和景观两种性能，这两种性能统称为地形的伪装性能，地形的伪装性能直接影响目标的显著性。

4.1.1.1　利用地形遮蔽性能的伪装

遮蔽是从观察者到目标的直接侦察视线的遮挡。地形遮蔽性能就是现地的地物地貌遮挡观察者侦察视线的特性，也就是地物地貌使目标在现地达到隐蔽的特性和能力。能遮蔽敌人观测目标的地形，是对付敌方侦察的天然遮障。天然遮障所形成的敌方观测的不通视区域，可以隐蔽目标的配置和机动。它的隐蔽范围和隐蔽程度，与地貌起伏的程度、地物的高度和数量、敌方侦察点的位置（高度、距离）和数量、目标本身的高度等因素有关。

A　地形遮障

a　对地天然遮障

对地天然遮障能够有效地对付敌方地面可见光、热红外、雷达侦察，将目标配置在地物、地貌所形成的不通视区域内，就能保持良好的隐蔽。能够遮蔽目标，阻挡地面观察的天然遮障大致有以下几类：

（1）地形高低不平的地貌起伏，如丘陵山岗、高地反斜面及河谷、地褶、冲沟、断崖、陡岸、凹地、采石场、洞穴等；

（2）森林、灌木林、芦苇丛、高粱、玉米等；

（3）各种建筑物、栅栏、墙壁、废墟等；

（4）各种地物，干草垛、禾捆、稻草堆、木柴堆等。

目标在树林中活动时，为防地面雷达和热红外侦察，应距森林边缘一定距离。在低地，当每 $100m^2$ 有 20~25 棵树木时，目标离林缘的距离，夏天不小于 20~25m，冬天不小于 30~35m。当每 $100m^2$ 有 35~40 棵树木时，目标离林缘的距离不小于 10~15m。在树林内构筑急造军路其宽度不应大于 12m，在林缘的出口不要正对敌方。

由于可见，光、红外线、雷达波和激光都是直线传播，密实的遮障能有效地遮蔽任何现代侦察技术手段的地面侦察。这些密实的遮障形成的不通视区域，可遮蔽目标的配置和运动。对地天然遮障所形成的不通视区域，通常可在地图上标定（一般比例尺为 1∶25000~1∶100000）。标定的方法可采用军事地形学编断面线的方法、透明板标定法等。在标定不通视区时，应考虑敌人地面观察各种可能的位置，敌人在各种可能观察点上的共同不通视区域，才是对付敌地面侦察的可靠天然遮障，如图 4-2 所示。

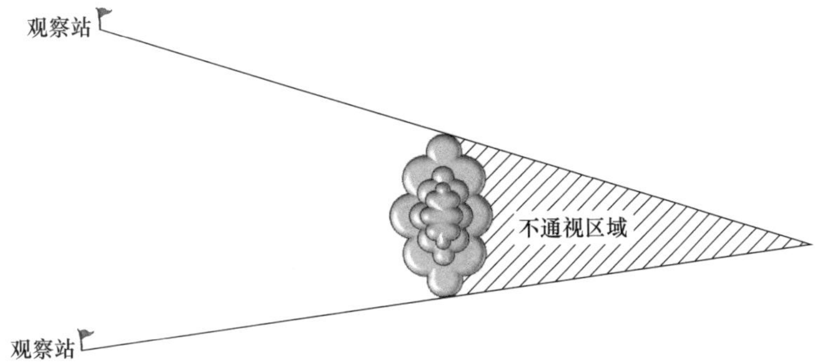

图 4-2　共同遮蔽区

根据目标的高度，将目标尽可能配置在不通视区域靠近遮蔽物的位置，就能得到良好的隐蔽。在起伏地和居民地中目标应尽量配置在靠近陡坡和房屋的阴影内，例如用地褶隐蔽目标。

b　对空天然遮障

对空天然遮障可以分为应对空中倾斜侦察和空中各种角度侦察两类。应对空中倾斜侦察与对地天然遮障相同，实际是对地遮障的延伸。由于空中观察可能来自各个方向，为了明确地形地物对空中倾斜侦察的遮蔽性能，描绘目标的通视空域图。一般认为空中倾斜观察的精确测向区间的观察角为 76°~45°，在确定精确测向区间时以 76°的余角 14°作为无遮蔽（或低遮蔽）的通视视线。以目标中心为锥顶，$H-h$ 为锥高，做圆锥即为最大通视空域。如果目标周围有地形地物做遮挡，且地物与目标中心构成的仰角大于 14°，则表明该方向的通视区域沿半径内移一个距离 R_0，每个 R_0 对应一个通视空域点，连接各个方向的通视空域点所构成的曲线范围，即为该目标对空中倾斜侦察的通视空域，如图 4-3 所示。

显然，当敌人的空中侦察位于通视空域以外时，目标就能依靠地形地物的遮蔽性能得到隐蔽，而当空中侦察可能在某一方向位于通视空域以内时，也可以有针对性地采取人工伪装措施，因而描绘出目标的通视空域，对于正确考虑目标天然伪装是很有意义的。

B　地形的伪装容量

利用对空和对地侦察的天然遮障，可以有效地隐蔽军队目标的集中配置和机动。复杂目标在遮障内的分散配置，是保护目标、减少目标被现代化武器杀伤所必需的。分散配置对天然遮障的有效利用具有很大影响，使得军队实际上不能利用它所在区域内天然遮障的

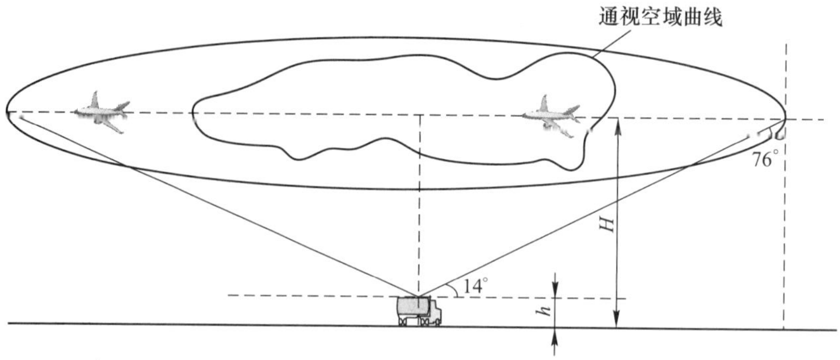

图 4-3 空中观察通视空域

全部面积。例如，在天然遮障内两个目标需要保持一定的距离，因而目标之间的天然遮障将不能被利用。根据这种情况，对集团性的复杂军事目标进行隐蔽配置时，有必要引入伪装容量的概念，以确定复杂目标在天然遮蔽中配置的基本要求。某一地段的伪装容量被定义为该地段的天然遮障的实际利用面积所能隐蔽军队目标的数量。例如，某一地段的天然遮障按分散配置原则可隐蔽配置 5 个步兵营或相当于步兵营的单位，则该地段地形的伪装容量为 5。

4.1.1.2 利用地形景观性能的伪装

地形景观性能，就是地面上各种景物所形成的颜色斑点能使目标的显著程度降低或提高的特性，也可称为地形的外表性能。地形的景观性能所显露的是地形地物的自然外貌，它直接影响目标的显著程度，关系到目标伪装方法、措施的选择和伪装效果。伪装所利用的地形外表性能主要有背景的颜色、斑点图案等。目标利用地形景观性能所考虑的背景范围是与目标紧密关联四周靠近目标的那些部分，称为中心背景区域，一般要求不小于目标投影面积的 9 倍。

A 地形背景景观性能的主要特征

a 颜色特征

利用背景颜色伪装目标主要是将目标配置在与其颜色相似的背景上，或配置在暗色斑点、阴影内，以防地面和空中的光学侦察。不同地区地形背景的颜色是非常复杂的，归纳起来可将自然景物的颜色分为以下三组：

(1) 植物覆盖的颜色，夏季大多呈绿色、黄绿色，秋季呈现黄橙色、橙红色，冬季阔叶林均落叶，植物颜色呈现消色相近的颜色；

(2) 光露土地和岩石的颜色，一般呈暗色或饱和度较小的黄橙色或红褐色，光露土壤在干燥状态和潮湿状态亮度对比明显，压实的比松散的更加明亮；

(3) 水面和雪覆盖层的颜色，水面受风力影响呈波状，亮暗不稳定，雪面一般较亮，化雪期间亮度明显下降，在应对红外成像侦察和 SAR 侦察时，将目标配置在与背景红外辐射特性接近、雷达散射特性相近的区域。

b 地形背景的粗糙程度

在自然背景中，按照粗糙程度的不同分为光滑面、无光泽面、粗糙面和植被面。只有表面具有微粒结构的砂土、压实的土壤、雪覆盖区域与漫反射特性相近，这种背景表面的亮度系数值随观察方向的改变变化不大。其他物体，背景表面的亮度系数值随观察方向而变化，特别是水面为镜面反射面，表面亮度具有最大的变动性。利用景观性能时应考虑。

c 背景的图案

任何自然背景都由形状和尺寸不同的颜色斑点组成。斑点的形状既有不规则的线条和几何图形，又有外形各异的曲线型，构成了复杂多样的颜色斑点。从伪装角度，背景的斑点图案具有类型性和斑驳性两个特点。斑点图案的类型性是指斑点图案与某种具体背景图案的相似程度，根据这种相似程度，可以很容易地把现地的一种斑点与另一种斑点区分开来。例如，庄稼地具有线条的斑点，区别于其他植被地；白桦树树冠与椴树树冠的斑点就有显著差异。斑点图案的斑驳性是指斑点在颜色、亮度、形状、尺寸、相互位置体系、数量等方面组合的多样性，背景的斑驳是变化多样的。背景斑点图案的斑驳程度随观察距离的增大而降低，使比较斑驳的背景变得单调起来。

B 地形背景景观性能的改变

地形景观性能主要受季节的影响，随季节的交替而发生变化。此外，地形景观性能还由于军队的活动、对地形的伪装处理、建设新建筑等人为因素的影响而发生变化。这些人为因素都会不同程度地破坏地形的自然外貌，使现地出现各种新的颜色斑点。虽然从整个地区看由于对自然地貌的破坏会使该地区的显著性增加，但对单个目标的伪装来说却是有利的。在必要时，应有目的、有计划地改变地形外表性能，原则是变单调图案为斑驳图案。

C 地形景观性能的伪装利用

利用背景斑点图案伪装目标就是使目标的配置位置适应背景斑点的轮廓，或使背景的斑点图形无明显的、不合理的改动，使目标配置后所形成的斑点与背景的总体斑点图案相吻合。例如，堑壕、交通壕和筑城障碍物应沿沟渠、河堤等线状地物构筑，活动目标应沿暗斑点的轮廓线或线状的斑点进行机动。目标应避开明显方位物配置，方位物往往是定位目标的关键，远离方位物能够更好地隐蔽目标。应对地面观察时，目标尽量靠近垂直背景配置，避免透空，以天空为背景的目标具有最明显的暴露征候。另外，伪装前应做到消除目标的金属反光、玻璃反光的表面，降低目标显著性。当地形伪装性能不足时，应辅以相应的人工伪装措施。

在地形背景中，选择与目标颜色斑点相近的地域配置目标，可以降低目标与背景的颜色差别。活动目标可选择与其颜色近似的路线机动。暗斑点和阴影可消除或降低目标与背景之间的亮度差别。为此，目标应尽量配置在地物的阴影中，或将目标的阴影投影在暗斑点上或投影在地物阴影上，使目标阴影与地物阴影相融合或改变目标的阴影，使侦察难以辨别目标的外形和性质。

在配置目标时，使目标与能够强烈反射雷达波的地物距离小于雷达的分辨率，目标与地物的光标就会连为一体，以达到降低目标显著性的效果。虽然合成孔径侧视雷达的分辨率较高，但对车辆、坦克、火炮等目标，在一般的雷达图像上的外形逼真度仍然不高，可将目标配置在不规则的地物附近。

4.1.2 利用夜暗和不良的天候伪装

夜暗和能见度不良的天候都能防可见光侦察。利用夜暗能够抵御可见光侦察及人眼目视侦察，对于微光侦察、红外夜视和雷达侦察没有效果。因此，在现代侦察条件下的夜间活动，应警惕各种夜视器材和雷达探测。

伪装中讲的不良天候是指由于雾、雨、雪条件对能见度有较大影响的天候。雾对水平能见度的影响见表 4-2。能见度是指正常人视力能将目标从背景中区分出来的最大距离（以米为单位）。利用能见度不良的天候，包括浓雾、大雨、大雪等极端天候能降低红外侦察、激光侦察，且对雷达侦察产生影响。因此，可利用这些条件隐蔽军队的行动。

表 4-2 雾的水平能见度

级数	通用俗语	白日视距/m	大气透明程度
0	大雾	0~50	远处目标看不见
1	浓雾	50~200	远处目标看不见
2	小雾	200~500	远处目标看不见
3	轻雾	500~1000	远处目标看不见
4	稀雾（霾）	1000~2000	模糊不清
5	劣视距	2000~4000	模糊不清
6	中视距	4000~10000	略觉模糊
7	好视距	10000~20000	清晰
8	良好视距	20000~50000	甚清晰
9	极好视距	50000 以上	非常清晰

注：1. 热红外能穿透稀雾探测目标；
2. 霾是大量微小尘粒、烟粒、盐粒等固体杂质浮游于空中致使能见度变差的现象。

4.2 植物伪装

植物伪装是用生长着的植物、采集的植物或进行变色处理的植物对目标实施的伪装。我国植物种类繁多、生长丰茂，为目标进行植物伪装提供十分有利的条件。

要使植物伪装获得良好效果，必须满足下列要求：

（1）对于新建的军事目标，应结合环保工作，从设计到施工，有计划地实施植物伪装；

（2）对于拟建的特殊目标，应采取植物伪装在前，目标建设在后，以防高技术侦察器材侦察；

（3）种植植物的种类及分布应与目标所在地区的背景相适应；

（4）植物种植应能适应目标所在地区土壤及其湿度和光照条件；

（5）尽量种植成活率高、生长能力强、枝叶茂密的常绿树和阔叶树。

4.2.1 植物伪装基本方法

植物伪装的主要方法包括植物覆盖、植物遮障、植物装饰和植物变色。

4.2.1.1 植物覆盖

植物覆盖是在目标上铺设、种植各种草本或其他植物的伪装方法。通常用于伪装工事的积土、构筑地下工事施工现场所破坏的植被地段、目标接近路等。植物覆盖常采取的方法主要有铺设草皮、播种草籽、移植扦插灌木和藤本植物、养殖水生植物等。

4.2.1.2 植物遮障

植物遮障是以种植乔木、灌木和高草等所构成的遮障。植物遮障的遮蔽能力与植物类型、密度有关。当森林边缘生长着许多幼矮的丛树时，相比没有这种幼矮丛树能够更可靠地遮住地面观察，而对于没有林下幼树的森林，夏天目视观察的透视纵深可达200m。混合阔叶林在夏天和秋天都是良好的天然遮障，而在冬季落叶时遮蔽能力大为降低；针叶树林一年四季都是良好的遮障；果园、苗圃在对付地面侦察时几乎难以遮蔽，只能一定程度降低显著性；灌木丛像森林一样是良好的植物遮障，灌木丛（4~6m）、芦苇丛、较高的庄稼地等由于高度不高，遮蔽范围受到一定限制。

植物遮障主要有植物垂直遮障、植物掩盖遮障和植物变形遮障。遮障的高度应能遮蔽目标。

A 植物垂直遮障

植物垂直遮障由种植几列高度不同的乔木、灌木或高草构成。通常用于遮蔽道路上的运动目标和目标配置地段，以对付地面侦察。遮障的高度应能遮蔽目标，如图4-4所示。如果目标高度小于4m时，可交错种植不同高度的灌木和高草（间距不大于0.5m）；如果超过4m时，应种植乔木（间距2~3m），并在乔木之间种植几列灌木（间距0.5~1m）。

图4-4 路旁植物垂直遮障

B 植物掩盖遮障

植物掩盖遮障是用树木和高草在目标的配置地域构成植物林或植物群以隐蔽目标，对付地面和空中侦察。新构成的植物林应与天然植物林连成一片，并使目标位于植物林的一侧。植物群的数量应较多，使目标位于其中的某些群内。当目标面积较大、树冠不能全部遮蔽时，应在目标顶部暴露部位种植灌木、草本植物或设置箱植植物。夏季最适合的植物掩盖遮障是阔叶林，这种树林具有稠密而较大树冠，在冬季则针叶林是最适合的遮障。另外，还应考虑树林的密度，只有当树林密度接近1m/棵时，才不需要在树林中采取人工伪装措施。

C 植物变形遮障

植物变形遮障是以种植植物改变目标外形和阴影的一种伪装方法。通常在目标面积大、形状特殊、缺乏作业力和时间充足的情况下使用。其方法是在目标侧面种植高于目标的乔木，或在目标上设置箱植植物。植物变形遮障可与迷彩伪装中的仿造迷彩和人工遮障伪装中的变形遮障结合使用。

4.2.1.3 植物装饰

植物装饰是以采集新鲜树枝和杂草，对人员、火炮、汽车和工事等实施的临时性伪装。在野战条件下，采集植物时应注意以下事项：

（1）采集植物与目标背景颜色一致；

（2）避免集中采集，采集地点要分散，避免集中某一地点采集植物而出现暴露征候；

（3）选择耐晒植物，尽量延长保绿时间，采集时应选择处于林缘或干燥处的树木，同一棵树应取上部或中部向阳的一面，生长二年以上的树枝为好，长的树枝比短的树枝好，例如长度大于0.7m，针叶树比阔叶树好。

4.2.1.4 植物变色

植物变色是用割草、施肥、灌溉、除莠剂和熏烧等改变草本植物的颜色、增加背景的斑驳程度、降低目标显著性的一种伪装方法。

（1）割草。割草是使草地背景出现亮度差别较大地段的方法。

（2）施肥和浇水。肥料能够帮助植物生长和发育，在草皮覆盖上施肥后，草本植物生长得高壮而稠密，颜色也将变成暗绿色，而与未施肥的草皮形成明显的亮度差别。在干旱地区，草皮上浇水也能收到类似的效果，能使植物呈现出墨绿色，并与周围形成明显的对比。浇水量30~50L/m^2，浇水时间应选择在早晨或傍晚。

（3）用化学除莠剂，使用化学除莠剂可改变植物的颜色（见表4-3），收效比较迅速。

表4-3 各种外效除莠剂对草皮变色的作用

除莠剂名称	变成的颜色	变色所需时间/日	喷洒用量和保持的时间			
			春季和夏季		秋季	
			剂量/g·m^{-2}	变色保持的时间/日	剂量/g·m^{-2}	变色保持的时间/日
硫酸铁	暗褐色	1~2	75~100	0.5~1	40~50	整个秋季
硫酸铁	暗褐色	1	50	2~30	40	
氯化锌	近于黑色	1	25	2~3	20	
硫酸铜	绿褐色	1~2	50~60	2~3	30~40	
氯化锌	草黄色	1~2	40~50	2~3	30~40	
氯化钾	草黄色	5~6	10~20	3~4	10~15	

注：1. 除莠剂有腐蚀性，不要在金属器皿上调剂；

2. 为了使除莠剂能均匀地洒在草皮上，一般应喷洒两次。

（4）熏烧。冬春季节，在一定范围内用火烧干枯植物的方法，能立即使背景出现斑点；夏秋两季，把割下的新鲜草晒成半干以后，铺在其他未割的地段上熏烧。也可使地形背景出现亮暗差别的斑点。

4.2.2 伪装常用植物栽培

4.2.2.1 播种草籽

当伪装面积较大和时间允许时，可种植草根和播种草籽。其方法如下：

（1）疏松播种地区的土壤，并施基肥；

（2）在采集地点铲取厚度为20cm的带草根和草籽的土层；

（3）将含草籽的土壤撒铺在已疏松的土层上；

（4）当土壤干燥时应浇水。

4.2.2.2 移植

A 移植草皮

移植草皮通常用于伪装积土和作业痕迹。为提高成活率，草皮采集地点的土壤及湿度应与铺设地点相似。草皮的切取尺寸以利于采集、运输和成活为准，厚度通常为8~10cm。铺设草皮前应松土并加铺一层植物土或施基肥。铺设完毕应立即浇水，并实施养护。

B 种植裸根树苗

（1）挖树苗。在树苗一侧相当于树径5~8倍处挖一深沟（等于苗根入土深度）。一名作业手从沟下往主根方向挖，另一名作业手用锹在对侧插入，将树苗推倒并抖去土壤，取出树苗。如运距较远时，须用浸湿的蒲包、麻袋等加以包扎。

（2）植树苗。将树苗立于预先挖好的种植坑内（坑的尺寸以保证根能放入为准），在向坑内填入植物土至深度一半时，将树苗稍稍提起，然后继续填土并踩实，使填土略低于地面；向坑内灌水，再填土至略高于地面。

（3）假植。对暂不栽植的树苗可进行假植。假植时先挖一条三角沟，使一壁倾斜，另一壁垂直，然后将树苗排在沟内、填土、踩实、浇水。

C 种植带土树苗

种植带土树苗是在树苗成活率较低时采用。其方法如下：

（1）在树苗周围树径5~8倍处，挖一深50~60cm的环形沟，然后从四周往主根方向挖掘成圆锥形，并修断树根；

（2）运输带土树苗，应用稻草、草绳、麻袋等包扎；

（3）种植时将树苗置入坑内，向树苗周围填植物土至一半坑深时灌水，再填土、踩实，使其高出地面；

（4）浇水养护。

D 移植成年树

成年树除根系再生能力强的杨、柳、槐等采用裸根移植外，通常采用带土移植。其方法如下：

（1）设置支柱或控制绳，防止挖掘时树木歪斜，并在树的向阳方向做记号；

（2）在树的四周树径3~5倍处挖60~120cm深的环形沟，然后挖成圆锥形；

（3）包扎带土树根时应捆紧，并修剪部分树冠；

（4）将树按原生长方向置入坑内、卸去包装，填植物土至2/3坑深，捣实，灌水后再填土捣实，使其高出地面5~100cm，并在周围筑成土埂、灌水养护。

移植树养护的注意事项：

（1）移植高度超过3m的树木应设置支柱或控制绳；

（2）及时浇水、松土和除去杂草；

（3）冬季如需保温，可在根部铺一层干草，再盖上 5~10cm 厚的土壤；

（4）及时捕杀和毒杀害虫。

4.2.2.3 扦插

扦插是缺少树苗的情况下代替树苗种植的一种方法。通常在春秋两季进行。插条为 1~3 年生的健壮枝条，粗 1~1.5cm，长 15~30cm（杨、柳可采用粗 5~10cm、长 1~2m 的枝干），上端切平，下端削成斜面，与地面成 45°角插入深度为枝条长度的 2/3~3/4，然后在上端涂泥，并注意养护。

4.2.2.4 箱植植物

箱植植物能根据伪装的需要随时搬动设置。种植高草时，箱的尺寸为 100cm×30cm×30cm；种植灌木为 50cm×50cm×50cm。箱底部应开 1~2 个直径小于 1cm 的排水孔。

4.2.2.5 植物激素的使用方法

使用植物激素（萘乙酸钠）可提高树木的成活率和生长速度。其使用方法如下：

（1）扦插，将枝条的 1/3 浸泡在萘乙酸钠的水溶液内 12~24h，然后扦插。萘乙酸钠与水之比为 1∶50000；

（2）种植树苗时，可用萘乙酸钠的水溶液浸泡树苗根部 24~28h 后再行种植，或将生长激素溶液灌入坑内，然后放入树苗、填土、踩实。萘乙酸钠与水之比为 1∶200000；

（3）移植成年树时，应暴露部分树木根系，以便喷洒萘乙酸钠水溶液。萘乙酸钠与水之比为 1∶1000000。

运用植物伪装方法时，应熟悉植物习性、种植方法和分布特征，伪装常用植物见表 4-4。

表 4-4 伪装常用植物

编号	名 称	种 类	主要生长区	习 性	种植方法
1	松	常绿乔木	全国各地	瘠耐旱	栽苗、带土移植
2	柏	常绿乔木	全国各地	喜肥、耐旱	栽苗、带土移植
3	杨柳	落叶乔木	全国各地	喜肥、耐旱	扦插、栽苗、裸根移植
4	胡杨	落叶乔木	新疆、甘肃、内蒙古、宁夏、青海	耐盐碱、干旱、水湿、抗风沙	播种、栽苗
5	泡桐	落叶乔木	华东、中南	喜肥湿、瘠耐旱	扦插、栽苗、裸根移植
6	苦楝	落叶乔木	华东、中南	喜肥、瘠耐旱	栽苗、分株
7	槐	落叶乔木	全国各地	喜肥、瘠耐旱	扦插、栽苗、裸根移植
8	桦	落叶乔木	东北、华北、西南	瘠耐旱	扦插、播种、栽苗

续表 4-4

编号	名 称	种 类	主要生长区	习 性	种植方法
9	樟	常绿乔木	东南沿海	喜肥湿、耐旱	栽苗、分株、裸根移植
10	臭椿	落叶乔木	华北、东北、华东、华南	喜肥、耐旱	栽苗分株
11	桉	常绿乔木	长江以南	喜肥湿	栽苗、裸根移植
12	榕	常绿乔木	长江以南沿海	喜肥湿	扦插、栽苗、裸根移植
13	梭梭	落叶乔木	西北地区	耐旱、耐酷热和严寒	栽苗、播种
14	乌柏	落叶乔木	黄河以南	喜肥、耐旱	栽苗、带土移植
15	榆	落叶乔木	全国各地	喜肥、耐旱	栽苗、裸根移植
16	怪柳	落叶灌、乔木	三北、华东	耐盐碱、水湿瘠旱、抗风沙	扦插、播种、栽苗
17	酸刺	落叶灌木	青海、西藏、陕西、山西	耐瘠旱、严寒、喜湿	播种、栽苗
18	野蔷薇	落叶灌木	全国各地	喜肥、耐湿	扦插、裸根移植
19	木棉	落叶灌木	全国各地	喜肥湿、耐旱	扦插、裸根移植
20	紫穗槐	落叶灌木	东北、华北	瘠耐旱	扦插、裸根移植
21	女贞	常绿灌木	全国各地	喜肥湿	扦插、裸根移植
22	胡枝子	落叶灌木	东北、陕西、河北河南、山西、甘肃	耐旱、喜湿	扦插、分株、裸根移植
23	荆条	落叶灌木	全国各地	耐瘠旱、喜湿	分株、裸根移植
24	紫藤	落叶灌木	华东、华北、西南、华南	瘠耐旱	分株、移植
25	常春藤	落叶灌木	黄河以南	耐瘠、喜湿	扦插、移植
26	薜荔	常绿灌木	长江以北	喜肥湿	扦插、移植
27	沙枣	落叶灌木	华北西北部、西北内蒙古	耐盐碱、抗风沙	扦插、播种、栽苗
28	沙拐枣	落叶灌木	新疆	耐干旱、抗风埋	扦插、播种、栽苗
29	黄柳	落叶灌木	东北、内蒙古、宁夏、甘肃	耐瘠旱、抗风蚀沙埋	扦插、播种
30	沙柳	落叶灌木	内蒙古、陕北、宁夏、甘肃、新疆	耐旱、喜湿、抗风沙	扦插

4.3 迷彩伪装

迷彩伪装是利用涂料、染料和其他材料来改变目标、遮障或背景的颜色及图案所实施的伪装。迷彩伪装能够消除目标的光泽，降低目标的显著性和改变目标外形。迷彩伪装主要是以背景反射的光谱特性为基础，确定迷彩颜料或涂料的配方，以复制背景；并通过对颜色和表面组织结构的控制，在目标上形成地物色彩和表面组织结构图案，以减少与背景的对比度，消除阴影，造成模糊，改变目标的轮廓。迷彩伪装用于对付可见光侦察和红外侦察。

4.3.1 背景颜色的复制

在目标的迷彩伪装中，要通过调配涂料颜色的方法，在目标表面近似地复制出背景表面的光谱反射特性和粗糙程度，因而需要掌握基本的涂料配色的相关内容。

4.3.1.1 涂料配色

涂料一般由颜料和胶结剂调配而成，迷彩伪装中常用的颜料有红色、黄色、绿色、青蓝色、褐色、白色、黑色等。涂料配色就是把几种颜料配合起来，使涂料与所模仿背景颜色近似一致，这种条件下所得的颜料配合比，即为某种背景的颜料配方。颜料配方的计算是一个比较复杂的问题，计算工作量大，且要求颜料品种和颜色规格化。所以精确的颜料配色一般通过计算机实现配色方案的计算。

实际作战中的迷彩伪装作业，常采用传统的经验配色，即凭借人眼在白昼照明条件下，观察比较所调色样与背景色样之间的颜色差别，调整颜料成分的方法。这是迷彩伪装的基本技能，需要伪装人员了解颜料混色规律、颜料光谱反射特性和颜料某些物理特性对混色的影响。

4.3.1.2 颜料的混色原理和规律

不同颜色的颜料以适当比例混合，能形成不同的颜色。例如，黄、青色颜料混合得绿色；红、黄颜料混合得橙色；红、青颜料混合得紫红色；红、绿颜料混合得暗褐色等。这种两种以上的颜料混合，生成一种颜色的现象称为颜色的混合。调配颜料就是一种颜色混合的过程，调制出与背景相似的颜色。颜料的混合不同于色光相加混合规律，它在本质上是颜色的相减。

颜料的相减混合中，常以青、黄、品红、黑、白五种颜色作为基础，混合出各种不同的颜色。其中，青、黄、品红为色光三原色红、绿、蓝的补色，也称为相减混合三原色。相减混合的基本规律如下：

（1）青、黄、品红两两相混合得中间色，青、黄得到绿色或黄、青之间的其他颜色，青、品红混合得紫色或青、品红之间的其他颜色；

（2）青、黄、品红三种颜色以适当比例混合得暗灰色、灰褐色，亮度显著降低；

（3）加入黑或白颜料能改变颜色的亮度和饱和度（黑颜料加入黄色涂料中，色调有变绿的趋势）。

4.3.1.3 影响配色的颜料特性

在颜料的特性中，颜料的着色力和比重对涂料配色影响最大。颜料的着色力影响颜料的混合比，颜料的比重影响颜料颗粒分布的均匀性。

A 颜料的着色力

颜料的着色力，是颜料与其他颜料混合时，改变混合涂料颜色的能力。例如，在用铬黄和铬绿调配涂料时，加入少量铬黄就能使涂料的颜色明显地向黄色变化。而加入同样少量的铬绿却不能使涂料的颜色明显地向绿色变化，这说明铬黄改变涂料颜色的能力要比铬绿强。颜料的着色力越大，配色时需要加入混合涂料的数量就越少。颜料的着色力可用单位质量的颜料加入白色颜料使其失去原来颜色的方法定量表示。例如，1g 红色颜料需加入 20g 白色颜料才能失去红色，而 1g 绿色颜料加入 10g 白色颜料就能使涂料失去绿色，说明红色颜料的着色力为绿色颜料着色率的 2 倍。各种颜料的着色力对于涂料配色过程是非常重要的。各种颜料的着色力，按由大到小的顺序排列如下：大红>铬黄>柠檬黄>普鲁士红>群青>金黄赭石>铬绿>褐土。

B 颜料的相对密度

颜料的相对密度就是颜料混合时所占的分量。颜料的相对密度不同，会产生不同的沉降。当相对密度相差较大的颜料混合时，相对密度大的颜料颗粒将沉降在下面，相对密度较小的颜料因重量小而悬浮在上面，这样就使颜料颗粒分布不均匀而产生分解变色现象。为了消除或减小颜料相对密度的影响，在调配涂料时应尽量选择相对密度相近的颜料。若颜料相对密度相差加大，则需要在调配过程中，少量增加相对密度颜料，并且在调配过程中经常搅拌，使不同相对密度颜料颗粒处于比较均匀的状态。常用颜料的相对密度见表 4-5。

表 4-5 常用颜料的相对密度

颜料名称	相对密度	颜料名称	相对密度	颜料名称	相对密度
炭黑	1.8~2.1	群青	2.3~2.7	银朱	8.1
氧化铁黑	4.7	铁蓝	1.8	红土	4.1
钛白	3.8~4.2	氧化铁黄	4	褐土	2.5
锌钡白	4.3	铬绿	3.9~4.8	钛青绿	2~2.1
柠檬黄	5.1	氧化铬绿	4.6~5.2	氧化铁红	4.9~5.1

C 颜料的光谱反射特性

涂料与自然背景的色感相同时，只能对付可见光观察和照相侦察，不一定能对付多光谱照相、近红外、紫外侦察。因此，在调配涂料时应尽可能选择光谱曲线与背景相近的颜料，特别是在调配绿色或白色涂料时更为重要。

a 绿色颜料的光谱反射特性

绿色植物背景是自然界最为常见的背景。如图 4-5 所示，绿色植物背景在近红外区有较强的反射能力，所以应尽量选用氧化铬绿，或铬黄、柠檬黄、黄储石与群青相混（在伪装绿色检验镜下观察呈红色或红褐色）等光谱反射特性与绿色背景相似的颜料，避免使用铬绿、酞青绿等在近红外区反射能力较弱的颜料来调制绿色涂料。

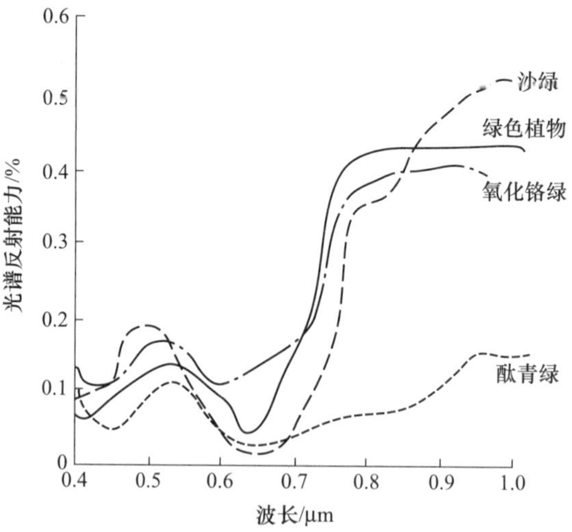

图 4-5 绿色颜料和绿色植物的光谱反射曲线

b 白色颜料的光谱反射特性

积雪背景是冬季北方部分地区常见的背景。积雪背景在紫外区有较强的反射能力，所以应尽量选用光谱反射特性与雪地背景相似的颜料。例如碳酸钙、硫酸钡，或经某些硫酸盐、碳酸盐、硅酸盐及钙、镁的氧化物与锑的相应化合物做原料的白色颜料（在伪装白色检验镜下观察呈白色、亮灰色），来调制在雪地背景上使用的伪装涂料。

4.3.2 迷彩伪装的种类和应用

根据目标的性质（固定的或活动的）和背景的特点（单调或斑驳的），迷彩伪装可分为保护迷彩、变形迷彩和仿造迷彩三种。这三种迷彩在具体的涂色方法上，又可分为大斑点迷彩和小斑点迷彩。

4.3.2.1 保护迷彩

保护迷彩是一种接近于背景颜色的单色迷彩，主要用于伪装单调背景中的目标。它可以降低目标的显著性，减轻目标实施其他伪装措施的困难。根据目标所处背景的不同，保护迷彩的颜色可能是不同的单色。

A 保护迷彩的确定原则

在单色或单调背景上，保护迷彩的颜色就是目标所在背景的颜色。例如，目标的保护迷彩的颜色，在夏季草地背景上应为草绿色；在沙土地的背景上应为土黄色；在雪地背景上应为白色。

在多色的斑驳背景上，背景颜色复杂，固定目标的保护迷彩的颜色就是目标所在背景斑点的颜色。

活动目标的保护迷彩的颜色取决于背景区域颜色的特点。如果在背景斑点中，某一斑点所占的面积超过了背景总面积的 55%，那就直接以这种斑点的颜色作为保护迷彩的颜色，也就是保护迷彩的颜色应为面积占优势的背景颜色；若活动区域背景各种颜色所占面积相差不大时，应是活动区域背景中各种颜色斑点的平均色。

B 保护迷彩的确定方法

a 亮度分析法

多色斑驳背景亮度的平均色，可以用背景上各种颜色斑点的加权平均亮度系数 r_c 表示，表达式为：

$$r_c = \frac{r_1 S_1 + r_2 S + \cdots + r_n S_n}{S_1 + S_2 + \cdots + S_n} = \sum_{i=1}^{n} r_i P_i \tag{4-1}$$

式中，r_1、r_2、…、r_n 为背景上各种颜色斑点的亮度系数；S_1、S_2、…、S_n 为背景上各种颜色斑点所占的面积；P_i 为背景上各种颜色斑点所占的百分比。

当背景斑点的颜色和面积测知以后，就可以根据上式求出其平均亮度系数，从而定出保护迷彩的颜色。例如，测得某一活动目标地区内背景斑点的颜色和面积分布，见表 4-6。在确定多色斑驳背景上各种颜色斑点的平均色时，首先应计算背景上各种颜色斑点的平均亮度，然后根据平均亮度在背景中找出近似于平均亮度的颜色。这种近似于背景平均亮度的颜色，就是所要确定的保护迷彩的颜色。

表 4-6 背景斑点的面积分布和颜色特性

背景斑点的名称	斑点所占面积/%	可见光亮度系数	近红外亮度系数	彩色标准版色样号码
混合树林	23	0.089	0.17	3
灌木林	12	0.092	0.17	2
枯草地	31	0.153	0.27	13
耕地	15	0.142	0.25	19
土路	15	0.280	0.28	40
干黄沙地	4	0.203	0.31	29

b RGB 颜色空间分析法

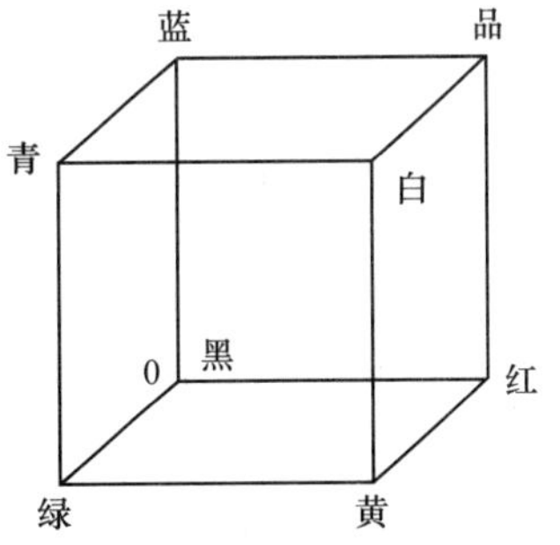

图 4-6 RGB 模型立方体

在 RGB 颜色空间中，以 R（红色）、G（绿色）、B（蓝色）三原色为基础，进行不同程度的叠加，可以形成各种彩色。RGB 颜色空间基于笛卡尔坐标系统建立，如图 4-6 所示，黑色位于三维直角坐标系统的原点，红、绿、蓝、黄、品、青、黑、白位于颜色立体的 8 个顶点位置，而白色在离原点最远的角上。这个模型中，灰度级沿着黑白两点连线从黑延伸到白，其他颜色用位于立方体内的点来表示，由原点延伸的矢量决定。为了方便，RGB 各个参数的取值范围为 R：0~255；G：0~255；B：0~255，这个参数也被称为颜色值。将它们除以 255 后归一到 0~1，而红绿蓝分量全部组合起来，共可以表示 $256^3 = 16777216$ 种不同的颜色。它比人眼能分辨的颜色种类多得多。

RGB 模型中，图像由 R、G、B 三个独立的图像平面构成，三个图像在显示屏幕上组成能产生合成的彩色图像。RGB 颜色空间是生活中最常用的颜色模型，电视机、电脑等显示器大部分采用这种模型显示颜色。每种颜色可以用红、绿、蓝根据不同的比例混合而成。

每种颜色在 RGB 颜色空间的位置由 RGB 的系数来表示，每个点可以用一个矢量来表示其颜色，即：

$$\boldsymbol{x} = [\boldsymbol{R}_x,\ \boldsymbol{G}_x,\ \boldsymbol{B}_x]^{\mathrm{T}} \tag{4-2}$$

多色斑驳背景亮度的平均色，可以用背景上各种颜色斑点 R_x、G_x、B_x 的加权平均系数表示，计算方法同式（4-2）。

两种颜色 x 和 y 的色差（相似度）可以用它们向量差的欧氏距离表示：

$$D(x,\ y) = \sqrt{(\boldsymbol{R}_x - \boldsymbol{R}_y)^2 + (\boldsymbol{G}_x - \boldsymbol{G}_y)^2 + (\boldsymbol{B}_x - \boldsymbol{B}_y)^2} \tag{4-3}$$

色差 $D(x,\ y)$ 越小，说明两种颜色越接近，但是 RGB 颜色空间在视觉上是非均匀线性空间，即相同距离并不代表视觉上具有相同的差别。

保护迷彩通常用于单色背景上的固定目标和人工遮障、投影在比较单调背景上的活动目标（坦克、汽车、火炮等）、军队的服装、装具等。常用的保护迷彩涂料有：绿色涂料，涂在汽车、坦克和各种军用装备上的具有与叶绿素相近的近红外线反射特征的，利用这种涂料可涂制成在植被背景上进行伪装的保护迷彩；白色涂料，能模拟积雪的反射特征，在 380nm 以外的紫外线波段也有很强的反射能力，利用这种涂料可涂制成在雪地背景上进行伪装的保护迷彩等。

4.3.2.2 变形迷彩

变形迷彩是由与背景相似颜色的不规则斑点构成的多色迷彩。变形迷彩仅适用于活动目标，它能使活动目标在活动地域内的各种背景上都产生变形效果。究其原因：一方面是由于目标上的不定形斑点歪曲了目标的直线轮廓；另一方面是由于目标上部分斑点的颜色与背景的颜色近似一致，部分斑点的颜色与背景的颜色保持明显的差别。由于变形迷彩是一种符合于目标活动地域内背景主要颜色的多色迷彩，它在多色斑驳的背景上的伪装效果比保护迷彩要好得多。

变形迷彩图案比例的确定比保护迷彩要复杂，确定变形迷彩图案时，需要考虑迷彩斑点的颜色、尺寸、形状和配置等问题。

A 变形迷彩斑点的颜色

变形迷彩的颜色要根据目标活动地域的背景来确定，必须符合目标活动地域内主要背景斑点的颜色。

斑点的颜色种类，要根据背景颜色的复杂程度而定，通常不超过五色，以 2~3 色为宜。在单调背景上可采用两色，在多色背景上通常采用三色。夏秋季节迷彩斑点的颜色种类比冬季多，南方比北方多。三色变形迷彩是活动目标最常用的一种迷彩，它是由中间色和明显的亮差别色、暗差别色组成。为了保证变形迷彩的多色性，相邻斑点颜色之间的可见光和近红外的亮度对比 $K \geqslant 0.4$。其中，中间色的确定方法与保护迷彩的颜色相同，亮、暗差别色分别按式(4-4)~式(4-7)计算后选定。

（1）当能满足斑点之间的亮度对比 $K \geqslant 0.4$ 时，

$$\frac{r_{亮} - r_{中}}{r_{亮}} \geqslant 0.4 \tag{4-4}$$

$$\frac{r_{中} - r_{暗}}{r_{中}} \geqslant 0.4 \tag{4-5}$$

(2) 当只能满足斑点之间的亮度对比为 $0.2 < K < 0.4$ 时，

$$0.2 < \frac{r_{亮} - r_{中}}{r_{亮}} < 0.4 \tag{4-6}$$

$$0.2 < \frac{r_{中} - r_{暗}}{r_{中}} < 0.4 \tag{4-7}$$

如果选定的亮、暗差别色均符合变形迷彩的亮度差别要求，可收到良好的反可见光和反近红外侦察的伪装效果。但是在某些自然背景中要同时满足可见光和近红外亮度差别的要求是比较困难的，一般应先满足可见光的要求。当近红外的亮度差别达不到要求时，可设法调整某些颜料，选择近红外亮度系数不同的同色颜料代替，或在涂料中加入亮、暗色的颜料（如锌钡白、炭黑等），改变涂料的亮度系数。如果仍不能满足时，应在满足可见光亮度差别的前提下，保证有一个近红外亮差别色或暗差别色，也可收到较好的伪装效果。

三色斑点各在目标上的涂色面积：通常中间色约占 50%，亮、暗差别色分别约占 25%。二色变形迷彩由主要色和亮（暗）差别色组成，主要色在目标上的涂色面积占 55%~75%。四色变形迷彩图案中，两种颜色斑点为目标活动地区背景斑点的主要颜色，各占 45%，另两种斑点为土色和黑色，各占 5%。在目标的迷彩伪装中，仿制背景的颜色，就是要在目标表面上近似地仿制背景表面的光谱反射性能（彩色和消色）和粗糙程度，前者是用调配颜色的方法解决，后者是在目标表面上用粗糙加工的方法解决。例如营指挥/控制车和坦克的三色变形迷彩，如图 4-7 所示。

图 4-7 法国 AMX-56 勒克莱尔主战坦克

扫码查看图片

B 变形迷彩斑点的尺寸

为了防止各种颜色斑点产生空间混色现象，以保证变形迷彩的多色性，变形迷彩斑点的尺寸，必须在预定的观察距离上清晰可见。斑点可见尺寸的界限主要决定于观察距离、斑点间的亮度差别和大气透明度，在大气一般透明条件下（$\tau = 0.8 \sim 0.9$），斑点可见尺寸的计算公式为：

$$d \geqslant \begin{cases} \dfrac{(2.5 \sim 3)D}{3400} & (K \geqslant 0.4) \\ \dfrac{(3.5 \sim 4)D}{3400} & (0.2 < K < 0.4) \end{cases} \tag{4-8}$$

式(4-8)中观察距离 D 仅适用于地面观察或低空侦察的情况，因为像火炮、坦克、汽车等目标，它们的体积较小，只有在较近的观察距离上才存在被侦察识别的威胁。为了防止迷彩斑点形状大小千篇一律，在斑点尺寸可见的基础上，应尽可能采取各种不同尺寸的迷彩斑点。

当用具有一定放大倍率的光学仪器观察时，斑点可见尺寸的计算公式为：

$$d \geqslant \begin{cases} \dfrac{(2.5 \sim 3)D}{3400\sqrt{W-1}} & (K \geqslant 0.4W \geqslant 6) \\ \dfrac{(3.5 \sim 4)D}{3400\sqrt{W-1}} & (0.2 < K < 0.4,\ W \geqslant 0.6) \end{cases} \tag{4-9}$$

C 变形迷彩斑点的形状和配置

在目标上配置各种迷彩斑点，构成变形迷彩图案时，斑点的形状应为不规则的图形，也就是采用不定型斑点。为了歪曲目标的直线轮廓，其凸出和凹进部分的尺寸应各不相等，必须尽可能地歪曲目标原来的形状和颜色的亮暗，使目标在各种背景下都能产生良好的变形效果。

为了歪曲目标的轮廓，变形迷彩斑点应按下列要求配置：

（1）迷彩斑点不能对称配置，以免显露目标原来的形状，斑点的任意轴线两侧都不能对称，如图 4-8 所示；

（2）处在目标轮廓边缘的斑点，不应在轮廓的边缘中断，应将斑点延伸到邻面上去，延伸时为了防止重复目标立体形状，应使斑点的轴线与目标上的邻面的交线成 30°~60°的夹角，如图 4-9 所示；

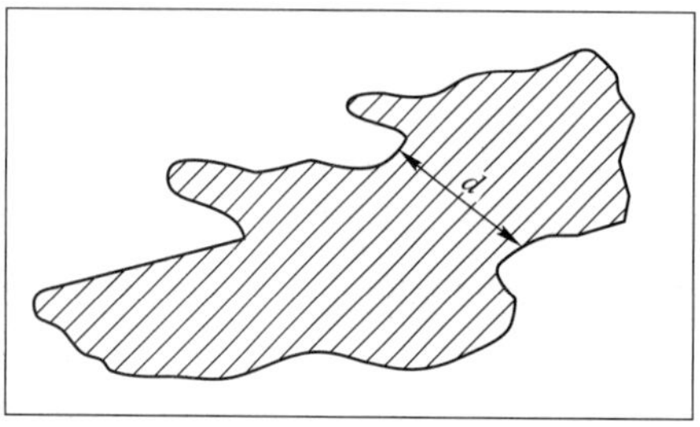

图 4-8 斑点的形状

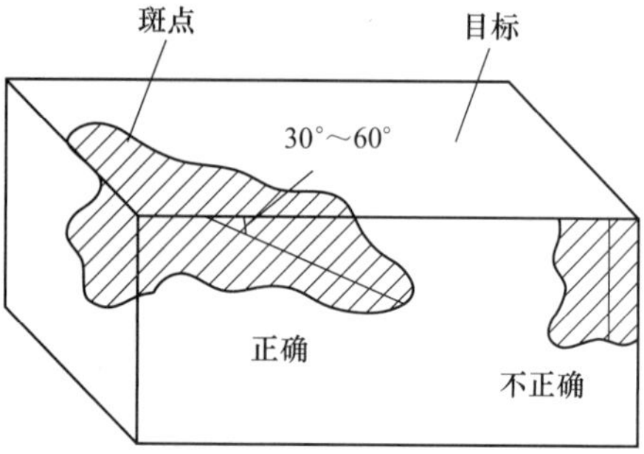

图 4-9 目标轮廓线处的斑点配置

（3）目标上的凸出角应配置暗色斑点，凹进角应配置亮色斑点，以歪曲目标角部原来的明暗程度；

（4）应使斑点的中心不与目标凸出或凹进的角部相重合，以防斑点在角部的三邻面上形成对称，如图 4-10 所示；

（5）在目标上，朝向天空的表面应配置较多的暗斑点，而在经常背光的表面或其他阴暗表面上，则应配置较多的亮斑点；

（6）在目标的孔、口上，应配置暗斑点，且不应重复孔、口的轮廓。

对同一地域内的活动目标群实施变形迷彩时，应制定多种迷彩方案，以防止在背景上形成千篇一律的图案。

为了简化迷彩作业的实施程序和便于在部队普及，很多国家根据本国的背景特点和实施迷彩伪装的经验，制定了规格化迷彩图案。例如，外军的一套变形迷彩规格，由采用 12 种指定颜色的涂料，组成四色变形迷彩，并且明确迷彩图案和实施方法。12 种涂料的颜色包括白色、沙漠色、沙色、土黄色、土红色、土褐色、土棕色、草绿色、亮绿色、暗绿色、森林绿色、黑色，见表 4-7。这些颜色可以分为绿色、土色、消色三类。12 种颜色可以构成 8 种不同的迷彩方案。遇到战区改变或季节变换时，应迅速改涂迷彩以适应环境变化。例如，由植物地带转移到沙漠地带作战时，可以把森林绿色改为沙漠色，在冬季积雪地区可以将土褐色改为白色等。

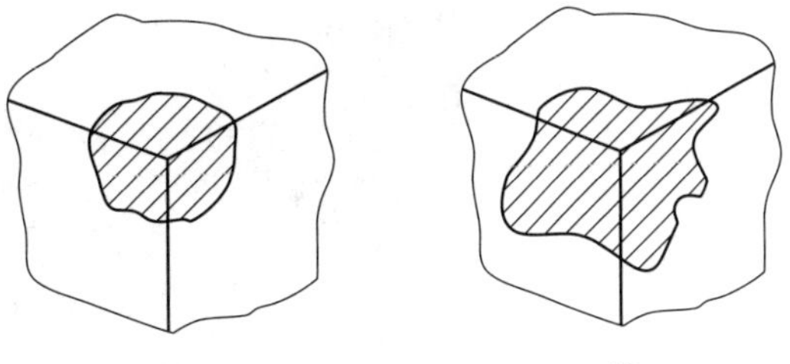

图 4-10 目标轮廓线处的斑点配置
（a）不正确；（b）正确

表 4-7 美军 12 种颜色构成 8 种迷彩方案

地区和季节	斑点涂色面积/%			
	45	45	5	5
美、欧冬季葱绿	FG（深绿）	FD（土褐）	S（沙色）	BL（黑）
雪、温和，有树	FG（深绿）	W（白）	S（沙色）	BL（黑）
雪、温和，开阔地	W（白）	FD（土褐）	S（沙色）	BL（黑）
热带葱绿	FG（深绿）	DG（暗绿）	IG（亮绿）	BL（黑）
美、欧夏季葱绿	FG（深绿）	LG（亮绿）	S（沙色）	BL（黑）
偏灰色沙漠	S（沙色）	FD（土褐）	EY（土黄）	BL（黑）
偏红色沙漠	ER（土红）	EY（土黄）	S（沙色）	BL（黑）
北极冬季	W（白）	W（白）	W（白）	W（白）

4.3.2.3 仿造迷彩

仿造迷彩是在目标或遮障表面仿制现地背景斑点图案的多色迷彩。因仿造迷彩是一种模仿背景斑点图案的迷彩，能使目标的斑点成为背景斑点的延续部分，使迷彩表面融合于背景之中，因此仿造迷彩降低显著性的效果一般比保护迷彩好得多，如图 4-11 所示。仿造迷彩主要用于伪装多色背景上的固定目标，或停留时间较长活动目标，如固定发射点的火炮、坦克、工程车、车辆修理所等。若活动目标背景环境改变，目标上不适合背景斑点图案的仿造迷彩还能使目标更加暴露。

一般情况下，固定目标距离作战第一线较远，因此固定目标的仿造迷彩，重点考虑敌空中侦察。但是，对于永备工事、直瞄火炮等目标仍需考虑敌地面侦察。

A 仿造迷彩斑点的颜色

仿造迷彩斑点的颜色应根据目标周围背景的斑点颜色选定，而在颜色种类数量上不受限制。在选定斑点颜色时，迷彩图案的颜色应尽量与背景一致，并随背景变化而变化；通常不考虑面积很小（不超过背景面积的 5%）的背景斑点的颜色。为了使迷彩在目标上与

图 4-11 固定目标的仿造迷彩

扫码查看图片

相邻的迷彩斑点间保持明显的颜色差别，目标与背景相邻斑点颜色应满足 $K \leqslant 0.2$；为了保证颜色斑点的多色性，目标上相邻斑点的颜色必须满足亮度 $K \geqslant 0.4$。

在大型目标上仿造线状地物时，线形斑点应自然弯曲，与目标轮廓线交角为 5°~10°，斑点的宽度应大于面状斑点可见尺寸的 1/4；根据现地的情况，对背景进行必要的伪装处理，如在背景上采用设置地物模型、翻耕土地、撒布土壤、铲草皮、割草、喷洒化学液体、肥料等方法，增大背景的斑点尺寸、数量和颜色差别，改变背景斑点的轮廓，增添一些背景上原来没有的斑点，使背景与目标迷彩斑点协调、吻合。

B 仿造迷彩斑点的尺寸

仿造迷彩斑点的尺寸要求在预定距离上可见，且与仿造的背景斑点的尺寸相符合。为了同时满足这两方面的要求，应用可见尺寸公式对仿造的背景斑点进行验算，选择那些大于可见尺寸的背景斑点作为仿造迷彩的斑点，而小于可见尺寸的背景斑点通常可以忽略不计。有时为了能使目标与背景斑点的细部更好地融合，也可以在目标上绘制小于可见尺寸的斑点。

C 仿造迷彩斑点的形状和配置

仿造迷彩斑点图案必须符合背景斑点所特有的轮廓，对目标与背景相邻的迷彩斑点应尽可能与背景斑点的形状一致，使其成为背景斑点的延续部分。

为了保证仿造迷彩的伪装效果，在目标上配置迷彩斑点时，应尽量满足以下要求。

（1）目标顶面和各个侧面与背景相邻的迷彩斑点应与背景斑点相融合；目标不与背景相邻的各个面，其迷彩斑点应能够分割、歪曲目标，使其成为互相没有联系的背景部分。

（2）在目标插入道路、小径等线型斑点时，应与目标的垂直面、水平面、倾斜的交线成较小的锐角，以防敌人从不同方向观察。线形斑点在目标上产生明显的中断现象。

（3）目标顶面、侧面以及各个侧面之间，相邻的斑点应互相衔接成一个整体，而不应被各个面交线所分割，以减小目标边界的显著程度。各个面之间非相邻斑点，应避免对称配置以免暴露目标各个面的轮廓。

D 背景的伪装处理

固定目标伪装处理是仿造迷彩的另一个重要方面。单从目标方面考虑仿造迷彩斑点图案，是不易达成目标各个面与背景融合一致的要求。因此在对目标进行仿造迷彩伪装的同时，巧妙而适当改变目标周围背景的某些斑点，不仅能减小迷彩伪装的作业难度，而且能大大提高仿造迷彩的伪装效果。

根据背景的斑驳状况和目标仿造迷彩的需要，对背景可能进行的伪装处理包括：

(1) 增大某些背景斑点之间的颜色差别；

(2) 增大某些背景斑点的尺寸，增多某些背景斑点的数量；

(3) 改变某些背景斑点的轮廓；

(4) 增添原来背景上没有的斑点。

处理背景可能采取的措施包括：

(1) 在背景上设置地物模型仿造背景的组成部分；

(2) 翻耕土地，撒播土壤、碎石、矿渣、剪断的植物或谷草、染色的细沙、锯末屑等，改变光露土地的颜色；

(3) 铲草皮、割草、喷洒化学肥料改变植被覆盖地区的颜色。

4.3.2.4 大斑点迷彩、小斑点迷彩与数码迷彩

保护迷彩、变形迷彩、仿造迷彩都是由一种或数种单一颜色斑点组成，它们又统称为大斑点迷彩。在迷彩伪装中，与大斑点迷彩相对应的还有小斑点迷彩。所谓小斑点迷彩就是利用空间混色原理，以各色小斑点组成大斑点的感觉。人眼的空间混色规律，见表 4-8。

表 4-8 空间混色结果

颜色（颜料）	白色（锌白）	黑色（灰黑）	青色（群青）	绿色（氧化铬绿）	黄褐色（褐土）	黄色（铬黄）	橙黄色（铬橙黄）
红色（大红、朱红）	玫瑰色	深褐色	紫色	黄褐色	暗褐色	橙黄色	红橙色
橙黄色（铬橙色）	淡橙黄色	暗绿黄色	灰黄绿色	橙黄绿色	暗黄褐色	黄橙黄色	—
黄色（铬黄、柠檬黄）	淡黄色	暗绿色	绿色	黄绿色	暗黄色	—	—
黄褐色（褐土）	暗淡黄色	灰绿色	暗绿色	暗黄绿色	—	—	—
绿色（铬绿、油绿）	浅绿色	深绿色	蓝绿色	—	—	—	—
青色（群青）	淡蓝色	深蓝色	—	—	—	—	—
黑色（炭黑）	灰色	—	—	—	—	—	—

根据小斑点的配置不同，可以分别产生保护迷彩、变形迷彩、仿造迷彩的伪装效果。

与大斑点相比，小斑点具有以下特点：

（1）小斑点的颜色总数较多，比大斑点更符合背景的颜色特点（背景斑点的颜色，本身就是空间混色的结果，小斑点迷彩能够较好地仿造背景斑点的空间混色）；

（2）在不加工表面的条件下，小斑点能在一定程度上仿造背景斑点的粗糙状态，这是因为在一定距离上观察时，小斑点能够产生凸凹起伏的感觉；

（3）小斑点作业量大，复杂费时。

确定小斑点时，需要解决大斑点颜色、尺寸、形状和配置等问题。小斑点的颜色根据背景的颜色特点选定，通常在颜料总数上不超过 8 种，小斑点在大斑点内的颜色，连底色在内一般为 2~3 种，为了获得预想的空间混色效果，在选择小斑点颜色时，应遵循空间混色规律。

小斑点尺寸较小，一般用 5~8cm，这样的小斑点能在较近的观察距离（300m 左右）产生空间混色效果。小斑点形状一般为圆形、椭圆形，小斑点在大斑点中配置，既可以互相接触，又可以彼此部分重叠或斑点之间留有空隙；大斑点之间彼此嵌入，使相邻大斑点不至于形成明显边界轮廓。

目前，国内外普遍采用的数码迷彩技术，自 20 世纪 70 年代发展起来，由美国陆军最先试用。根据视觉心理学基础，“封闭性”原则是指出流畅封闭的线条更容易识别。而数码迷彩与传统迷彩流线边缘不同，其分布更加散乱无序，使得不同颜色间的边缘模糊化，在视觉上有渐变的特点，使斑点之间的分界线平滑过渡，伪装效果较传统小斑点迷彩要更好。

4.3.2.5　迷彩伪装材料和机具

A　涂料

迷彩伪装涂料有制式涂料和就便涂料两类。

a　制式涂料

制式伪装涂料一般具有防可见光和近红外线侦察的能力，对不同表面的消耗定额。

防多波段侦察伪装涂料，主要用于坦克、火炮和导弹发射车等地面机动装备和指挥防护工程、阵地等固定军事设施的伪装，能够防敌可见光、红外和雷达侦察，由红外伪装涂料、雷达波吸收材料和隔热涂料组成，提高武器装备设施的战场生存能力。多波段伪装涂料的涂料品种一般包括羟基丙烯酸-脂肪族聚氨酯型、环氧-聚酰胺型、稀释剂、CA-1，适用背景为植被型、荒漠型，适合季节为春、夏、秋季。

b　就便涂料

常用的就便涂料由油漆、颜料、沙子、煤灰、锯末、石灰等与黏合剂调制而成。

常用的油漆有各色调和漆、平光喷漆等。大部分漆膜带有光亮，需消光时应加入适量的溶剂（如煤油、松节油或汽油等），也可以采购亚光漆或半光漆。早期油漆大多以植物油为主要原料，现代发展中多以合成化工产品为原料，属于有机化工高分子材料。按照涂料的形态分为粉末、液体，按照施工方式分为刷、喷、淋、浸、辊、电泳。

目前，市面上的涂料五花八门，色彩多样，分为临时性涂料和永久性涂料。临时性涂料具有一定的防水、防风能力，但经过一段时间后（1~2 天）会自然脱落，且用高压水枪喷射时能够被冲掉；永久性涂料能够长久保持颜色。

迷彩伪装中常用的颜料有六色，即红色（大红、朱红、集成红、氧化铁红）、黄色

(涂料黄、柠檬黄、铬黄、铁黄)、绿色（沙绿、油绿、铬绿、酞青绿)、青蓝色（群青、铁蓝又称华蓝或普鲁士蓝)、白色（钦白、锌钡白)、黑色（炭黑和铁黑)。迷彩伪装中可用的就便颜料有不同颜色的土壤、白灰、矿渣、煤灰、木炭、染色木屑等。常用的黏合剂有无光泽油质黏合剂和水质黏合剂。无光泽油质黏合剂是在清漆内加入适量溶剂制成，其配合比为：清漆：煤油=65%：35%，清漆：松节油=70%：30%、清漆：汽油=60%：40%。水质黏合剂有市售和临时制作两种。通常情况下，黏合剂可与颜料一同在市面上采购；特殊情况下，临时自制黏合剂，可用骨（皮）胶制作水质黏合剂时，胶与水的配比（质量）为1：8~1：10。胶放入水中，加热搅拌至全部溶化。

颜料和胶合剂的消耗定额决定于涂色表面材料的种类和粗糙状态，常见的消耗定额见表4-9。

表4-9 颜料和胶合剂消耗定额

表面材料类型	颜料和胶合剂消耗量/g·m^{-2} （颜料与胶合剂比例1：20）
金属表面	50
木质表面	100
砖石表面	200

B 染料

常用的染料有各色直接染料，其颜色有红、黄、草绿、墨绿、蓝、黑等，可用于棉麻伪装材料，如伪装网、伪装衣、伪装盖布、绳索和纤维等的染色。

直接用染料染色有热染（在沸水内）和冷染（20~25℃的水内）两种。热染比冷染的颜色纯，且不易褪色。染色溶液可按下列质量比来配制：水为被染物质量的15~20倍，染料为被染物的3%，纯碱为被染物的1%~2%，食盐为被染物的5%~20%。

热染按下列步骤进行：

（1）将未经漂白的材料放入含少量纯碱的水中煮约0.5h，然后洗净、拧干；

（2）将定量染料放入锅中用开水溶解，加入所需的水、食盐和纯碱，并搅拌均匀；

（3）将洗净的被染物放入染料溶液内、渐渐加热，沸后继续煮30~44min，并不断地翻动被染物；

（4）取出被染物拧干。

冷染时，水为被染物重量的10倍，染料为被染物的5%，染色的时间为2~3h。其步骤与热染大体相同。

C 迷彩作业车

迷彩伪装器材主要包括迷彩伪装涂料、迷彩作业车、迷彩作业包、变形迷彩图册、色卡等。迷彩作业车，是供伪装专业部（分）队对各种机械、车辆、兵器以及永备工事等实施大规模迷彩伪装作业的专用车辆。

目前，在国内市面上能够采购到各种自动喷漆机，高效方便。涂料在颜色配色方面，可通过软件自动计算调色比例，方便快捷。

4.3.2.6 迷彩伪装的运用

早在原始社会，猎人常戴虎皮帽伪装自己猎取猎物。公元前4世纪，罗马人对付野蛮的海岛，将帆船和绳索染成与大海一样的颜色，船员着蓝色，这些属于早期迷彩伪装的雏形。在1890—1902年英布战争中，布尔人首次把各种兵器和军装涂上与当地自然环境相近的黄绿色，使英军士兵大吃苦头。布尔人能在很远的地方发现身穿红色军装的英国士兵，英军却难以发现同样距离上的布尔人，英军像患了色盲症一样，被打得惨重，直至英军将红色军装也改为暗绿色以后，战局才发生了转机。从此以后，各国军队相继把武器装备涂上绿色涂料，把军装的颜色改为黄绿色或暗绿色。

迷彩伪装作业迅速、收效快，主要运用于单兵伪装、车辆装备伪装、固定目标伪装以及开设野战迷彩作业。

A 单兵迷彩伪装

迷彩服是单兵迷彩伪装最主要的途径，最早的迷彩服在1929年由意大利研制，早期各国配发的迷彩服主要以卡其色、陆生为主的单色作训服，自20世纪80年代开始，各国开始配发适合本国军队需要的迷彩服。

B 车辆迷彩伪装

装备迷彩伪装是最基本的伪装措施。军用汽车、坦克和其他军用装备上的草绿色就是在植被背景上的一种保护迷彩。战斗车辆、运输车辆和一些武器装备上的白色就是在雪地背景上的保护迷彩。

不同地域的装备需要伪装成不同的色彩，丛林山地中的迷彩要跟植被、丛林山地背景相吻合，采用丛林迷彩。例如，99A坦克涂装绿色数码迷彩，提高在丛林地区的隐蔽性。海军装备在大海上，有蓝色、有白浪花，因此迷彩成蓝白相间的海洋迷彩，军舰迷彩为一种浅灰色磁性漆，从远处看或背光环境下观察，其颜色接近灰色，伪装效果较好。而空军装备多在空中，背景复杂，既要考虑空中背景、又要考虑地面背景。早期苏联飞机基本是无涂装的金属原皮。近年，各国飞机迷彩颜色尽量选用带灰度、相对暗、反射率较低的涂料，例如灰白或灰蓝，这些迷彩使飞机显著性降低，且不易反光，能够最大限度隐蔽飞机。

C 固定目标迷彩伪装

固定目标多采用仿造周围背景环境的迷彩，即仿造迷彩。在多色斑驳背景环境下能够降低目标显著性，使固定目标隐蔽于背景环境之中。根据装备目标所处的背景环境不同，仿造迷彩有不同的斑点图案。

D 开设野战迷彩作业

开设野战迷彩作业的目的是提高部队装备、技术兵器的战场生存率，保障部队机动的顺利实施。伪装分队应在部队开进之前，根据装备和技术兵器所处背景特性，全面喷涂或修整迷彩斑点。野战迷彩作业应选择地形隐蔽，便于机动，有利于构筑工事的地区。

4.3.3 新型迷彩伪装技术

近年来，随着全天候、多谱段战场侦察和感知系统的发展，以及精确制导武器打击的实时化和精确化，迷彩伪装技术向着智能变色技术、多光谱防护方向发展。

4.3.3.1 智能变色技术

智能变色伪装概括起来就是通过计算机对目标周围背景进行自动测色、自动设计，利用光致变色、温致变色、电致变色或基因变色等原理，使目标能随背景的改变而自动变色。据报道，外军正在积极开展自动变色涂料、染料等新材料的研究，力图使目标表面颜色随机“智变”，与背景融为一体，实现智能变色。

光致变色采用纤维中引入具有光敏变色性高分子化合物，在太阳光或紫外光等的照射下颜色会发生变化，当光线消失之后又会可逆地变回原来的颜色。像韩国太曼斯（tamsako）服饰就是衣服上的光敏剂对紫外光十分敏感，在吸收紫外光源后同它产生光化学反应，就可以从一种颜色变成另种颜色，或者从一种图案变成另一种图案。

温致变色也称为热致变色，是指随温度变化颜色发生变化的热敏变色纤维或变色颜料。类似于现在的一种茶杯，当茶水温度达到不冷不热时，茶杯表面上就会出现一种图案和文字，在这种茶杯的外面涂有一种感温变色材料，一到适合饮茶的温度，它就显现出鲜艳醒目的颜色来提示你请用茶。

电致变色是一种通电后能变色的聚苯胺导电高分子薄膜，在不同电压控制下会发出蓝、灰、白等不同颜色的光和各种色调，把这种薄膜贴在飞机等装备表面，通过控制电压便能使飞机的颜色与天空的背景相一致。

基因变色就是利用基因工程技术，将自然界许多生物的变色基因引入涂料或染料，形成变色伪装涂料或者变色纤维。这些如变色龙一样自动改变颜色的涂料层或作训服将使武器装备和作战人员达到理想的伪装效果。例如，一种仿原子变色涂料，涂在军服上，在普通光照下呈绿色，在核辐射的光照下，能在0.1s后变成白色；在海军舰艇上涂了双层涂料，晴天呈浅灰色，阴天呈绿色，夜间或红外线照射下呈黑色。

变色服是指能够随着周围环境的变化而自动变色的军服，它是由变色纤维制造的，或是织物采用变色染料印染而成的作训服。美军已有这方面的产品。美国CP（CRYE Precision）公司设计并生产了最新式、全地形变色迷彩服麦迪克（MULTI-CAM）。这种军服犹如变色龙的皮肤，可随环境的变化而变化，使士兵与环境的颜色融为一体，达到变色隐形的效果。而之所以能实现智能变色，是因为在制作衣服的特种纤维中植入了微型发光粒子，这些粒子在自然光下可感知周边环境颜色并做出相应调整，改变发光色，从而使军服变成与周边环境一致的隐蔽色。通过比较可以发现，穿着麦迪克的士兵，伪装效果明显超过现有的其他迷彩的伪装效果，因此人们把它形象地称为变色服。这种变色服有4种颜色的变形图案，这些图案是由计算机对大量丛林、沙漠、岩石等背景环境进行统计分析后模拟出来的。这种军服从近距离看，是明暗反差较大的迷彩；从远距离看，其细碎的图案与周围环境完全融合，即使在活动时也难以被肉眼发现，堪称新一代纳米隐形军服。

4.3.3.2 多光谱防护技术

随着现代侦察技术的迅速发展，单一波段的伪装涂料已满足不了未来战争的需要，尤其是热成像侦察技术的成熟以及毫米波制导武器的出现，为了适应现代战争的需要，伪装技术也正逐步向多波段方向发展。

（1）热红外伪装涂料。为了对付红外线侦察器材和制导武器，人们研制了一种绝热伪装涂料，把它涂在发热目标的表面，便能吸收热目标辐射的红外线。

（2）雷达吸波涂料。为了对付雷达的侦察，人们又研究了一种吸收雷达波的涂料，把这种涂料涂在目标表面，便能吸收和散射雷达波，将目标雷达反射降到最低限度，使雷达难以探测到目标。

（3）纳米变色涂料。纳米技术的发展给传统的伪装效果带来革命性的变化。由于纳米材料涂层具有广泛变化的光学性能，其光学透射谱可从紫外波段一直延伸到远红外波段。改变纳米涂层的组成和特性达到光致变色、温致变色、电致变色等效应。以纳米粉为主要成分的涂料一旦添加到制式伪装涂料中去，对目标实施变色伪装，会产生特殊的伪装效果。

（4）基因变色涂料。通过基因工程，可以培育出能大量快速繁殖的藻类等简单生物，将它放入有黏性的营养液中，并拌入超微粒金属粉末等电磁波吸收材料，做成新型生物涂料，喷洒在军事目标上，将具有极好的光学伪装性能，同时也具有红外和微波吸收特性，是一种具有全谱段的理想的伪装涂料。

4.4 遮障伪装

遮障伪装是利用人工构筑、设置的遮蔽物以妨碍敌人侦察，掩蔽目标和迷惑敌人所实施的伪装。按用途和外形不同，遮障伪装分为水平遮障、垂直（倾斜）遮障、掩盖遮障、变形遮障和干扰遮障五种类型。任何一种类型的人工遮障，通常由伪装面和骨架两部分组成。

（1）伪装面是人工遮障中起伪装作用的主要部分，伪装面可由各种材料制作，可利用制式伪装网，也可以用就便材料（牛津布、草席、树枝编条等）搭建而成。遮障面通常由伪装网和其他材料构成。为保证可靠地遮蔽目标和便于观察，遮障面应具有一定通视度和厚度。遮障面的通视度根据伪装要求而定。通视度为遮障面的透光面积与遮障面积的比值（以百分数表示），如图 4-12 所示。防热红外遮障的通视度通常对非热源目标为 5%，对热源目标接近于 0，且不得使遮障面增温超过环境温度的 4℃以上；防雷达遮障的通视度制作时为 25%，用就便材料制作时为 0。厚度根据侦察方式的不同而不同，防可见光侦察以能够遮挡观察为准，防热红外侦察遮障面的厚度以满足通视度和温度要求为准，防雷达侦察遮障面的厚度与所对付雷达工作波长有关。若雷达工作波长为 3cm，使用就便材料的遮障面厚度，见表 4-10。

图 4-12 带有通视度的遮障

扫码查看图片

表 4-10 防雷达侦察遮障面厚度

材料名称	厚度/cm	材料名称	厚度/cm
新鲜带叶树枝	3~3.5	小原木	5
干树枝	6~7	苞米秆	8
干稻草	12	谷草	12
湿稻草	7	芦苇	8
高粱秆	8		

（2）骨架是人工遮障中起支撑作用的部分，用来支撑伪装面，保证伪装面的所需形状和紧张状态，通常由支撑结构、支柱、控绳和固定装置组成。

人工遮障的伪装面和骨架可以使用制式器材，也可以使用就便材料制作。根据目标、背景和作业条件，人工遮障可以制作成不显著的，也可以制作成显著的。不显著人工遮障一般要求较高，它不仅要求伪装面能可靠地遮住目标，而且要求伪装面的遮障面轮廓、斑点、图案和物理特性（反射可见光、红外线、雷达波）与背景协调一致，同时还应考虑距离不同时的观察效果，因而不显著遮障伪装效果好，但作业复杂，通常在背景条件和作业条件许可的情况下使用。

4.4.1 水平遮障

水平遮障的遮障面与地面平行，架空设置在目标上方，四周敞开，且大于目标面积，便于目标机动，如图 4-13 所示。

图 4-13 水平遮障

扫码查看图片

水平遮障主要用于对付空中侦察，常设置在敌人从地面观察不到的地区。水平遮障可以用来伪装单调或斑驳背景上的各种目标（固定目标、活动目标、较大目标或较小目标），根据遮障面与背景的融合程度分为不显著水平遮障和显著水平遮障。用来伪装较小目标的水平遮障，既能制作成显著的，又能制作成不显著的；用来伪装较大目标的水平遮障，则通常制作成不显著的。

4.4.1.1 不显著水平遮障

不显著水平遮障的尺寸与目标的体积、目标的性质（固定目标、活动目标）、目标毗连地物背景的状况以及遮障骨架的跨数有关。

A 遮障的高度

遮障的高度等于目标高度、遮障挠度和必要富余量之和，如图 4-14 所示。其表达式为：

$$h = h_0 + f + m \tag{4-10}$$

式中，h_0 为目标的高度，m；m 为宽余量，m；f 为遮障的挠度，m。

图 4-14 不显著水平遮障的高度

宽余量 m 数值决定于目标的性质，如果固定目标，则 $m=0$；如果是活动目标，通常 $m=0.5\sim1$m。

遮障的挠度 f 是影响水平遮障显著性的重要因素之一，在遮障伪装面材料和表面的粗糙状态近似一致的条件下，挠度 f 大小影响伪装面空间位置的改变。当挠度 f 很小时，伪装面上空间位置的变化微小，所产生的照度差别对遮障的显著性不产生影响；当挠度 f 较大时，空间位置变化较大，所产生的照度差别加大，使遮障的显著性明显增高。因此，对于不显著水平遮障来说，挠度 f 越小越好，但是挠度太小又会增加架设遮障的困难。因此，在不引起遮障暴露的前提下，可以允许遮障产生一定的挠度。为研究方便，常用遮障的跨度 l 和挠度限制系数 k 来计算遮障的容许挠度 f，表达式为：

$$f = \frac{l}{k} \tag{4-11}$$

由式(4-11)可以看出，跨度一定时，挠度限制系数 k 的大小决定挠度的大小，因而影响伪装面上的亮度对比 k 的大小，从而影响伪装面的可见性。挠度限制系数可以根据遮障的跨数、遮障所处的具体背景而确定，空中侦察实验结果表明：

（1）平坦开阔背景上的多跨遮障，$k=60\sim85$；

（2）平坦开阔背景上的单跨遮障，$k=30\sim40$；

（3）树林背景上的单跨或多跨遮障，$k=10\sim15$。

B 遮障的长度和宽度

遮障的平面尺寸，也就是长和宽决定于目标的平面尺寸和遮障的高度。如图 4-15 所示，以 a 表示目标的长度，L 表示遮障的长度，h 表示遮障的高度，则它们的关系表示为：

$$L = a + nh \tag{4-12}$$

式中，nh 为防空中侦察的遮障延长部分；n 为高度倍数。

4.4.1.2 显著水平遮障（棚架遮障）

显著水平遮障又称为棚架遮障，用于隐蔽技术兵器、车辆、器材堆列和道路上的活

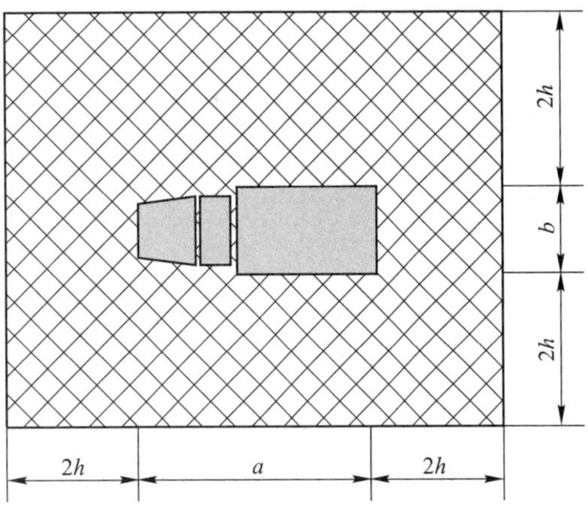

图 4-15 不显著水平遮障的长（宽）度

动。它依靠遮障的面积大、数量多来隐蔽目标、迷惑敌人，使敌人不能发现遮障内有无目标、目标性质和目标的具体位置等，降低敌攻击命中的概率。

这种遮障的边长通常为目标边长与1~1.5倍遮障高度之和，遮障高度以目标出入方便为准，若遮障带垂檐（垂檐宽度为遮障高度的1/3~1/2）时，遮障的平面尺寸还可减小。遮障的支承结构应牢固，支柱可直接埋入土中。由于它对伪装面上的材料要求较低，取材方便、作业简单，仅要求遮蔽目标，不考虑遮障本身的暴露问题，其制作和架设要比不显著水平遮障简单得多，任何背景上都能设置，在伪装作业中可广泛应用于不同场合。

4.4.2 垂直遮障

垂直遮障的遮障面与地面垂直或倾斜，能够遮蔽目标的具体位置、类型和数量，主要用于对付地面和海上侦察，当垂直遮障与地物毗连时，还可对付敌空中侦察。比如：隐蔽桥梁和道路上的运动目标，隐蔽门桥渡口的位置，隐蔽筑城工事及其施工作业，隐蔽处在国境线上的国防工程、国家后方军事目标及其施工等。常用的垂直遮障有栅栏遮障、道路上空垂直遮障和混合式垂直遮障。

4.4.2.1 栅栏遮障

栅栏遮障通常设置在敌方侦察方向的一侧或设置在目标周围，对付光学侦察的栅栏遮障，结构比较简单，制作方便，如图4-16所示。支柱的下端埋入土中，并设置控制装置，支柱的间距一般为3~5m，用系材连接加固。遮障面可用伪装网制作，也可用就便材料制作，用就便材料制作应满足通视度的要求。

图 4-16 栅栏遮障

当隐蔽道路上的目标运动而要构筑很长遮障时，栅栏遮障应分段设置，这是因为连续设置会妨碍运动目标的机动，遮障着火燃烧也容易形成蔓延。设置栅栏遮障的高度应保证可靠地遮蔽目标，遮障范围应根据对目标的遮障要求来确定，可环绕目标设置或直线性设置。

A 高度

在平坦地形上遮障高度通常为目标高度加富余量（0.5m）。如果敌人观察点在高地上（见图 4-17），可按式(4-13)计算。用于隐蔽人员和技术兵器在道路上运动时，遮障的高度通常为 3~3.5m。

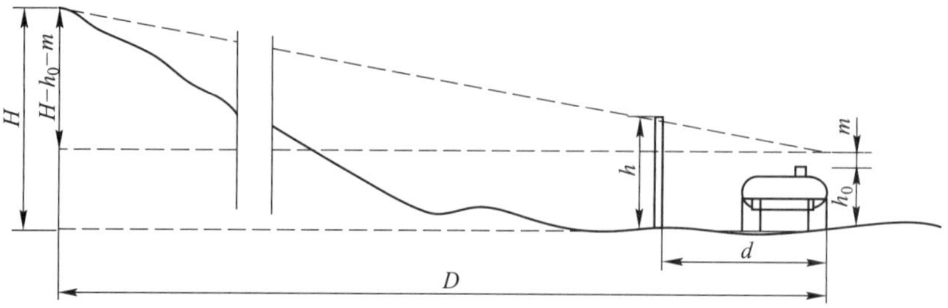

图 4-17 栅栏遮障的高度

$$h = h_0 + m + \frac{d(H - h_0 - m)}{D} \tag{4-13}$$

式中，h 为遮障高度，m；h_0 为目标高度，m；m 为宽余量，m；D 为目标外沿至敌观察所的距离，m；d 为目标外沿至遮障的距离，m；H 为敌观察所与遮障所在地面的高差，m。

B 长度

栅栏遮障的长度应根据对目标遮蔽的要求而定，遮障成一线设置遮蔽单个目标时，其长度应大于目标长度的 3 倍，并设置多个遮障以迷惑敌方。

4.4.2.2 道路上空的垂直遮障

道路上空垂直遮障（简称道空垂直遮障），是横跨道路上空设置的能妨碍敌沿道路纵向观察，遮蔽道路上的运动目标的遮障，如图 4-18 所示。

图 4-18 道路上空垂直遮障

在同一地段上架设的道路上空垂直遮障，通常都制成便于架设的相同尺寸，不得妨碍目标运动，又能可靠地遮蔽道路上的运动情况。遮障的间距和数量与伪装道路的长度、观察位置、遮障高度等因素有关。

A 尺寸

遮障的高度 h 通常为目标高度 h_0 加富余量 m（约 0.5m），再加遮障面高度 h_1（通常为 3m），即：

$$h = h_0 + m + h_1 \tag{4-14}$$

遮障的长度 L 通常为路面宽度 B 的 1.5~2 倍，即：

$$L = (1.5 \sim 2)B \tag{4-15}$$

B 间距与数量

遮障的间距和数量与伪装道路的长度、观察位置、遮障高度等因素有关，其确定方法可采用计算法或标定法。

a 计算法

道路上空垂直遮障的间距和数量的计算公式分别为：

$$d_n = qD(1 + q)^n \tag{4-16}$$

$$q = \frac{h_1}{H - h + DX} \tag{4-17}$$

式中，d_n为各遮障之间的水平距离，m；D 为敌观察点到第一个遮障之间的水平距离，m；n 为由前沿到纵深遮障所对应的序号；h_1为遮障面的高度，m；H 为敌观察点与第一个遮障地表面的高差，m；h 为遮障的高度，m；X 为百分比坡度,%，上坡为正值，下坡为负值，水平时为 0。

道路上空垂直遮障的个数 N 表示为：

$$N = \frac{\lg\left(1 + \frac{S}{D}\right)}{\lg(1 + q)} \tag{4-18}$$

式中，N 为遮障的数量；S 为同一坡度伪装路段长，m。

b 标定法

由 3 名作业手将各遮障之间的间距，在现地逐一标定，即可得出。

4.4.2.3 混合式垂直遮障

在林缘或灌木丛的背景上，可在射击工事的前面，构筑由固定部分和活动部分组成的混合式垂直遮障。遮障的上部为固定部分，下部根据射界所需的范围留出空隙。装置用小原木作框架而能在地面转动的活动栅栏，在工事内用绳索牵引框架转动起落，以遮障射孔和便于射击。遮障面可采用树枝、编席，以仿造树丛的背景。为了预防射击时扬起的大量尘土，应在射孔前的地面覆盖与背景颜色一致的伪装材料。

4.4.2.4 防雷达隔绝遮障

对付雷达侦察的栅栏遮障（又称防雷达隔绝遮障），通过遮障面对电波的反射或吸收，在遮障的后方形成雷达的不通视区，或改变雷达回波方向，从而隐蔽军队沿道路的机动。其遮障面可用 87 式伪装遮障（草原型、荒漠型、雪地型）的网面制作。

当遮障面与入射波成 50°~60°时，可把大部分电磁能量反射到雷达接收不到的方向上，因此雷达既看不到遮障面，也看不到遮障后的目标。

当用金属栅网作为遮障面时，网格尺寸应小于 $\lambda/10 \sim \lambda/8$，倾斜遮障的高度 H 通常设置为 3~3.5m。图 4-19 为利用就便材料设置的隔绝遮障。入射到遮障面的雷达波大部分被遮障所吸收和透射，只有小部分的目标反射能量及遮障面反射能量被雷达所接收，从而雷达不能发现遮障后的目标。

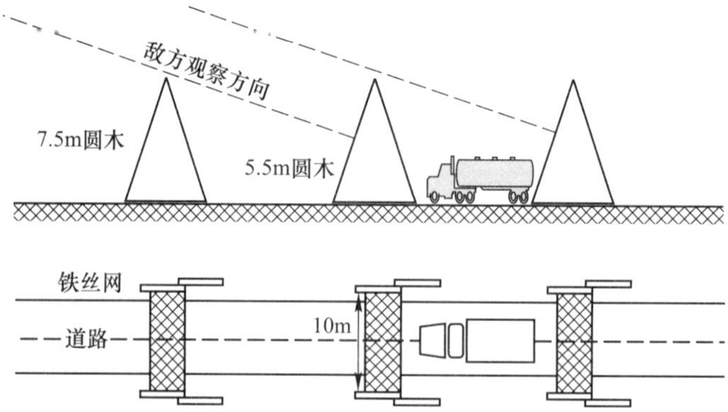

图 4-19 用金属网制成的倾斜隔绝遮障

隔绝遮障通常用于在无天然遮障的地形上遮蔽单个军事目标和技术兵器，遮蔽暴露地段上军队的机动。针对现代雷达侦察特点，在重要作战方向上的雷达观察距离范围内，对于处在雷达通视区域的纵向道路、横向道路以及开阔的进攻出发地域、防御地域、炮兵发射阵地配置地域等应设置反雷达遮障。在白天，为了在直接通视区的全纵深内隐蔽部队行动，应尽可能设置同时对付光学和雷达侦察的综合遮障；在夜暗条件下，前沿一线的横向路段应采用综合遮障，而在纵深的开阔路段，沿纵向道路构筑线形干扰遮障，沿横向路段设置防雷达隔绝遮障。

用以设置隔绝遮障的就便材料可以是新鲜树枝、芦苇帘、稻草帘等，决定隔绝遮障厚度的因素有：雷达波长、材料的密度和湿度等。

实践证明，由于隔绝遮障将入射电波与目标分隔在两侧，雷达波不能直接作用于目标。因此，无论对付高分辨率雷达还是对付动目标检测雷达都能获得良好的伪装效果，特别是在干扰遮障逐渐失去伪装作用的情况下，应重视隔绝遮障的应用和研究。

4.4.3 掩盖遮障

掩盖遮障是遮障面周边与地面或地物完全相连来掩盖目标，使其不被敌地面、海上和空中侦察发现的遮障。这种遮障用成套遮障、伪装网或就便材料构成，可用于军队后方，也可用于敌直接观察到的地区。按照伪装目标所处的地形和遮障的外貌，分为凸面掩盖遮障、平面掩盖遮障和凹面掩盖遮障。

4.4.3.1 凸面掩盖遮障

凸面掩盖遮障，用于伪装那些高出于地面的兵器、车辆、火炮掩体、物资堆列等目标，如图 4-20 所示。

遮障表面的颜色、图案斑点和粗糙状态应与地形的表面类似，设置凸面掩盖遮障时，要防止遮障面直接掩盖在目标上，可用支撑杆支撑，使遮障的外形与现地地物（如土堆、坟堆、草垛等）相似。在平坦开阔地上的凸面掩盖遮障应设法减少遮障表面上的亮度差别，凸面的坡度应尽量平缓，通常南北方向为（坡度的宽与坡度的高之比）1/5~1/3，东

图 4-20 凸面掩盖遮障

西方向为 1/7~1/5。

4.4.3.2 平面掩盖遮障

平面掩盖遮障其表面与地面在同一平面上，用于伪装不高出于地面的目标。如伪装露天掩蔽所、堑壕与交通壕、目标的接近路和工程作业造成的斑点痕迹等，如图 4-21 所示。平面掩盖遮障还可用于大面积的仿造路和形成人工斑点。

图 4-21 平面掩盖遮障

由于平面掩蔽遮障本身不在地面上产生阴影，在光学波段上相对其他遮障较易制成不显著，遮障的伪装面可以制成密集的或可通视的。用可通视的伪装面伪装较深较窄的壕沟时，因其底部比较阴暗，阴影比较显著，伪装材料的密集度不应小于 80%。设置平面掩盖遮障一般不需要设置骨架，当目标所在的沟壕较宽，遮障的垂度较大时，应加设支撑结构或支柱。

4.4.3.3 凹面掩盖遮障

凹面遮障有较大的挠度，用于伪装位于狭谷、冲沟、雨裂、壕坑等地形内的目标，如图 4-22 所示。

4.4.3.4 掩盖遮障的架设方法

掩盖遮障的架设方法应根据掩盖遮障的具体形式而定。通常在架设平面掩盖遮障、凹面掩盖遮障时，应先经始出支柱和控制桩的位置，而后设置支柱、控制桩和刚性或柔性支撑结构，最后设置遮障面。当以伪装网为遮障面时，应将单块伪装网拼接成所需尺寸的遮障面。

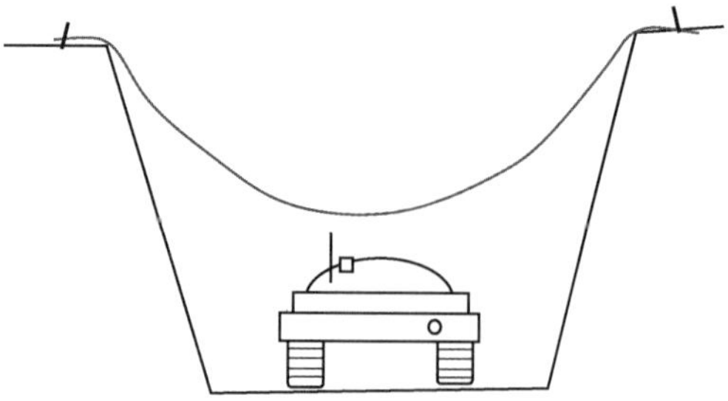

图 4-22　凹面掩盖遮障

扫码查看图片

架设凸面掩盖遮障时，先拼网和设置固定装置，而后以支撑杆从网内支撑，尽量使其外表具有适应背景的伪装外形。当临时掩盖小型目标时，遮障面可直接覆盖在目标上，并用支撑杆从网内支撑，使遮障呈不规则形状。

4.4.4　变形遮障

变形遮障是在目标附近设置垂直、倾斜或水平等不定型遮障面，以改变目标及其阴影形状的遮障，用于改变目标的特有轮廓和目标在地面投影的形状，使敌空中和地面侦察难以发现目标和判别目标。安装在活动目标上的变形遮障应使目标的平面和各个侧面都能达到变形的伪装效果，结构坚固而且轻便，又不妨碍活动目标的机动，能够迅速张开和收拢。其骨架采用重量较轻的杆件制成可以展开和收拢的结构形式，其伪装面用柔性伪装网或伪装布制成。伪装面的平面和垂直面都应做成不规则的形状，并且涂染迷彩。根据使用和装置的方便，整个遮障可以分为几个部分，分别固定在活动目标的表面。变形遮障既可用于伪装固定目标，又可用于伪装活动目标，分为檐形遮障、冠形遮障和仿形遮障。

4.4.4.1　檐形遮障

檐形遮障是遮障面水平或倾斜地设置在目标上或近旁，改变目标平面形状，以对付空中侦察的变形遮障。用于坦克、火炮、车辆和工程机械等活动目标的檐形遮障，可用重量较轻的金属作为骨架，以伪装网或涂有迷彩的织物作为遮障面，制作成可迅速展开和收拢的扇状结构（变形扇）、伞状结构（变形伞）等。其尺寸不小于目标长度或宽度的 1/3，并在其上涂刷与目标或背景相似的颜色，如图 4-23 所示。

图 4-23　设置在坦克、飞机上的檐形遮障

扫码查看图片

4.4.4.2 冠形遮障

冠形遮障是遮障面垂直设置在目标上或近旁，改变目标的垂直形状，以对付地面侦察的变形遮障。可制作成不规则的扁平状，尺寸不小于目标高度的1/3。

4.4.4.3 仿形遮障

仿形遮障是仿造一定的外形，使目标从表面上失去军事价值，以欺骗敌方侦察的变形遮障。为使仿造更加逼真，不仅对目标的外形进行仿造作业，并且对目标的背景也做适当的处理，制作一些相应的仿造设备。例如，将重要的军事目标仿造成普通民用建筑物；对居民地附近的工事、兵营、仓库等目标仿造为农村房屋，并在周围设置一些仿造树木、农具、围墙等。某些不宜仿造成其他建筑物的目标，可以用迷彩作业和增加一些仿造设备，改变目标外貌，使之成为已被毁坏不能再使用的目标。例如，将较大的营房或仓库仿造成已被毁坏的大型建筑物，将重要的桥梁仿造成已被毁坏的桥梁等。改变目标原貌时，仿造形状要与现地背景相协调，可将目标仿造成民用建筑物、树木、大石块等。例如利用仿形遮障将高炮伪装成民房，如图4-24所示。

图4-24 将高炮伪装成民房的仿形遮障

扫码查看图片

动态变形遮障是传统遮障技术的延伸和发展。它要求伪装系统具备两种以上的伪装状态，并可以根据需要迅速从一种伪装状态变化到另外一种伪装状态。伪装器材在每种伪装状态下都具有良好的伪装性能，但各种伪装状态下的伪装图像特征不相关。动态变形技术可以使目标外形不断变化，所以即使敌方在侦察阶段能够识破其中的一种或几种伪装状态，在实施攻击时也难以稳定跟踪和锁定目标。

4.4.5 干扰遮障

干扰遮障是为干扰雷达探测而设置的电波反射体群，干扰遮障能产生和噪声类似的杂乱回波，以遮盖目标回波。干扰遮障通常由角反射器构成（如角反射器之间的距离小于雷达的分辨率），所有角反射器在雷达荧光屏上呈现的图像就会连在一起，形成一条亮线或一片光斑。当角反射器的雷达截面积大于目标的雷达截面积时，目标的光标就会被角反射器的光标所掩盖。角反射器在地面或水面可呈现面型、线型设置，用来隐蔽桥梁、渡口、道路上的运动目标、炮兵阵地、军队集结和运动、交通枢纽和后方战略目标等。干扰遮障还可用偶极子反射器（箔条）构成，可在地面设置成垂直干扰遮障，以干扰地面雷达侦察，也可在空中大面积投放，制造空中干扰遮障，以迷惑地面、机载和舰载雷达对空中目标的侦察。当飞机被雷达跟踪时，偶极子反射器可以用来制造假目标，摆脱雷达的跟踪和瞄准。

4.4.5.1 角反射器

角反射器是由三个平面相互垂直的金属板（或网）组成的一种消极干扰器材，形状有方形角反射器、三角形角反射器、扇形角反射器及混合型角反射器等。当雷达电波作用于金属板上时，由于金属板的光滑平整特性，使入射的电波成镜面反射，经过三个面的逐次反射，能将入射的雷达电波按入射方向平行而集中地反射回去，如图 4-25 所示。

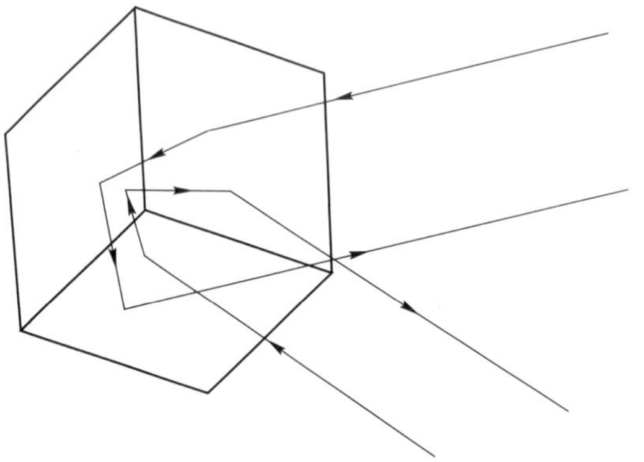

图 4-25 按入射方向反射

角反射器能强烈地反射雷达电波，它的回波信号和目标信号混杂在一起，造成干扰，使敌人的雷达难以分辨而使目标得到隐蔽。角反射器还可以用来示假，用来改变目标和背景的反射性能，从而达到改变外形的目的。因此，角反射器在防雷达侦察与制导伪装中应用比较广泛。

角反射器尺寸虽小，但是雷达截面积却很大。一个边长 40cm 的角反射器，它的回波信号相当于一辆轻型坦克的强度。一个边长为 1m 的角反射器的雷达截面积约 9200m^2，一般中型军舰的雷达截面积为 3000~10000m^2。

A 角反射器的结构及命名

角反射器的按结构形式主要如下。

（1）永固式，三块反射面采取不可拆的刚性连接。这种结构多用于小型反射器，优点是使用时操作方便，电性能稳定。缺点是制造时装配精度要求高，运输不方便，特别是结构精度降低时（电性能也变差）调整很困难。

（2）装配式，三块反射面运到施工现场时才装配成反射器。这种结构多用于大型反射器。优点是制造工艺简单、运输方便；缺点是零配件多、易丢失，现场设置时需用角尺校准，作业速度慢，受风吹或其他荷载会引起二面角变化而影响电性能，应经常维护。

（3）折叠式，三块反射面可以相互折叠在一起，到现场又可以较方便地构成反射器。这种结构多用于中、小型反射器。具有运输方便、零配件不易丢失、现场设置方便等优点；缺点是制造工艺复杂、成本高。

（4）混合式，构成反射器的三块反射面中，有两块由铰链连接可以折叠，而第三块反射面在运输时则可与前者分开放置，待运输到施工现场再行装配。这种结构多用于中型反射器。这种形式制造时较折叠式容易，但零配件折叠式多，易丢失，其性能介于折叠式及装配式之间。

角反射器按反射面的形状分为方形反射器、三角形反射器、扇形反射器及混合型反射器等。角反射器按两次反射空间范围分为单角反射器、四角反射器、八角反射器。角反射器按棱边尺寸，有 50cm、75cm、100cm、150cm 等。角反射器反射面形状有正方形、三角形、扇形、混合形等。角反射器结构形式有永固式、装配式、折叠式、混合式等。

B 角反射器雷达散射截面积及方向

角反射器理论研究最早是由苏联科学院院士 A. H 舒金完成的。他指出，在任何情况下，角反射器对雷达波的反射都可以比作一个有相应尺寸的平面反射镜的反射，该平面镜的空间方位恰与入射雷达波方向垂直，这个平面镜的等效平面面积 S，是角反射器各反射面的一部分在入射波平面上的投影和。

如果对于某个方向 α、β、γ，等效平面的面积 $S_{\alpha\beta\gamma}$值是已知的，则角反射器的雷达散射截面积可以按平面反射表面的公式计算，即：

$$\sigma_{\alpha\beta\gamma} = 4\pi \frac{S_{\alpha\beta\gamma}^2}{\lambda^2} \tag{4-19}$$

具有正方形、三角形反射面的角反射器，当入射波方向和各个棱边形成相等的夹角时，其等效平面面积 S 有最大值，也就是：

$$\cos\alpha = \cos\beta = \cos\gamma = \frac{1}{\sqrt{3}}$$

即：

$$\alpha = \beta = \gamma = 54° \ 45' \tag{4-20}$$

此时，等效平面的面积表示如下。

（1）正方形反射面：

$$S_{F\max} = a^2\sqrt{3} \tag{4-21}$$

（2）三角形反射面：

$$S_{G\max} = \frac{a^2}{\sqrt{3}} \tag{4-22}$$

式中，a 为角反射器的边长，将上述数值代入式（4-19），可以确定角反射器的最大雷达散射截面积，即：

$$\sigma_{F\max} = 12\pi \frac{a^4}{\lambda^2} \tag{4-23}$$

$$\sigma_{S\max} = \frac{4\pi a^4}{3\lambda^2} \tag{4-24}$$

对于偏离最佳数值的任一角度，角反射器的等效截面积和雷达散射截面积都要减小，这就是说，任何角反射器都具有方向性。由于角反射器相对于敌雷达侦察的方向不同，它能够产生强度不同的反射信号，这对它的雷达图像的亮度有很大影响。根据雷达电波的不同入射角，角反射器的反射能量会发生不同数值的变化，当反射角度偏离最佳角度±15°

时，角反射器的反射能量就会降低30%。一个角反射器垂直方向只有30°~35°入射的雷达波才能返回雷达，水平方向有40°~42°的入射波能返回雷达。

为了使各个方向上入射的电波均能反射回去，应用角反射器时，多采用四个或八个单角反射器组成。根据角反射器的方向性，为了使各个方向上都能得到较大的反射强度，在水平面上同一地点放置两个角反射器，且交错成45°；在垂直面上可以用不同的俯角、仰角和平角在同一地点配置2~3个角反射器。

C 角反射器的设置方法

角反射器的设置是反雷达伪装中的一项施工技术，如图4-26所示。根据所对付的不同雷达侦察，其设置方法不同。

图4-26 固定在支柱上的角反射器

（1）对付敌人地面雷达侦察，角反射器在陆地设置成干扰遮障时，通常将角反射器悬挂起来，高出地面2~2.5m，悬挂在用木、竹做成的支柱上、三脚架上、两脚架上、双支架上、长臂架上、电线杆上或树上等。为了使悬挂的角反射器能转动，可在悬挂系统加上一个转动装置。使其能随风摆动和旋转，使敌人雷达荧光屏上出现活动目标一样的光标信号。若欺骗敌人地面雷达显示固定目标时，可将角反射器设置在支柱上，高出地面1.2m为宜。

（2）对付敌人的空中机载雷达侦察时，可将角反射器固定在桩柱上，高出地面1~1.5m，并将角反射器设置成俯角、仰角和平角三种。

（3）在水上设置时，可根据使用时间的长短，水位变化情况，河底土壤性质及河幅宽度等条件，可采用钢索悬吊、设置浮体或固定在支柱上等方法。

为了降低角反射器在光学侦察时的显著性，在角反射器设置好后，对其表面可涂刷与周围背景相一致的颜色，以隐蔽角反射器本身。

干扰遮障按形式不同可分为线状干扰遮和面状干扰遮障。

4.4.5.2 线形干扰遮障

线形干扰遮障主要用于隐蔽道路上的运动目标，避免地面、空中雷达侦察。沿着道路，在接近行车部的地方设置。对付敌方地面侦察的干扰遮障，设置成悬挂式干扰遮障。

在横向道路上，角反射器可以架设在道路的任意一边。为了使遮障干扰回波在雷达荧光屏上的光标连成一片，以掩护运动的目标，角反射器之间的距离 d 应不大于雷达的方位分辨力 $\Delta\alpha$，如图4-27所示。由此可见，在横向道路上构筑一千米干扰遮障所需的角反射器数量取决于雷达的方位分辨力。随雷达波长的缩短，它的方位分辨力提高，因此雷达波长越短，作用距离越短，干扰遮障的位置应该越接近雷达，设置一千米干扰遮障的角反射器数量也越多。

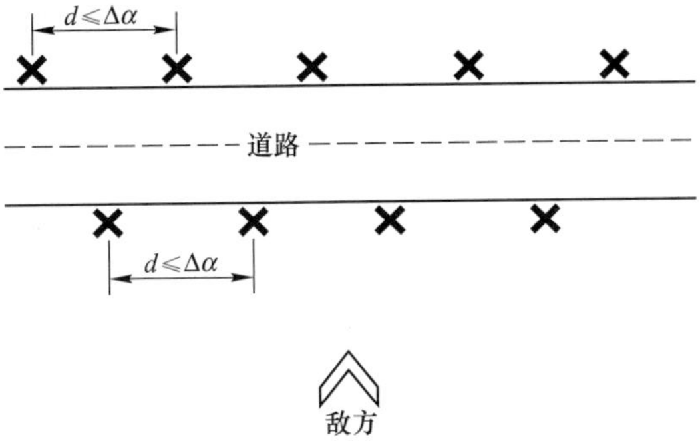

图 4-27　横向道路干扰遮障的设置

在纵向道路上，角反射器之间的距离 d 应小于雷达侦察的距离分辨力 Δr。纵向道路上，角反射器也可以沿着道路两边按棋盘格的规律配置，这时道路每一边角反射器之间的距离应该小于雷达距离分辨力的二倍，如图 4-28 所示。而两行角反射器之间的距离不应超过雷达的方位分辨力。

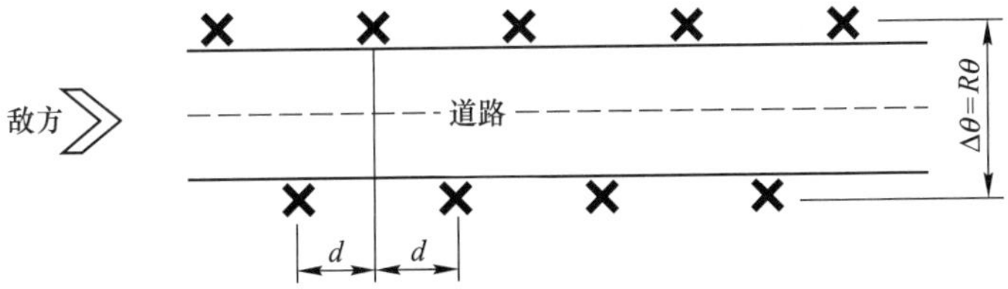

图 4-28　纵向道路干扰遮障的设置

雷达距离分辨力和方位分辨力表达式为：

$$\Delta r = \frac{c\tau}{2} \tag{4-25}$$

$$\Delta\alpha = R\frac{\theta}{57.3} \tag{4-26}$$

设置干扰遮障对付空中雷达侦察时，角反射器之间的距离应小于雷达的距离分辨力和方位分辨力，此时确定方位分辨力的方法与地面雷达相同。其方位分辨力的计算公式为：

$$\Delta\alpha = \frac{c\tau}{2}\frac{R}{\sqrt{R^2 - h^2}} = \frac{c\tau}{2\sin\beta} \tag{4-27}$$

式中，$\Delta\alpha$ 为机载雷达的方位分辨力，m；τ 为脉冲宽度，μs；β 为观察角度，(°)；c 为电波传播速度，$c = 300\text{m}/\mu\text{s}$。

4.4.5.3　面形干扰遮障

面形干扰遮障的雷达反射波将在雷达荧光屏上形成一片光斑，用以隐蔽该区域上军队的集结和机动，隐蔽机械设备的工程施工等。

面状干扰遮障主要用于隐蔽桥梁和部队的集结和运动等。在陆地上设置面状干扰遮障以对付地面雷达侦察时，可使用 FD_4-50 角反射器构成。角反射器之间的距离可比雷达的距离分辨力大 30%~40%，其间隔应小于雷达的方位分辨力。当对付空中雷达侦察时，角反射器之间的距离为其分辨率的 1~2 倍。在水面上设置面状干扰遮障对付空中雷达侦察时，角反射器之间的距离应根据雷达类型确定。对付 3cm 波段景象雷达侦察时，可使用 75cm 和 100cm 角反射器，其间距为 80~100m。当对付地面雷达侦察时，应在桥梁附近 200~300m 地段上，每隔 15~25m 设置一个 50cm 角反射器。为对付侧视雷达和合成孔径雷达侦察，角反射器的间距应小于雷达的分辨率，比如利用面状干扰遮障遮蔽坦克的运动。

当在平坦开阔地上设置面状干扰遮障对付空中雷达侦察时，角反射器之间的距离应根据机载雷达的飞行高度和观察角的大小，计算出一个地面照射场的面积值，然后在这个面积上放一个相应的角反射器。照射场的面积的计算公式为：

$$S = 5.25\theta\tau \frac{H}{2\varepsilon} \tag{4-28}$$

式中，S 为照射场面积，m^2；τ 为脉冲宽度，μs；θ 为水平波束角宽度，(°)；H 为雷达至地面的高度，m；ε 为入射余角，(°)。

面形干扰遮障中角反射器的设置密度一般为每一个雷达照射场面积上放置一个相应的角反射器。当利用面形干扰遮障对付动目标雷达时，则应由雷达的能见度系数具体计算角反射器的大小及设置密度。例如，雷达的能见度系数 SCV 为−30dB，那么面形干扰遮障产生的背景杂波强度 C 应比目标回波强度大 1000 倍，即保证信杂比 $\frac{S}{C}<-30\text{dB}$。这里值得指出的是，由于雷达分辨能力的提高以及动目标检测雷达的广泛应用，用以设置干扰遮障的角反射器的密度越来越大，以致伪装效能越来越低。

4.4.6 遮障伪装器材

4.4.6.1 制式器材

遮障伪装的制式器材有成套遮障、伪装网、角反射器等。

成套遮障由伪装网、支撑杆和配套组件组合而成。成套遮障通常用于设置掩盖遮障，隐蔽坦克、火炮、车辆和工程机械等，用于防可见光、近红外和雷达侦察。

伪装网是具有装饰材料的网状结构物，20 世纪 90 年代中期的多波段伪装网实现了光学、雷达、红外伪装性能的兼容。各国的多波段侦察伪装遮障，具有多波段伪装性能。根据背景情况选用合适的伪装网与就便材料的杆件相结合，可在不同背景上伪装兵器、车辆等军事目标。

角反射器是由三个（或两个）相互垂直相交的金属或其他导电材料组成的电波反射体。有制式角反射器和就便角反射器两种。角反射器用于设置干扰遮障，或模拟目标。

4.4.6.2 就便器材

制作遮障的就便材料有：用作支柱的小原木、毛竹、钢管等；用作支承结构及控制装置的绳索及铁丝等；用作遮障面的渔网、铁丝网、织物、油毡、胶合板等；用作伪装材料的青草、芦苇、树枝、金属刨花等。

就便角反射器可用木料、铁皮和钉子等制作而成。根据用途不同制作成不同型号。

4.4.6.3 遮障材料的防火措施

在现代战争中，要求遮障材料必须具有防火性能即材料在受火燃烧时，本身不发生自燃，不会助长火焰的蔓延。这样能减少遭受燃火焚烧的损失，以利于保持伪装效果。其措施可从两个方面考虑：一方面选择不易燃烧的材料；另一方面对易燃烧的伪装材料进行防火处理。具体方法如下：

（1）1 号溶液，磷酸铵 9%、硫酸铵 6%、水 85 %，用于浸透绿或黄色织物和纸类等；

（2）2 号溶液，硫酸铵 10%、硼砂 5%、水 85%，用于浸透黄色或灰色织物和纸类等。

4.4.6.4 遮障的维护和管理

实施遮障伪装时，必须按以下要求对遮障进行维护和管理：

（1）应有专门的人员（或分队）负责遮障的维护和管理，经常检查其完好程度；

（2）配备必要的检测器材和遮障备件，对遮障进行经常性的维修；

（3）监督运动目标按规定要求通过遮障区；

（4）消除遮障区域内及其附近的目标活动痕迹。

4.5 烟幕伪装

烟幕伪装是通过施放烟雾遮蔽目标和迷盲、诱惑敌人所实施的伪装。烟幕伪装的实质就是以人为的措施，在目标与背景之间构成混浊的大气层，降低大气的透明程度，使其在预定的距离内与背景的亮度差别达到亮度对比阈，从而使目标不可见。

烟幕伪装的使用时机如下。

（1）时间仓促，来不及采取其他伪装措施。当军队目标由于时间仓促未经伪装，或难以对某些目标实施其他伪装时，以及战斗行动要求临时快速伪装的情况下，实施烟幕伪装是保障目标迅速获得伪装效果的良好手段。烟幕伪装能够干扰破坏敌人的雷达图像和各种搜索系统，并能为目标赢得进入隐蔽地点和采取其他伪装措施的时间。

（2）目标特殊难以采用其他伪装措施时。当目标非常高大、外形特殊难以采取其他方法进行伪装时，烟幕是保证目标获得良好伪装效果的手段。

（3）根据战术需要发动进攻、防御、转移、行军、军队集结时，烟幕通常用来掩蔽军队的行动和配置，使敌方不能直接观察和瞄准射击。

（4）结合假目标或实施佯动。烟幕也可以用来示假，将敌人的注意力和火力吸引到假方向上去。美军对伊战争中，伊军燃烧原油，模拟目标红外辐射特性，同时设置假烟幕，分散美军注意力和火力。

4.5.1 烟幕伪装的种类

4.5.1.1 迷盲烟幕

迷盲烟幕是为迷盲地面观察和射击，施放于敌方阵地内的烟幕，用以迷盲敌人，使敌人无法观察和瞄准射击。通常使用的发烟器材为小火箭烟幕弹、发烟迫击炮弹、发烟手榴弹和航空兵发烟弹等。

4.5.1.2 遮蔽烟幕

遮蔽烟幕是为遮蔽军队和目标的配置位置，施放于目标配置地区，或己方阵地前沿或纵深内的烟幕。通常把烟幕施放在敌我阵地之间，或我方的阵地上，使敌人观察不到我方的装备配置和行动，难以对我方实施打击。遮蔽烟幕使用的发烟器材为发烟汽车、发烟箱、发烟罐和就便发烟器材等；所使用的发烟器材能在己方阵地前方发烟，形成的烟幕对己方无影响。

4.5.1.3 诱惑烟幕

诱惑烟幕是为迷惑敌方、吸引敌方的注意力和火力，在假目标区或无目标区施放的烟幕。诱惑烟幕可以用来模拟军队、军队目标的行动和转移，掩饰假阵地和假的固定目标等。

单纯依靠施放烟幕遮蔽目标，只能降低目标在受敌袭击时的命中率，为进一步保证目标的安全，应在对目标实施烟幕伪装的同时，在适当的时机和地点施放假烟幕，这种烟幕数量越多越真，对保证真目标安全的可靠性就越高。

为使假烟幕更加逼真，保证良好的伪装效果和减少发烟器材的消耗量，诱惑烟幕应满足下列要求：

（1）实施假烟幕的地点应有能欺骗敌人的战术特点，如显示隐蔽炮兵的集结地域，掩蔽部队通过开阔地和桥梁、掩蔽渡河，掩蔽部队展开和构筑工事，以及掩蔽部队的转移等都应与真实情况有相似的地形条件；

（2）实施假烟幕的时机应与真烟幕相同；

（3）在实施假烟幕的同时，应以假目标、佯动相配合。

因此，在施放假烟幕时，要故意造成一定的空隙，使敌人的侦察通过这些空隙，能部分或隐约地发现烟幕中的假目标；假烟幕的浓度可小于真烟幕（浓度指每分钟内发烟器材的消耗量）。

4.5.2 烟幕伪装器材

烟幕伪装器材是利用发烟材料产生烟幕的各种器材，分为制式发烟器材和就便发烟器材。制式发烟器材包括：能够快速成烟的各种发烟弹，有能大面积、长时间连续施放的发烟罐，有使用灵活的各种发烟车及烟幕布撒装置等。发烟器材有自制的发烟剂、发烟坑等。

4.5.2.1 制式发烟器材

A 发烟弹

发烟弹是一种能在远距离上快速形成烟幕或气溶胶遮蔽物，以伪装、遮蔽己方军事目标或掩护军事行动，并对敌方实施迷盲、诱骗或干扰的特种弹。由于发烟弹具有作用距离远、成烟速度快等特点，它成为发烟装备中发展最快、品种数量最多的重要分支。

a 发烟手榴弹

发烟手榴弹是手榴弹家族中特殊一员，是最轻便的发烟器材，在现代高技术战争条件下，尽管作战方式发生了变化，但发烟手榴弹仍有其不可替代的作用，如图4-29所示。

发烟手榴弹可在陆地、水面使用，掩护单兵和小分队的战斗行动，还可用于信号联络、指示目标等。

发烟手榴弹由弹体、点火装置和发烟剂三部分组成。弹体：圆筒形状，用来装填发烟剂。筒两端均有外盖，一端为红色，另一端为黄色；在外盖内有一隔片，隔片上有四个出烟孔；红色一端盖内中央装有点火装置。点火装置：由管状点火药和拉火线组成。发烟剂：不同类型发烟剂，其成分不同，有主要成分为红磷的，也有氯酸钾和氯化锌等组成的。

图 4-29 演习中士兵投掷发烟手榴弹

扫码查看图片

b 发烟榴弹

发烟榴弹是由配置在各种装甲车辆（主战坦克、轻型坦克、装甲侦察车、装甲运兵车）、自行反坦克炮、自行火炮和自行高炮上的榴弹发射器发射的特种弹。榴弹发射器是以多管或多组形式安装在车辆前方两侧或左右两侧。使用时可单侧单枚发射，也可双侧齐发，在距车辆几十米范围内形成遮蔽干扰烟幕，用以自我遮蔽，并对敌方的观瞄、跟踪和制导进行干扰。达到保护自身免遭敌火力攻击之目的。发烟榴弹已成为现代战争中不可或缺的一种防护武器装备，各国坦克、装甲车辆已普遍装备。现装备的有挪威的 40mm、日本的 60mm、英国和美国的 66mm、德国的 76mm、法国的 80mm、意大利的 90mm 发烟弹等。装填的发烟剂分别有黄磷、赤磷、六氯乙烷及抗红外发烟剂等类型。美国 M76 式 66mm 红外发烟榴弹，主要用于保护坦克不受敌方可见光、红外侦察瞄准系统和制导系统的威胁，该弹为塑料制壳体，发烟剂为含铜粉的粉末发烟剂。发射后，在距车辆 30m 处的空中形成良好遮蔽干扰作用的烟幕，能够抵御可见光和红外侦察，烟幕持续时间为 45s。

c 发烟炮弹

发烟炮弹是迫击炮、榴弹炮、坦克炮等远距离火力配用的特种弹，其特点是可在远距离上快速形成遮蔽干扰烟幕。其主要用于迷盲敌方火力，干扰敌方观瞄侦察器，掩护步兵和装甲兵的战斗行动。现许多国家都装备了多种口径的发烟炮弹。其中，迫击炮配用的发烟弹种类最多，口径从 50~120mm。但各国较通用的口径是 60mm、81mm 和 120mm。为榴弹炮配用的主要是 105mm 和 155mm 发烟弹，而为坦克炮配用的有 76mm、90mm 和 105mm 等。由于各发射系统性能差异，其射程分布较广，迫击炮的射程较近，一般在几百米到几千米之间，而榴弹炮的射程较远，可从几千米到几十千米。

d 发烟火箭弹

发烟火箭弹是各类火箭发射器配用的特种弹，通常采用多管或多组结构形式，可快速形成大面积烟幕，可用来遮蔽己方目标、车辆、直升机和舰艇等。如美军 M259 型 70mm 双 19 管黄磷-楔形毡块发烟火箭弹，专用于 AH-1S 型武装直升机；瑞典抗红外发烟火箭弹系统是 9 管导轨式，装在直升机下方，发射后在直升机前方 100m 处形成烟障；以色列拉法尔发烟火箭系统，类似多管火箭炮，装在战车尾部，可在驾驶舱内操作，每套发射器可装弹 20 枚，造成 150m 宽的烟障；英国 57mm 抗红外发烟火箭弹，专为舰艇自防而研制，是壁垒式自防系统成员之一；法国汤姆森布特发烟火箭系统，设有 72 个发射管，能形成大面积烟幕遮障。

e 发烟航弹

发烟航弹是一种由飞机携载，从飞机上投放，以达到掩蔽己方目标和部队作战行动或迷盲敌方火力点、指挥所和观察所等作战目标的航空发烟装备。美军 AN-M47A 发烟航弹可由高空或低空投放，采用空爆或触发引信引爆，实施遮蔽或迷盲烟幕，烟幕可持续 5min。美国 CBUI 1/A 型发烟航弹为子母弹结构，它由 261 个集束弹和 16/B 母弹组成。单机外挂 4 枚该弹，一次投放可形成长 2km 的烟障，烟幕持续 15min。

B 发烟罐

发烟罐是一种将燃烧型发烟剂压制（或浇铸）到罐体内，采用点火装置点燃，经过受热升华或燃烧反应的产物在大气中凝结，吸收空气中水分而形成烟幕的发烟装备。

发烟罐主要用以掩护进攻战斗和侦察活动，或构成宽正面烟幕。它通常是以预设方式使用，主要用于遮蔽后方目标，如重要军事基地，炮兵阵地、桥梁渡口、交通枢纽等，也可用于掩护部队行动。

小型发烟罐由罐体、点火装置和发烟剂三部分组成。罐体：除罐盖为铁皮外，其余以纸制成；罐盖上有一提环，罐盖与罐体结合处用胶布密封，以防受潮，罐盖下有一隔板，上有 11 个出烟孔，中央孔用来插点火棒，平时均用锡箔密封。点火装置由点火棒及擦火板组成（平时密封在塑料盒内）。点火棒用来点燃发烟剂，擦火板用来擦燃点火棒。发烟剂成分同发烟手榴弹。

C 发烟车

发烟车（或发烟机）是一种大面积、长时间连续施放烟幕装备，它可以施放可见光遮蔽烟幕，也可施放红外干扰烟幕，还可施放多波段混合烟幕。根据作战要求既可在固定点发烟，也可在行进中发烟。发烟车主要用来：遮蔽己方战术纵深内的主要目标和后方重要目标，比如机场、桥梁、渡口、交通枢纽等；掩护部队行动；干扰敌方观瞄、侦察器材和武器制导系统；实施欺骗烟幕，伪装作战意图等。

4.5.2.2 就便发烟器材

A 发烟剂

防可见光侦察发烟剂用硝酸铵、氯酸钾、煤粉、锯末等配制而成，燃烧时产生浓密白烟，能有效地遮蔽目标。

发烟剂制作要求为：

（1）装填发烟剂时，不应填得太紧或太松；

(2) 装填发烟剂后，应在某一侧表面打数个直径为6~10mm的发烟孔，发烟手榴弹应在两端（侧）打孔；

(3) 点火装置在使用时设置。

施放方法包括导火索点火法和电点火法。导火索点火法式将截取的导火索插入发烟剂的一端顺传火方向切4~5个斜口，或剥去第一、第二被覆层（长2~3cm），插入发烟剂中，用拉火管或火柴点燃；电点火法是将导火索的一端与电点火头相接，另一端插入发烟剂中，用电点火机点火。

B 发烟坑

发烟坑的特点和用途包括：发烟坑具有取材方便，方法简单，消耗材料少，使用范围广，适应性强的特点。它可用以构成遮蔽烟幕和诱惑烟幕。

发烟坑由坑体、发烟剂、点火装置和口部封闭层四部分组成。其设置步骤和方法为：经始，将发烟坑体口部形状按尺寸标定在设置地点，其长度按所需的发烟持续时间而定；挖坑，按经始范围挖坑；装填，将发烟剂装填入坑内，用手轻轻压实；封口，在坑口一端空出10cm，在发烟剂表面铺土厚约3cm，再在封口土的表面按要求穿发烟孔；设置点火装置，点火装置通常在临近使用时在未覆土处设置，设置时应使距导火索周围5cm范围内的发烟剂保持自然疏松。

注意事项：坑的位置应选择在土壤湿度较小的地点，当湿度较大时，应在坑内加设一层塑料薄膜等隔潮材料；对预先设置的发烟坑应采取防雨措施，可用塑料薄膜覆盖，其范围应大于坑口边缘，为缩小覆盖面积，发烟坑可成“S”形设置；预先设置发火装置时，应将插入发烟剂内的导火索一端，包扎一层较薄的塑料薄膜。

4.5.2.3 新型烟幕剂的类型

新型烟幕剂有如下几种类型。

(1) 烟火型红外烟幕剂。进入20世纪80年代烟火型红外烟幕剂得到快速发展，其代表性产品有美国、德国、荷兰等国研制的高聚芳香烃的六氯乙烷型烟火发烟剂。该发烟剂产生的烟幕具有良好的红外遮蔽能力。

(2) 非烟火型红外烟幕剂。美国研究表明，凡能提高材料导电能力的办法都可增强这种材料微粒的消光特性。非烟火型红外烟幕剂有英国的“多频带屏障”，美国的多用途“致盲”剂等。

(3) 红外气溶胶的施放和成型器材。国外研制和装备部队的有红外烟幕榴弹系统、红外发烟机、红外发烟罐和机载红外烟幕系统。

(4) 人造雾伪装技术。人造雾伪装技术是通过向大气中布撒一定量的新型成雾剂，高效凝结大气中的气态水分子，利用和改善自然空间的成雾条件，诱发催生形成大面积人工雾，达到遮蔽、迷盲和示假效果的一种攻防兼备的伪装新技术。人工雾的形成原理是当大气初步具有或接近成雾的条件下，通过布撒成雾剂，增加大气中有效凝结核的数量；或降低成雾区空气温度，引起布撒成雾剂区域内空气的饱和水气压变小，造成空气达到饱和或过饱和状态，发生凝结形成人工雾。同时，利用大气自身的动力热力作用和大气环境的微物理不稳定条件，给自然大气施加人为扰动，影响大气的自然演变过程，使更大范围大气中的水汽有效地向成雾区域汇聚，形成雾或加大雾的浓度。

新型成雾剂的特点为：成雾速度快，通常湿度情况下1~2min即可形成有效遮蔽的人工雾；成雾效率高，1mL 成雾剂可形成迷盲浓雾 $20m^3$ 左右；持续时间长。通常形成的人工雾可持续 30min 以上；对人体无毒无刺激性，对装备无腐蚀性。

人工雾可使利用可见光、红外原理进行侦察监视和精确制导捕获系统失效，对雷达侦察监视和攻击捕获也有一定的衰减作用。在未来的信息化条件下战争中，可以为我方快而有效的大面积遮蔽伪装提供所需要的技术与新概念伪装装备。

4.5.3 自然环境对烟幕的影响

对烟幕有影响的气象和地形因素主要有风、雨、温度和地物、地貌，这些因素不但影响烟幕施放时发烟点的配置，而且影响发烟器材的消耗量。

4.5.3.1 风的影响

A 风向的影响

烟幕伪装所指风向按其对正面的关系分为侧风、正风和斜风。风向与目标正面成 0°~30°夹角为侧风；风向与目标正面成 30°~60°夹角为斜风；风向与目标正面成 60°~90°夹角为正风。风向主要影响烟幕的传播方向和发烟器材的消耗量。施放烟幕时，侧风消耗的发烟器材最少，其次是斜风，正风消耗的发烟器材最多，如图 4-30 所示。斜风比正风消耗的发烟器材少 1/4~1/3。

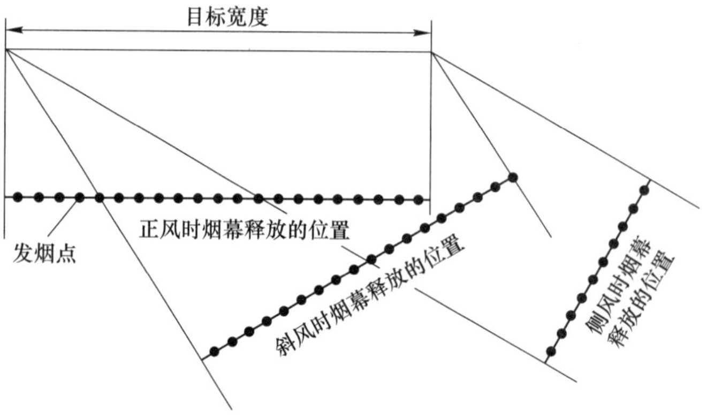

图 4-30 风向对发烟器材消耗量的影响

B 风速的影响

风速主要影响烟幕的传播纵深，风速越大，烟幕消散越快，传播的纵深越小，有利的风速为 2~5m/s。6~8m/s 的风速也可施放烟幕，但发烟器材的消耗增多；9m/s 以上的强风能使烟幕迅速消散；1.5m/s 以下的弱风在短时间内难以达到预定的遮蔽面积。

4.5.3.2 雨的影响

大雨的雨粒密集，而且下降的速度快，致使烟尘在空间的飘浮时间短，加速烟幕消散，降低烟幕的效果。小雨利于烟幕的形成，且因阴雨天能见度降低而增加烟幕的效果。

4.5.3.3 气温的影响

温度越高，越有利于烟幕的消散。温度对烟幕的影响主要表现在空气的垂直稳定度上。按地表层垂直方向上的空气温度差别，空气垂直稳定度分为逆温、等温和对流。逆温和等温时，空气在垂直方向上几乎没有流动或流动很小，利于施放烟幕。对流时，因空气上下流动剧烈，烟幕易扩散，有利于对付空中侦察，但不利于对付地面侦察。严寒的冬天能使发烟时间延长，由 25~30s 延长至 60~120s。

4.5.3.4 地形的影响

高地、山谷会较快地分散烟幕并减少其传播纵深；树林和灌木丛能阻滞烟幕，并使其分散；白天弱风时，在江河、湖泊施放烟幕，一般向陆地方向飘移，在清晨和黄昏则相反；在城市沿街道施放烟幕，有地域风时，其稳定性差。

4.5.4 发烟点的配置

烟幕也存在本身易暴露、持续时间短、易受天候及地形条件的影响等缺点。烟幕既能遮蔽目标，又向敌显示了目标的存在。解决这个矛盾的主要方法是增大烟幕的遮蔽面积。为使敌人难以确定目标的具体位置，遮蔽烟幕的面积一般不小于目标面积的 5~10 倍，其轮廓不应与目标轮廓相重复，并且不应将目标置于遮蔽面积的中央。施放烟幕时，必须将目标及其附近的方位物（如居民点、河口、桥、道路交叉口等）一起遮蔽起来。施放遮蔽烟幕的同时还应施放诱惑烟幕，并与设置假目标、实施佯动结合起来。

发烟点的配置方式与发烟器材的消耗量主要取决于战斗队形、目标类型及风向风速这几个因素。按照发烟点的配置方式分为线状、面状、环形及混合配置四种。线状配置通常用来遮蔽战斗行动，面状、环形及混合配置多用于遮蔽后方目标。它们都可以根据战斗队形，在目标的正面、侧面、后方及假的方向上实施。

4.5.4.1 线状配置

线状配置是将发烟器材成一线配置。通常用于遮蔽正面较宽而纵深较浅的长形目标或范围较小的目标（如道路上的运动、炮兵的机动、前沿阵地的修筑、掩护撤离等），以对付地面侦察和火力袭击。具体配置方法应根据遮蔽的正面和风向确定如图 4-31 和图 4-32 所示。利用正面风一线配置发烟器材，能够形成面状遮蔽烟幕。利用侧面风一线设置发烟器材，可以形成现状遮蔽烟幕，将我方目标配置在烟幕带之后，使敌方不能侦察我方目标。

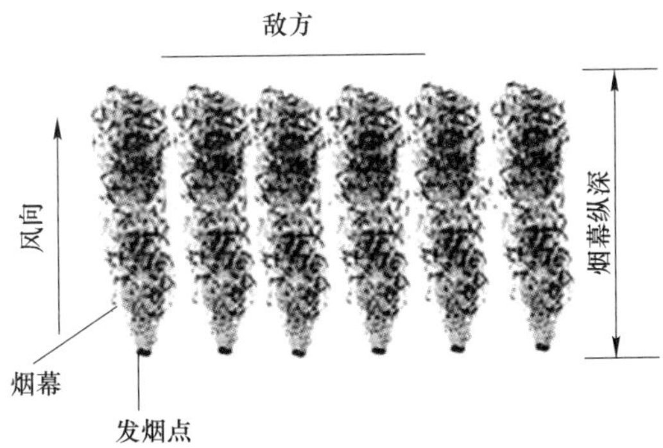

图 4-31 利用正面风成一线设置的烟幕

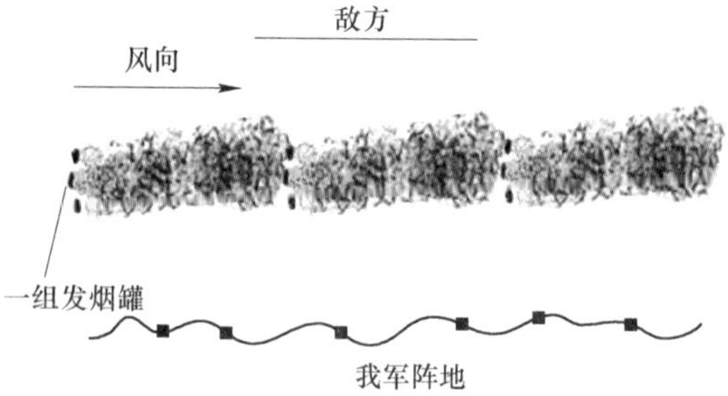

图 4-32 利用侧风成一线设置的烟幕

4.5.4.2 面状配置

面状配置是将发烟器材较均匀地配置在预定遮蔽地域。通常用于遮蔽面积较大的地区；起伏较大且有复杂地物的地形；或用于弱风的条件下施放烟幕。面状配置时，发烟点的数量应以能遮蔽预定地域为准，通常每平方千米需布置 4~8 个发烟点。每个发烟点上设置发烟器材的数量以能遮蔽预定目标为准。若设置小型发烟罐时，通常每个发烟点上设置 14~24 个。

4.5.4.3 环形配置

将发烟器材环绕目标配置成一个或两个以上的环形烟幕带。这种配置可在任何风向时都能使烟幕完全遮蔽目标。第一烟幕带距中心约 500m，烟幕带之间的距离为 500~1000m，各烟幕带上的发烟点间距为 125m。每个发烟点上设置发烟器材的数量以能遮蔽预定目标为准。若设置小型发烟罐时，通常每个发烟点上设置 14~24 个。

4.5.4.4 混合配置

在目标比较分散时，可将面状配置和环形配置同时使用在同一地域上，其方法是对目标采用环形配置，对目标所在地域采用面状配置。

4.5.4.5 烟幕伪装的实施步骤

烟幕伪装的实施步骤如下：

（1）测定风向、风速；

（2）根据气象资料、任务和敌情确定发烟点的配置方案；

（3）根据发烟点的配置方案、发烟器材的发烟时间和施放烟幕的时间，计算发烟器材的消耗量；

（4）领取所需发烟器材，布置发烟点；

（5）按指定时间施放。

4.5.4.6 多波段综合烟幕伪装技术与器材

烟幕伪装是施放烟雾遮蔽目标和迷盲、诱惑敌人所实施的伪装。这种无源干扰技术通过散射、吸收的方式衰减光波能量，不仅能对付光学侦察，而且能对付热红外、激光侦察，还能干扰雷达。

美国研究的一种新型发烟车，载车为 M901 改进型陶式反坦克导弹车，发射系统采用发烟火箭发射器，发射距离为 6km。形成的烟幕可对付可见光、近红外和热红外探测。

4.6 假 目 标

示假伪装是模拟目标的各种暴露征候、制造和显示虚假现象、造成敌方错误或过失的伪装措施（如设置假目标、散布假情报、实施佯动等）的统称。示假伪装自古有之，在古代战争中，就有使用假马、假战车、假人的实例。《三国演义》中，诸葛亮草船借箭的故事给人们留下了深刻的印象。近现代战争中假目标的运用更是屡见不鲜，大量设置假目标和有效实施佯动对保护军事人员和设施是非常有用的。频繁的示假行动可以迷惑懈怠对方，从而隐蔽部队真实企图，达到良好的伪装效果。美军做过统计，反复示假可使对方频频感到“狼来了”，侦察注意力大大降低。例如，进攻一方通过无线电频繁向防御者发出假情报，可迫使防御者花费大量时间反复查明情报细节，难以致力于搜集新情报或查明其伪装计划，从而降低了防御一方对情况的敏感程度，可将进攻突然性提高至90%以上。

伪装学中重点讨论假目标的设置。使用假目标模拟目标暴露征候，是为了迷惑敌人、欺骗敌人，从而有效地保护真目标。

4.6.1 假目标设置要求

假目标的特点是模拟不同武器装备，种类较多，不仅有单个小型战术假目标，而且有大型战役、战略假目标系统，逼真度高，能模拟真实目标的光电声特征。假目标设置时应满足如下要求。

（1）配置地点合理。假目标的配置位置，要符合战术和技术要求，与真目标要保持一定的安全距离。防止敌攻击火力在打击假目标时击中真目标，该距离根据目标的大小、敌人的侦察方式和预期的敌方攻击方式、火力情况而定。当设置假目标是为了保护真目标时，尤其应注意安全距离。另外，配置地点要符合战场使用要求，是指避免出现在不可能存在真目标装备的地域内发现该假目标的情况。配置数量应与真目标相同，在模拟某一个真目标火力单元，或真目标作战分队时，假目标数量应与真目标编配数量相同。

（2）外貌特点要逼真。假目标的主要外貌特性都应做到自然逼真，如颜色、形状、尺寸、反射（辐射）红外线和反射雷达波等特性应与真目标相似，大于可见尺寸的细部都要仿造出来。垂直尺寸可适当减小。

（3）实施作业要迅速。假目标应结构简单，取材方便，制作迅速。对经常更换位置的假目标，应轻便、牢固，便于架设、撤收和牵引。制作、设置和构筑假目标时，要隐蔽地进行，及时消除作业痕迹。例如，在野战防空中，假目标设置在示假地域，模拟防空作战配置和行动，欺骗敌航天、航空侦察。在机动作战真目标在敌方星载、机载等侦察器材观察不到的间隙转移战场，在真目标原配置地域快速设置相应假目标，造成原配置地域部队装备无调动的迹象。

（4）实施不完善的伪装。在未来战场上，侦察手段越来越多，武器装备不可能不采取一定的伪装措施，不可能完全“裸露”在敌方的视线之下。设置假目标的目的是迷惑和欺骗敌方，从这个意义上说，己方更想让敌方发现假目标，但“欲速则不达”，不能为了更易让敌方发现假目标，而对假目标不进行任何伪装，因为这不符合真目标的使用原则，不加伪装的假目标反倒易使敌方怀疑。应对假目标实施不完善的伪装，对它不能进行像真目标一样的伪装，应使它若隐若现，达到“欲盖弥彰”的效果，起到更好的欺骗作用。设置或构筑假目标时：一方面只需显示假目标的某些部分，掩饰假目标制作上存在的缺陷，使假目标显得更加逼真；另一方面也可以节约一部分假目标设置的作业量，节省人力、物力和时间。

（5）活动特征要仿造。在设置假目标时应有计划地模拟真目标活动征候，如火光、声响、车辆的活动痕迹、武器装备掩体、工事、道路延伸分布情况等。对于机动假目标，还应不定期地改变停放设置位置和佯动。这些相关征候相对假目标本身而言只是处于补充地位，但在完整的示假计划中这些仍然是不可缺少的部分，所谓细节决定成败。有计划地仿造目标的活动特征，及时显示被袭击的破坏效果，要形成一定的规模。

（6）制作设置要保密。为更有效地欺骗、迷惑敌人，制作和设置假目标的工程作业，要隐蔽地进行，不能暴露痕迹，可以通过控制作业区人员往来，规定作业代号，消除作业痕迹等方式，实现假目标设置的保密性。

4.6.2 假目标种类

4.6.2.1 制式假目标

制式假目标就是按统一规格定型生产，列入军队装备体制的伪装器材。制式假目标具有重量轻、架设撤收快速、运输方便、形象逼真、结构可靠、便于维修等特点，具有快速反应能力，可多次使用，适用于需求量大、时间紧迫的情况，在战场上具有广阔前景。制式假目标是假目标伪装的重要途径。为了战场的需要各国都研制了不同类型的制式假目标，这些假目标，不但轻便牢固，架设方便，外形逼真而且具有同真目标一样的雷达和红外特性，能对付敌人的侦察与制导。按照制式假目标的制作材料和结构方式，制式假目标可分为充气式、骨架蒙皮式、聚氨酯发泡膨胀式和装配组合式等多种类型。

4.6.2.2 就便材料假目标

就便材料假目标是指就地征集或购买的就便材料加工制作的假目标，其特点是取材方便、经济实用、能及时大量设置假目标。因为在有些时候制式器材满足不了大量设置的需要，所以可根据图样征集或购买一定数量的钢材、木材、树枝、竹材、高粱秸、玉米秸、铁丝等材料进行制作，通常采用钢材、方木或竹材做骨架，外面蒙以蒲席（芦席、纤维布、油毡）制作成假目标。

就便材料假目标可以区分为固定式和活动式两种类型。固定模型的制作比较简单，可以用泥土和草皮堆砌成，也可用竹、木、草席、芦苇、高粱秸、树枝等就便材料制作。活动模型可以分为可移动、可牵引和可自行三种形式。可移动的要求尽可能用轻便材料制作，便于搬运；可牵引的要求模型结构牢固，底部应有轮子或滑动装置；可自行地要求模型安装在机动车辆上，骨架和外壳结构牢固，能经受较大的振动。

4.6.2.3 工程设施（工事）假目标

工程设施（工事）假目标指工程建筑类假目标，包括假民房、假工事、假障碍物、假道路、假桥梁、假渡口等。假民房既可用来示假又可用来隐真。假工事包括假野战工事和假永备工事。

4.6.2.4 虚型假目标

虚型假目标（也称功能假目标）是指具有反射雷达波或产生热辐射等特定功能，但不考虑外形特征的假目标。虚型假目标就是指具有与真目标相似的反射、辐射电磁波的特征，但不具有与真目标相似的大小、尺寸、外形等外部几何特征的反射或辐射体。比如角反射器、偶极子反射体、雷达箔条、红外箔条及雷达、红外烟幕、龙勃透镜反射器、热目标模拟器、红外闪光弹等，其共同特点是使用后可模拟目标的反射或辐射特征，但无法模拟目标的真实形状及大小、尺寸等外部特征。

A 虚型假目标分类

虚型假目标主要包括雷达虚型假目标和红外虚型假目标。雷达功能假目标主要是利用可强烈反射雷达波的反射体制成。这些反射体现阶段主要是角反射器和偶极子反射体及雷达气溶胶三类。红外功能假目标主要利用能很快产生高温的材料制成，这些材料主要是形成一个高温红外辐射热诱饵，该诱饵比所保护的真目标的温度高数倍，将探测器的注意力转移到热诱饵上，达到示假目的。

B 虚型假目标的设置和使用要求

虚型假目标的配置位置，要符合战术和技术要求，并与真目标有一定的安全距离；虚型假目标，除角反射器可在地面提前设置外，其他几种均需要进行发射、抛射或布撒后才能发挥效用，所以必须掌握施放时机，提前和滞后施放均起不到应有的作用，通常要求告警装置与发射装置要联动，即告警装置发出警报后，立即联动发射器发射，通常告警装置可测定激光、雷达等主动探测或制导的类型，来袭方向和攻击武器的速度等，并可及时地发出警报，这时发射假目标；虚型假目标的施放装置及其辅助装置，在设置时必须隐蔽进行，防止敌人探明这些装置后，先行摧毁；作为虚型假目标，为了真正起到假目标的作用，必须连续施放，要在已发射的假目标散开将要失去作用时，再次发射，以保证不间断地形成诱饵；使用虚型假目标时，在重要技术兵器上和重要固定目标周围既要设置有雷达假目标装置，又要设置红外假目标装置，这样不论是某一种侦察和制导手段，还是复合侦察和制导手段，我们都可以有选择地发射或是一起发射。

4.7 灯火、音响伪装

4.7.1 灯火伪装

灯火伪装是在夜间消除、降低或模拟目标的发光暴露征候，以隐蔽目标和迷惑敌人所实施的伪装。实施灯火伪装，就是要隐蔽能标志军队和后方目标位置及活动的一切室内外的灯火暴露征候，以保证军队和后方目标在夜间的正常活动；并模仿各种灯火暴露征候以转移敌人的注意力，使其造成错觉。灯火伪装分为室内外的隐蔽灯火和模拟灯火。

4.7.1.1 灯火伪装注意事项

人眼对夜间光源发出的直射光极为敏感，能见距离远大于白天的能见距离。因此，对有可能暴露军队行动和重要目标的灯火应尽量实施灯火隐蔽，同时利用灯火模拟欺骗和迷惑敌人。实施灯火伪装时，必须注意如下事项：

（1）在实施灯火伪装时，必须有专人负责检查灯火管制的情况；

（2）当发出空袭警报时，除用遮光法良好伪装的灯火和模拟的灯火外，其余灯火应立即熄灭；

（3）在实施灯火隐蔽时，禁止露天吸烟、生火、使用电筒、点燃火柴等；未经灯火伪装的车辆，禁止开灯行驶。

4.7.1.2 隐蔽灯火

隐蔽灯火包括室内、室外灯火的隐蔽。

室内灯火隐蔽包括遮光、降低照明强度、限制照射范围等方法。

遮光法通常用于司令部、通信枢纽、医疗机关等需要正常照明的室内，遮光设备有窗（门）帘、板窗、百叶窗和出入口遮光装置等。遮光法是用不透光的材料遮蔽有光透出的孔、窗、门等，使光线不致外露。采用遮光法时，由于室内照明能正常进行，所以对于一些需要正常白光照明的室内工作（如司令部和通信枢纽的看地图、发报工作，医疗机构接收和检查员换绑带和动手术等），采用这种方法最为适宜。根据遮光部位（窗、门、通风孔）的不同，遮光设备有窗帘、百叶窗、回形隔板器、出入口的隔光装置等数种。降低照明强度可采用小功率灯泡，也可用降低电压的方法降低光源的亮度。通常用遮光罩使灯光只照明所需要的范围，不使光线射出窗外。遮光罩可用硬纸板、铁皮等制作，也可用布、纸做成圆筒，下端加设铁丝圈，上端扎在灯泡上方。

室外灯火隐蔽主要是隐蔽室外作业和运动目标，指示运动方向和标示目标位置等的灯火。信号灯火的隐蔽主要指水陆运输线上的指示灯火的隐蔽，以对付空中侦察。通常用专门制作的遮光筒，其长度为筒径的4倍，并在内表面涂上无光泽的黑色涂料。车辆灯光的伪装通常采用设置遮光罩的方法，减弱光线的强度，前灯的遮光罩，其下部的3cm×6cm矩形面上开有若干个直径为2mm的孔，后灯的遮光罩，其孔按灯的大小成圆周配置。发光标志是为指示运动方向、障碍物中的通路或目标位置而设置的发光器材。指示车辆行驶的发光标志，通常要求在100m的距离内能被看到。发光标志有用普通光源制作的和用发光材料制作的两种。用发光材料制作的发光标志是以发光剂与油漆按体积比混合而成，能在短波光线和紫外线的激发下发光。

4.7.1.3 模拟灯火

灯火模拟是用发光装置模仿夜间目标灯火暴露征候，以构成夜间假目标的伪装措施。在夜间，要把敌人的注意力从真目标转移到假目标上去要比白天容易得多。因为夜间制作假目标，仅需复制目标最明显的，敌人能以此来判定目标位置、用途的灯火暴露征候和各项夜间作业时的灯火迹象，即制作假发光目标。

A 室内灯火模拟

室内灯火模拟主要方法是显示窗户的漏光，以模仿伪装不完善的室内照明。可采用窗框一样的模型，内装光源，上部装遮光板。为了显示地下室的窗户，最好采用像箱子一样的设备，里面放上光源。这些设备应按照地下室所特有的形式布置在地面上，同时模仿窗户的箱子斜面，应当留出一定的透光空隙，以显示窗户的伪装不良。如果将这种箱子安设在离开地面有一定高度的地方，则可模仿伪装不善的各种地下室和建筑物的窗户。

B 室外灯火模拟

室外公共照明可用适当分布伪装不善的发光面来模仿。为了显示伪装不良的发光面，在设置照明设备时，必须使被照面的照度超过容许的照度标准。室外灯火模拟包括模拟正在行驶的车辆灯光和模拟作业场地的灯火。

（1）模拟正在行驶的车辆灯光。模仿伪装不善的汽车前灯，可以在模仿地段上，按照一定距离成对地设置一些不高的小木桩，并将用来模仿前灯的光源固定在木桩上，这样当开启某一对光源时就可以模仿汽车在该处停止时的灯光。而当逐次开启和关闭一对对的光源时，就可以仿造汽车夜间运动。

（2）模拟作业场地的灯火。模拟作业场地灯火，应按作业场地灯火的特点设置，可用一部分固定的发光点和一部分移动的发光点来显示。移动发光点用来模仿带工具运动的人员和模仿机械装置及载重汽车的移动。显示时，发光点可挂在水平铺设的不同方向上的铁丝上，并使其沿铁丝移动。当敌机出现时，故意延迟其灯火熄灭的时间。

4.7.2 音响伪装

音响伪装是消除、降低、压制或模拟目标的音响暴露征候，以隐蔽目标或迷惑敌人所实施的伪装技术。通常用于隐蔽或模拟各种工程作业，隐蔽和模拟军队的行动等。

4.7.2.1 音响伪装的时机要求

音响伪装的使用时机通常有两种情况：一种是用于隐蔽或模拟各种工程作业，如构筑道路、工事、渡口，架设桥梁等；另一种是用于隐蔽和模拟军队的行动，如部队的集结、开进、射击等。

实施音响伪装应遵循以下要求：

（1）消除音响应使目标音响在到达侦听点时比环境噪声小 15dB，如不能达到消除音响的要求，也应尽量降低音响；

（2）压制音响时要求噪声比目标音响高出 15dB 以上；

（3）模拟音响时要求与目标音响具有相似的频率和声级。

4.7.2.2 天然条件对声音传播的影响

A　声音暴露征候

音响暴露征候是能使目标暴露的声频率、声强及其变化等特征。声频率单位为赫兹，其大小表示音调的高低。正常人（健康的青年人）耳感受声频的范围为 20Hz~20kHz。其中人耳感受最灵敏的频率范围为 1000~4000Hz。频率小于 20Hz 的次声和高于 20kHz 的超声，人耳均不能感受。声强的单位为“分贝”（dB），其大小表示声音的强弱。声级是指人们对声音强弱的主观感觉相一致的物理量，是人耳对声音各频率成分感觉程度合成的总声压级数值。目标不同，其声频率及其声强的变化特征也不同。

B　天然条件对声级的影响

天然条件对声波传播能产生一定程度的衰减，从而使声级降低。声源与授受点之间隔着丘陵或山地时，声级降低 10~20dB；隔着一排一层或二层房屋时，声级降低 3~5dB；隔着二排房屋时，声级降低 6~10dB；隔着三排房屋时，声级降低 10~12dB。在草地或灌木丛，每 100m 降低 25dB；浓密的树林，每 100m 降低 23dB；稀疏树林，每 100m 降低约 3dB。

雾、雨、雪对声音具有一定衰减作用，但是影响较小，每 100m 衰减不到 0.5dB，它们的影响在实际伪装中可忽略不计。风向对声音传播有很大影响，顺风方向传播远，声级变化可达 15~20dB。

对于点声源，不计地面衰减，距离增加一倍，声级降低 6dB。比如，离炮口 100m 处为 140dB，在 200m 处为 134dB，在 400m 处为 128dB，在 800m 处为 122dB。

4.7.2.3 音响伪装的方法

音响伪装主要有消除（降低）音响、压制音响和模拟音响三种方法。

A 消除（降低）音响

消除音响是使目标不发出音响或将目标音响降至环境噪声以下的伪装措施：

（1）充分利用天然条件对声音传播的影响能力，如将目标配置山坡后、山谷凹地、建筑物后或具有一定纵深的密林中等；

（2）在声目标上加设消声器或将其置于消声室中，对于配置低于地面的目标，可增设消音土窖；

（3）作业时不可避免的碰撞、振动部位应加设缓冲消声材料，如橡胶、软木、毛毡、玻璃纤维等。

可通过消除音响使目标音响在到达侦听点时比环境噪声小 15dB。如不能达到消除音响的要求，也应尽量降低音响，声级每降低 6dB，可使侦听距离缩小 1/2。

B 压制音响

压制音响时要求噪声比目标音响高 15dB 以上，用强噪声淹没目标音响的伪装措施。压制音响一般在消除音响不能满足伪装要求时采用。用噪声来压制目标活动的音响，例如用拖拉机发动的声音隐蔽渡河、用爆破作业隐蔽部队的其他活动；用枪炮声、飞机坦克的噪声掩盖目标的存在和活动；利用音响设备播放噪声或其他声音掩盖目标声音等，这样使敌难以区分我方的真实活动。

C 模拟音响

模拟音响是用音响设备或工程作业方法仿造目标的音响暴露征候的伪装措施。模拟音响的方法有：

（1）用专门的录音器材和工具模拟噪声，如利用扩音器在预定方向上播放事先录制好的活动目标的音响；

（2）利用工程作业手段模拟声响，如利用炸药的爆炸模拟炮兵射击音响、修筑道路等；利用植桩声模拟架设桥梁、构筑铁丝网的音响；

（3）利用真的发声目标模拟音响。利用少量机械的运动声响模拟部队的运动等。模拟音响时要求模拟音响与目标音响具有相似的频率和音量。

5 伪装效果检测与评估

伪装效果检测与评估，是对伪装作业的性能、效能和费用进行量化、分析、比较和评价，确定目标本身的暴露征候是否消除或降低，考核检验伪装措施，并确定最优伪装方案的过程和技术。伪装效果检测与评估是一个复杂的问题，虽然已经提出了很多模型，但它们常限于某种背景，而不能适用于全部复杂、多变的背景环境。

5.1 伪装效果检测

伪装效果检测是指利用技术手段对目标和背景的紫外线反射率、可见光反射率、近红外反射率、中（远）红外辐射通量、温度、雷达散射截面等进行探测和测试，以及确定目标在背景中的暴露程度。

5.1.1 伪装效果检测的依据

伪装效果检测的依据主要包括敌侦察器材性能、敌火力攻击的能力、我方火力防御效能以及目标和背景的特性。

敌侦察器材性能主要包括侦察器材的作用距离、光学器材倍率、光学器材焦距和比例尺，以及红外器材分辨力，雷达器材分辨力等。若不能确切了解以上数据，应以敌较高水平的侦察器材性能为依据。

火力攻击的距离和高度是确定目标伪装有效距离的依据之一，伪装效果检测的距离应小于等于敌火力攻击的距离和高度。

我方火力有效射程限制了敌方最近侦察距离，这也是考虑伪装效果检测范围的依据之一。

目标和背景的特性对目标发现概率具有直接影响，主要包括目标与背景的可见光、红外、雷达反射和辐射特性。

5.1.2 伪装效果检测的步骤和方法

伪装作业前后，目前使用较多的方法是实地检测，即将被测目标根据使用要求设置在相应背景中，然后使用检测设备进行检测。

实施伪装效果检测和评估是衡量伪装方法是否有效的重要举措，一般分为以下四个步骤。

（1）拟定伪装效果检测计划。在伪装效果检测前，应拟定检测的项目、时限、位置、数量、方法和要求；各组任务区分及完成任务的顺序、时限，检测器材保障等。

（2）选择检测器材。根据敌可能使用的侦察器材的种类及性能，选择与之相应的检测器材。

（3）检测作业编组。根据伪装所要应对的侦察器材种类、任务量大小进行，通常设置观察组和测量组。观察组人员数量一般为奇数（11 人最佳）。测量组的人员组成根据需要而定，一般野外光谱测量 4 人，红外光谱测量 2 人，雷达背景测量 4 人，目标雷达截面积测量 1~4 人。

（4）实施检测。依据检测计划的安排，根据敌方火力打击，敌方侦察高度、距离，我方防御力量对敌方侦察的限制，目标的重要程度，目标所处的位置等，在预定的侦察距离上，对伪装作业进行观察和测量，并记录全部数据。

5.1.3 可见光伪装效果检测

5.1.3.1 可见光伪装效果检测任务

可见光伪装效果检测是指利用技术手段对目标和背景的可见光特征进行提取和识别。可见光伪装效果检测的主要任务包括目标与背景光谱反射曲线的室内测试、室外测试、色差测试、亮度测试、遮障面通视度测试、目标区光学航空照相、地面照相、能见度和发现概率测试等。

5.1.3.2 可见光伪装效果检测工具和方法

伪装作业可见光特性的测量常用野外分光光度计，它测试光谱的为 0.3~1.1μm，能够测量可见光波段的光谱反射率或光谱亮度系数，颜色三刺激值和色度坐标。

目标与背景可见光范围内的伪装效果检测也可以通过先照相，再通过图像处理的方法确定其颜色三刺激值、色度坐标、亮度系数和面积百分比。利用机载光学成像系统可以方便、经济地测量伪装前后目标的图像。

目标与背景的亮度系数可以通过亮度计进行测量，通过比较被测表面的亮度与标准白板的亮度，得出其亮度系数值。

野外条件下，为快速检测伪装目标与背景的可见光特性，也可用比色板比色的方法测量。比色板分为彩色比色板和消色比色板，彩色比色板用于测量目标和背景的色彩特征，消色比色板用于测量表面的亮度特征。测色时可以将比色板直接放置于被测表面，通过板上的矩形空隙进行比色。测色时要保持比色板空间位置与被测表面平行，以保证比色板与被测表面具有相同的照度。特别当野外背景由各种小斑点构成时，为测定其混色结果常采用比色板比色。

能见度测试可以通过能见度测试仪进行测量。

5.1.3.3 可见光伪装效果检测试验条件

下面列出一些试验条件供参考。

（1）试验期间天气：晴，试验场地上空，大气气象能见度大于 10km。

（2）试验场地：根据伪装器材类型选取相应背景类型的实验场地，目标设置区正面宽度 800~1200m，纵深 300~400m。按照军事装备的战术技术使用要求，把军事装备（坦克、汽车等）作为被伪装的目标配置在试验场地内，相互之间距离不小于 50m。

（3）观察距离：白天裸眼观察距离 1000m，夜间微光夜视仪观察距离 500m，航空照片分辨率为 0.6m 左右。

5.1.3.4 目标的能见度检测

目标能见度检测采用的仪器主要是双目偏光能见度测定仪、激光测距仪。

A 大气消光系数 a 测量

在试验场地内选定一暗色目标（树林或山冈），使其背景为天空背景；选择两个不同的观察点 P_1、P_2，用激光测距仪测出 P_1、P_2 距暗色目标的距离 R_1、R_2，要求（$R_1-R_2>500$m）。用双目偏光能见度测定仪在两个观察点上分别测定暗色目标的清晰度 V_1、V_2，按式(5-1)求得大气消光系数 a 表达式：

$$a = \frac{\lg V_1 - \lg V_2}{R_2 - R_1} \tag{5-1}$$

B 测定观察员的亮度对比阈值 ε

能见度测试一般要求观察员裸眼视力不低于 5.2，亮度对比阈值合格，无色盲，体视正常。观察员测定双目偏光能见度测定仪附件照明指示器白屏上的小黑圆的清晰度值，按式(5-2)计算观察员的亮度对比阈值：

$$\varepsilon = \frac{K_0}{V_c} \tag{5-2}$$

式中，K_0 为照明指示器上白屏与小黑圆的亮度对比；V_c 为观察员观察到的小黑圆的清晰度值。

C 测量目标能见度

用激光测距仪测出观察点与目标的距离 R，观察员分别用双目偏光能见度测定仪测得目标清晰度 V_t 和背景清晰度 V_b，按式(5-3)计算目标的能见度 R^*，即：

$$R^* = R + \frac{1}{a}\lg[(1 - V_b\varepsilon)(V_t - 1) + 1] \tag{5-3}$$

5.1.4 红外伪装效果检测

5.1.4.1 红外伪装效果检测任务

目标与背景的红外特性是指目标与背景的温度特性，目标与背景的发射率特性。

5.1.4.2 红外伪装效果检测工具和方法

目标与背景的温度常用温度计测量，测量时要保证达到热平衡后读出温度值，过去常使用接触式温度计，现在使用非接触式温度计较为方便。

红外辐射测温仪也可以对目标和背景进行非接触式测温，如果预选已知目标与背景的发射率，把仪器上的发射率调节按钮调制相应位置，则可以直接测出目标与背景表面的温度。由于太阳辐射加热、气候环境和其他各种因素的影响，目标与背景表面温度每时每刻都在发生变化。为了检测它们的辐射温度随时间变化的特性，常需要进行多次测量。在一天之中应按照一定的时间间隔、昼夜不间断测试，且对每个测试点按照时间间隔（1h、0.5h）制成表格，从而得到测试点的日周期变化温度特性。同时，还应在不同季节进行测试，以得到测试点的年周期温度变化特性。

热像仪可以快速检测目标与背景的热图像，根据每一点的热图灰度值得到每一点的温度值，从而方便地得到大面积的温度分布情况。通过热图可以进一步分析目标与背景的红外辐射特性。

目标与背景的发射率在现场直接测试较为困难，常需要将被测表面做成试样，用专用的发射率测试仪进行测量。

5.1.4.3 红外伪装效果检测试验条件

下面列举一些试验条件仅供参考，具体如下。

（1）试验仪器设备：热像仪温度分辨率优于或等于0.1℃，具有温度测量与计算系统，在已知环境温度和热像仪与目标、背景距离的情况下，能计算出目标、背景的实际辐射温度。

（2）试验场地：根据目标的类型选择相应背景的场地，场地的面积不小于50m×50m。

（3）天气要求：晴，白天最低日照强度不小于800W/m^2，持续时间不少于4h；风速小于2m/s，大气气象能见度应大于10km。

（4）测试方法：目标按要求配置，可充分接受日照。热像仪可拍摄到目标的全部图像和周围背景不小于9倍目标面积的区域，目标位于整幅热图的中央。在目标周围，距离目标前后10m、左右30m范围内的优势背景中确定10个以上的测温点。用热像仪的区域测温系统测出伪装目标在热像仪上的表观温度；以同样的方法测出背景测温点周围与伪装目标面积相当区域的区域温度，由热像仪温度计算系统，计算出目标与周围背景的真实辐射温度差，温差取绝对值。

美军关于伪装网系统的军用标准MIL-PRF-53134对伪装网与背景的辐射温差的测试规定如下。MIL-PRF-53134采用伪装网面辐射温度与环境气温的差值表征伪装网热红外伪装效果。测试在室外进行，伪装网在空旷场地中按设计展开，保证网面可充分接受日照。测试时段分为白天与夜晚，测试时记录3~5μm、8~14μm的热图。白天测试期间天气条件满足太阳辐照度大于800W/m^2，风速小于2m/s；伪装网在此条件下暴露1h后开始记录热图，热图应包含网面受太阳照射最严重的部分；重复测试3次，两次测试时间间隔不小于15min。夜晚测试天气条件满足极少量云覆盖（少于10%），对风速无要求；重复测试3次，时间间隔不小于15min。环境气温由黑体确定，黑体发射率不小于0.98，避免阳光直射，温度与气温相等，黑体到热像仪的距离与伪装网相等且在同一个视场中，由热图中黑体的辐射温度确定环境气温。

相比较而言，美军标准规定了两个极限天气条件，这是根据实践得出的最不利于热红外伪装性能的两个天气条件。在白天，大于800W/m^{2}的强烈日照和小于2m/s的风速使伪装网面辐射温度出现极高值，而此时植被等背景元素由于大热惯量维持较低的辐射温度；在夜间，伪装网的小热容使其比背景中的物体更易降温，同时无云的天空具有极低的辐射温度，加剧了伪装网的辐射热损失，从而使伪装网面辐射温度出现极小值。从试验天气选择来说，美军标准更全面。但美军标准采用了目标辐射温度与气温的差值进行评价，没有直接应用于背景的温差。

5.1.4.4 目标的红外发现概率检测

热红外发现概率的检测主要分为地面红外热像仪观察试验和空中红外热像仪伪装效果检验。地面试验中观察员可直接在热像仪显示器上判读，指出目标位置；空中检验时观察员判读空中飞行得到的热图。

热红外发现概率的测试都在晴天进行，要求气象能见度大于10km，由于热红外伪装效果在一天的不同时段存在差异，地面测试时要求每隔1~2h测试一次；空中检测时要求在凌晨、傍晚、正午和子夜等时间段进行。

5.1.5 雷达伪装效果检测

5.1.5.1 雷达伪装效果检测任务

目标与背景的雷达特性包括目标与背景的雷达截面积 RCS、背景后向散射系数和遮蔽材料的传输衰减率等。

5.1.5.2 雷达伪装效果检测工具和方法

雷达截面常用雷达截面测试仪测量，测试时试样应满足点目标要求，测量距离应不小于雷达截面测试仪的最小作用距离。试样四周场地平坦、开阔、无其他反射场。测试仪天线与试样的架设高度应满足不产生多路效应条件。测试时风力不大于 3 级，无雨、雪、雾天气，测得试样在各个方向的雷达截面后，可做出试样的雷达截面积随角度变化的曲线。

测量后向散射系数常用微波散射计。测试时试样应为面状，长、宽尺寸不小于 2 倍微波散射天线半功率点波束照射到试样的宽度。测试场地平坦，在各个测试角度，其范围不小于试样的长、宽线性尺寸的 2 倍。微波散射计天线与试样的高度应满足：在各个测试角度，天线半功率点上的波束照射到试样上的面积不小于 0.5m^2。测得不同入射角下的后向散射系数可绘制出后向散射系数随余角变化曲线。

测量遮蔽材料的传输衰减率常用雷达截面测试仪。测量时试样的边长应不小于 2 倍雷达截面测试天线半功率点波束照射到试样上的宽度；测试距离和对场地的要求与测量雷达截面时相同；架设反射体时，其高度与雷达截面测试仪的高度相同；试样位于反射体与测试仪中间；反射体反射面积最大的方向对准雷达截面测试仪。测得无试样及有试样时的反射信号电平值，即可计算试样单位传输衰减，表达式为：

$$\delta = \frac{A - B}{2} \tag{5-4}$$

式中，δ 为试样的单位传输衰减，dB；A 为无试样时雷达截面测试仪上反射体反射信号电平，dB；B 为有试样时雷达截面测试仪上反射体反射信号电平，dB。

5.1.5.3 目标 RCS 测试

RCS 测量一般原理为：利用已知 RCS 的金属球或角反射器（金属球或角反射器的 RCS 可根据其尺寸求出）对雷达系统进行定标，由雷达方程，再根据目标的反射功率求出其 RCS。

将已知截面积为 σ_0 的标准金属球置于距雷达 R_0 处，测得回波功率 P_{r0}，则有：

$$P_{r0} = \frac{p_t A^2 \sigma_0}{4\pi\lambda^2 R_0^4} = K \frac{\sigma_0}{R_0^4} \tag{5-5}$$

将未知截面积的目标置于 R 处，测得回波功率为 P_r，则有：

$$P_{r0} = \frac{P_t A^2 \sigma}{4\pi\lambda^2 R^4} = K \frac{\sigma}{R^4} \tag{5-6}$$

可求得未知目标的雷达截面积为：

$$P_{r0} = \frac{P_r}{P_{r0}} \frac{R^4}{R_0^4} \sigma_0 \tag{5-7}$$

RCS 的定义是基于平面波照射下目标各向同性散射的概念，可写为：

$$\sigma = 4\pi \lim_{R \to \infty} R^2 \frac{|E_s|}{|E_i|} = 4\pi \lim_{R \to \infty} R^2 \frac{|H_s|}{|H_i|} \tag{5-8}$$

式中，E_s、H_s 分别为目标散射波在雷达处的电场强度和散射磁场强度；E_i、H_i 分别为入射波在目标处的电场强度和磁场强度；R 为目标到雷达天线的距离。

根据 RCS 的定义式，雷达和目标间的距离必须无限大，实际上是要求照射到目标表面的为平面波。实际测量中由于距离不可能达到无限大，入射到目标表面的都是球面波。测试中通常认为入射到目标中心与边缘处的电磁波相位差小于 $\pi/8$ 时，就满足近似的平面入射，常用的 RCS 远场测量条件是：

$$R_0 \geqslant \frac{2d^2}{\lambda} \tag{5-9}$$

式中，R_0 为雷达与目标间距离；d 为目标尺寸；λ 为雷达波长。

RCS 测量的另一个重要要求是背景噪声要尽量低。由于远场条件要求雷达距目标较远，雷达能接收的目标回波非常微弱，背景噪声电平足够低才能准确而有效地检测出目标的回波信号。

A　室内 RCS 测量

室内 RCS 测量的主要优点有：测试效率较高，可以避免测试受气候变化影响；利于测试的保密。缺点主要有：需要建造昂贵的微波暗室；只能测试尺寸较小的目标。

RCS 的室内测量一般在微波暗室内进行，微波暗室的内表面布满了锥形泡沫吸波材料，可以较好地抑制背景噪声，目前背景噪声可达-60dB 以下。同时采用低介电常数的泡沫材料作为样品的支架，减少支架的反射。

由于微波暗室尺寸有限，对较大目标难以满足远场条件，通常采用紧缩场结构来获得平面波。紧缩场结构有微波透镜和微波反射镜两种。微波透镜一般采用泡沫塑料建造，泡沫塑料具有较小的介电常数，对微波反射较小。为了便于加工，透镜的一个面通常是平面，另一个面则是旋转双曲面。微波反射镜的应用也非常广泛，这种装置中微波源置于旋转抛物面的焦点上，微波经金属抛物面反射后校正为平面波。

室内不能测试全尺寸的大目标，此时可采用缩比模型测量。缩比模型测量是将雷达波长、目标各部分的尺寸等按电磁模型相似比例关系缩小，这样便可以在微波暗室内方便地进行模拟测量，并由此预测实际尺寸目标的散射特征。对于金属目标，缩比模型的相似准则为：

$$\frac{L}{L_m} = \frac{f_m}{f} \tag{5-10}$$

式中，L 为实际尺寸目标尺寸；f 为实际尺寸目标的测试频率；L_m 为缩比模型的尺寸；f_m 为锁闭模型的测试频率。

缩比模型测试的主要问题是缩比后模型的加工精度要求高，介质材料和吸波材料的相似性难以保证，缩比因子过大而难以获得合适的高频微波源。

B　室外 RCS 测量

室外 RCS 测量的主要优点是可以测试大型目标，可以采用脉冲体制的雷达；室外还可进行动态测量，可以完全模拟和测量目标运动时的真实雷达面特性。其缺点主要是测试保密性不强，目标容易被卫星等侦察拍照；测试易受天气的影响。

室外 RCS 测试场的实例如美国新墨西哥州中南部白沙导弹场上的 RATSCAT 测试场，占地 10 余平方千米，测试频率范围 30MHz~95GHz，最大测试距离达 2284m，可测试 25m 的大型目标，转台最大承重 22.7t。

5.1.5.4 吸波材料的反射率测试

吸波材料反射率的物理意义表达式为：

$$R = 10\lg \frac{P_r}{P_i} \tag{5-11}$$

式中，R 为反射率，dB；P_i 为入射平面波的功率；P_r 为 RAM 平板反射波的功率。

由式(5-11)可以看出，当吸波材料的反射率为 -10dB 时，反射功率是入射功率的 10%，即 RAM 吸收 90%的电磁波能量。吸波材料的目的就是要尽量减少目标的反射功率。

吸波材料反射率的测试原理为：在给定波长和极化的条件下，电磁波从同一方向，以同一功率密度入射到雷达吸波材料平面和良导体平面，吸波材料平面镜面反射功率与同尺寸良导体镜面反射功率之比即为反射率。

良导体平板一般称为标准板，通常采用铝或铝合金做成，为正方形，边长大于 5 倍测试波长，小于 15 倍测试波长，测试标准推荐使用的一般为 180mm×5mm 铝板。标准板表面粗糙度小于 1.6μm，表面平面度小于 0.05mm，上下两平面平行度小于 0.08mm 导电率大于 3.50×10^7S/m。

涂层型吸波材料直接涂覆在衬板上，衬板的材料、形状的要求与标准板相同。对于结构型吸波材料，通常裁成与标准板相同的长宽，再背衬良导体衬板进行测试。

反射率测量主要采用远场 RCS 法和弓形法。其中远场 RCS 法入射电磁波满足平面波条件，对背景反射抑制要求高，测试精度较高；弓形法入射波为球面波，精度稍差，但造价小，应用比较广泛。

5.2 伪装效果评估

伪装效果评估是指对伪装所能达到的隐蔽目标、欺骗敌人的程度所进行的评估，伪装效果评估通常用目标伪装前后的发现概率变化、识别概率变化、探测距离变化、探测时间变化等来描述。

5.2.1 可见光伪装效果评估

5.2.1.1 目标的能见度计算

目标的能见度也称目标的视度或能见距离，是指大气影响下处在一定背景上的目标，能够被侦察发现的距离阈值。目标能见度不同于目标在地球曲率和地形起伏影响下的可通视距离，也不同于目标视角随侦察距离减小至人眼视角阈时的可见距离，目标能见度与人眼的视觉特性、照明条件、大气透明状况、目标大小、目标与背景的亮度对比、观察时间、观察者的训练程度和心理状态等一系列因素有关。

本书第 3 章中给出了大气影响下目标和背景的视亮度，见式（3-23）和式（3-24）。

从而可以求得目标与背景的视亮度对比为：

$$K' = \frac{|L'_0 - L'_b|}{\max(L'_b,\ L'_0)} \tag{5-12}$$

（1）当 $L_b > L_0$ 时，

$$K' = \frac{K}{1 + \dfrac{L_{sky}(1 - \tau^R)}{L_b \tau^R}} \tag{5-13}$$

（2）当 $L_0 > L_b$ 时，

$$K' = \frac{K}{1 + \dfrac{L_{sky}(1 - \tau^R)}{L_0 \tau^R}} \tag{5-14}$$

式中，L'_0 为目标视亮度；L'_b 为背景视亮度；L_0 为目标真实亮度；L_b 为背景真实亮度；L_{sky} 为地平线处天空亮度；τ 为单位厚度大气的透射率，km^{-1}；R 为观察者与目标距离，km；K 为目标与背景的真实亮度对比。

式(5-13)和式(5-14)中 τ 值取常数，在水平方向观察，且水平方向各处大气均匀时，这是正确的；但观察方向垂直水平面或与水平面成某一角度时，计算方法存在差异。在观察方向垂直水平面时，由于大气密度随着海拔升高而降低，观察方向上大气不再均匀。计算能见度时，通过估算观察路径上的平均消光系数，再利用能见度工事计算目标的垂直能见度。目标的倾斜能见度求法与之类似。

根据国外实测值，太阳照射角与天空亮度系数的参考值见表 5-1。

表 5-1 太阳照射角与天空亮度系数的关系

太阳照射角/(°)	天空亮度系数		
	晴天	多云	阴天
0~30	10~3	4~2	1.2
31~75	1.5~1.0	1.5~1.0	1.0
76~135	0.8~0.6	0.8~0.6	0.8
136~180	0.5~0.2	0.5	0.6

太阳照射角定义为太阳光线方向与惠普观察方向之间的夹角。

在大气的影响下（$\tau^R<1$），目标与背景的视亮度对比 K' 总是小于其真实亮度对比 K，而且随着观察距离 R 的增大，τ^R 变小；视亮度对比 K' 小至人眼的亮度对比阈 ε 时，目标与背景将融合为一体而不能区分了。假定观察距离 R 增大到某一距离 R^* 时，视亮度对比 K' 恰好减小至人眼的两对对比阈值 ε，R^* 即为目标的水平能见度。

由式(5-13)和式(5-14)可以求得能见度的表达式：

（1）当 $L_b>L_0$ 时，

$$R^* = \frac{1}{a}\lg\left[\frac{L_b}{L_{sky}}\left(\frac{K}{\varepsilon} - 1\right) + 1\right] \tag{5-15}$$

（2）当 $L_0>L_b$ 时，

$$R^* = \frac{1}{a}\lg\left[\frac{L_0}{L_{sky}}\left(\frac{K}{\varepsilon}-1\right)+1\right] \tag{5-16}$$

式中，a 为大气水平方向的消光系数，$a=-\lg\tau$。

对目标实施光学伪装的一个主要手法就是降低目标与背景的亮度对比，从而缩短目标的能见度，下面的例题可以说明这个问题。

例题 5-1 林地背景上有一大型军事目标，背景的平均亮度为 0.11，目标的伪装前亮度为 0.20；实施伪装后，目标的平均亮度降为 0.09。若该地区的大气透射率最佳平均值为 0.8km^{-1}，天空亮度为 0.8，侦察人员人眼的亮度对比阈为 0.0175。求目标伪装前后水平能见度的近似值。

解： 在白天，人眼对大目标的亮度对比阈值约为 1.75%，所以已知条件为 $\varepsilon=0.0175$，$L_0=0.20$（伪装前），$L_0'=0.09$（伪装后），$L_b=0.11$，$L_{sky}=0.8$，$\tau=0.8\text{km}^{-1}$。

伪装前，$L_0>L_b$，有：$R^* = \frac{1}{a}\lg\left[\frac{L_0}{L_{sky}}\left(\frac{K}{\varepsilon}-1\right)+1\right]$。

其中，亮度对比 K 满足：$K=\frac{L_0-L_b}{L_0}=\frac{0.20-0.11}{0.20}=0.45$

代入已知条件，求得能见度为 $R^*_{伪装前}=8.8\text{km}$；同法求得伪装后能见度 $R^*_{伪装后}=3.7\text{km}$。

可以看出，伪装大幅降低了目标的能见度。可以定义伪装效能表达式为：

$$\eta = \frac{R^*_{伪装前}-R^*_{伪装后}}{R^*_{伪装前}} \tag{5-17}$$

则本题中伪装效能为 $\eta=0.498$。

如果目标所处背景为天空背景，目标为黑色，亮度接近于 0，则有 $L_b>L_{sky}$，$L_0=0$，此时 $K=1$，所以能见度为：

$$R^* = \frac{\lg\varepsilon}{\lg\tau} \tag{5-18}$$

ε 取常数时，水平能见度 R^* 可作为大气透明度的指标值。这种特殊情况下的水平能见度又称气象能见度，用 R^*_m 表示，以区别于一般目标的水平能见度，R^*_m 是气象站观察的基本项目之一。

在 ε 取 0.02 条件下，按式（5-16）计算的 R^*_m 与 τ、a 的关系，见表 5-2。

表 5-2 不同大气透明度下的气象能见度（按 $\varepsilon=0.02$ 计算）

定向透射系数 τ/km^{-1}	消光指数 a/km^{-1}	气象能见度 R^*_m/km	定向透射系数 τ/km^{-1}	消光指数 a/km^{-1}	气象能见度 R^*_m/km
0.01	2.00	0.85	0.13	0.89	1.96
0.03	1.52	1.12	0.15	0.82	2.06
0.05	1.30	1.31	0.17	0.77	2.21
0.09	1.05	1.62	0.19	0.72	2.36
0.11	0.96	1.78	0.21	0.68	2.51

续表 5-2

定向透射系数 τ/km^{-1}	消光指数 a/km^{-1}	气象能见度 R_m^*/km	定向透射系数 τ/km^{-1}	消光指数 a/km^{-1}	气象能见度 R_m^*/km
0.23	0.64	2.66	0.65	0.187	9.08
0.25	0.60	2.82	0.67	0.174	9.77
0.27	0.57	2.99	0.69	0.161	10.05
0.29	0.54	3.16	0.71	0.149	11.4
0.31	0.507	3.35	0.73	0.137	12.4
0.33	0.481	3.53	0.75	0.125	13.6
0.35	0.456	3.73	0.77	0.114	15.0
0.37	0.432	3.93	0.79	0.102	16.6
0.39	0.409	4.15	0.80	0.097	17.5
0.41	0.387	4.39	0.81	0.092	18.6
0.43	0.367	4.64	0.82	0.086	19.7
0.45	0.347	4.90	0.83	0.081	21.0
0.47	0.328	5.18	0.84	0.076	22.5
0.49	0.310	5.48	0.85	0.071	24.0
0.51	0.292	5.81	0.86	0.066	25.9
0.53	0.276	6.16	0.87	0.060	28.1
0.55	0.260	6.54	0.88	0.066	30.1
0.57	0.244	6.96	0.89	0.051	33.6
0.61	0.215	7.91	0.90	0.046	37.1
0.63	0.201	8.47	0.91	0.041	41.5

5.2.1.2 目标与背景的光谱反射特性比较

如前所述，光谱反射曲线是目标与背景间光学特征差别的内在因素。在可见光波段，光谱反射曲线的差别可转化为色差进行比较；而在紫外、近红外波段，可采用光谱曲线通道来规定。目前光谱曲线描述较多的伪装材料有白色雪地型伪装材料和绿色伪装材料。

由于雪地在紫外波段反射率非常高，通常超过 70%，同时大气对太阳的紫外辐射具有很强的衰减作用，到达地面的紫外辐射主要在 300~380nm 波段，所以模拟雪地的白色伪装材料通常要求在 300~380nm 波段的反射率大于 70%。

绿色植物在背景中分布广泛，为了模拟绿色植物的光谱反射曲线，美国军用标准规定了绿色伪装涂料的光谱通道，伪装涂料的光谱反射曲线必须在规定的最大值和最小值之间。

除了采用光谱通道评价目标与背景的光谱反射特性差异，还可采用近红外成像、多光谱成像等方法评价目标与背景光谱反射曲线的差异。

5.2.1.3 目标的光学发现概率估算

伪装目标的发现概率是指在给定的侦察距离上目标的被发现概率。根据给定距离上目标与背景的视亮度对比 K' 可根据人眼亮度对比阈值 ε 的正态分布估算目标的光学发现概率。

设随机变量亮度对比阈值 ε 的数学期望 $E(\varepsilon)=\mu$，裸眼观察时一般取 $\mu=0.05$，则 ε 的概率密度函数为：

$$P(\varepsilon)=\frac{1}{\sqrt{2\pi}\sigma}\exp\left[\frac{(\varepsilon-\mu)^2}{2\sigma^2}\right]\quad(-\infty<\varepsilon<\infty)\tag{5-19}$$

均方差可按式(5-20)求得：

$$\sigma=\frac{\mu(k-1)}{x}\tag{5-20}$$

式中，k 为表 5-3 中任一概率换算系数；x 为与 k 相对应的发现概率所要求的临界值，即该概率下标准正态分布函数的积分上限，可在标准正态分布函数数值表中查得。

表 5-3 概率换算系数 k 与临界值 x

要求达到的发现概率	概率换算系数 k	发现概率对应的临界值 x
0.90	1.50	1.28
0.95	1.64	1.645
0.99	1.91	2.33

对于给定的视亮度对比 K'，任意小于等于 K' 的亮度对比阈值 ε 下都能发现目标，于是目标的发现概率为：

$$P(\varepsilon\leqslant K')=\int_{-\infty}^{K'}\frac{1}{\sqrt{2\pi}\sigma}\exp\left[\frac{(\varepsilon-\mu)^2}{2\sigma^2}\right]\mathrm{d}\varepsilon\tag{5-21}$$

式(5-21)的求解一般将其化为标准正态分布，再通过查标准正态分布函数数值表得出发现概率。

令 $t=\dfrac{\varepsilon-\mu}{\sigma}$，则可将式(5-21)化为标准正态分布，即：

$$P(\varepsilon\leqslant K')=\int_{-\infty}^{\frac{K'-\mu}{\sigma}}\frac{1}{\sqrt{2\pi}\sigma}\exp(t^2)\mathrm{d}t=\Phi\left(\frac{K'-\mu}{\sigma}\right)\tag{5-22}$$

评估目标发现概率是否符合要求，通常重要目标在预定侦察距离上发现概率不应大于 10%，一般目标不应大于 50%。标准正态分布函数数值表见表 5-4。

表 5-4 标准正态分布函数数值表

x	0	0.01	0.02	0.03	0.04	0.05	0.06	0.07	0.08	0.09
0	0.5000	0.5040	0.5080	0.5120	0.5160	0.5199	0.5239	0.5279	0.5319	0.5359
0.1	0.5398	0.5438	0.5478	0.5517	0.5557	0.5596	0.5636	0.5675	0.5714	0.5753
0.2	0.5793	0.5832	0.5871	0.5910	0.5948	0.5987	0.6026	0.6064	0.6103	0.6141
0.3	0.6179	0.6217	0.6255	0.6293	0.6331	0.6368	0.6406	0.6443	0.6480	0.6517
0.4	0.6554	0.6591	0.6628	0.6664	0.6700	0.6736	0.6772	0.6808	0.6844	0.6879
0.5	0.6915	0.6950	0.6985	0.7019	0.7054	0.7088	0.7123	0.7157	0.7190	0.7224
0.6	0.7257	0.7291	0.7324	0.7357	0.7389	0.7422	0.7454	0.7486	0.7517	0.7549

续表 5-4

x	0	0.01	0.02	0.03	0.04	0.05	0.06	0.07	0.08	0.09
0.7	0.7580	0.7611	0.7642	0.7673	0.7704	0.7734	0.7764	0.7794	0.7823	0.7852
0.8	0.7881	0.7910	0.7939	0.7967	0.7995	0.8023	0.8051	0.8078	0.8106	0.8133
0.9	0.8159	0.8186	0.8212	0.8238	0.8264	0.8289	0.8315	0.8340	0.8365	0.8389
1.0	0.8413	0.8438	0.8461	0.8485	0.8508	0.8531	0.8554	0.8577	0.8599	0.8621
1.1	0.8643	0.8665	0.8686	0.8708	0.8729	0.8749	0.8770	0.8790	0.8810	0.8830
1.2	0.8849	0.8869	0.8888	0.8907	0.8925	0.8944	0.8962	0.8980	0.8997	0.9015
1.3	0.9032	0.9049	0.9066	0.9082	0.9099	0.9115	0.9131	0.9147	0.9162	0.9177
1.4	0.9192	0.9207	0.9222	0.9236	0.9251	0.9265	0.9279	0.9292	0.9306	0.9319
1.5	0.9332	0.9345	0.9357	0.9370	0.9382	0.9394	0.9406	0.9418	0.9429	0.9441
1.6	0.9452	0.9463	0.9474	0.9484	0.9495	0.9505	0.9515	0.9525	0.9535	0.9545
1.7	0.9554	0.9564	0.9573	0.9582	0.9591	0.9599	0.9608	0.9616	0.9625	0.9633
1.8	0.9641	0.9649	0.9656	0.9664	0.9671	0.9678	0.9686	0.9693	0.9699	0.9706
1.9	0.9713	0.9719	0.9726	0.9732	0.9738	0.9744	0.9750	0.9756	0.9761	0.9767
2.0	0.9772	0.9778	0.9783	0.9788	0.9793	0.9798	0.9803	0.9808	0.9812	0.9817
2.1	0.9821	0.9826	0.9830	0.9834	0.9838	0.9842	0.9846	0.9850	0.9854	0.9857
2.2	0.9861	0.9864	0.9868	0.9871	0.9875	0.9878	0.9881	0.9884	0.9887	0.9890
2.3	0.9893	0.9896	0.9898	0.9901	0.9904	0.9906	0.9909	0.9911	0.9913	0.9916
2.4	0.9918	0.9920	0.9922	0.9925	0.9927	0.9929	0.9931	0.9932	0.9934	0.9936
2.5	0.9938	0.9940	0.9941	0.9943	0.9945	0.9946	0.9948	0.9949	0.9951	0.9952
2.6	0.9953	0.9955	0.9956	0.9957	0.9959	0.9960	0.9961	0.9962	0.9963	0.9964
2.7	0.9965	0.9966	0.9967	0.9968	0.9969	0.9970	0.9971	0.9972	0.9973	0.9974
2.8	0.9974	0.9975	0.9976	0.9977	0.9977	0.9978	0.9979	0.9979	0.9980	0.9981
2.9	0.9981	0.9982	0.9982	0.9983	0.9984	0.9984	0.9985	0.9985	0.9986	0.9986
3.0	0.9987	0.9990	0.9993	0.9995	0.9997	0.9998	0.9998	0.9999	0.9999	1.0000

5.2.1.4 利用图像处理评估

由于目标、背景的复杂性以及人眼观察评价试验的主观性，目标伪装效果的评价需要采用计算机图像处理的方法来进行。

伪装效果图像处理评估就是对获取伪装作业前后的图像进行计算机自动识别处理，从而得到伪装前后被发现和识别的概率，主要包括图像获取、图像复原、图像特征的选择和提取、分类决策等。

A 图像分割方法

图像分割处理是将数字图像划分成互不相交（不重叠）区域的过程。使用数字处理，必须设法分离图像中的目标和背景，把图像分割成像素集合，每个集合代表一个物体的图像。

图像分割可以采用三种不同的原理来实现。在利用区域的方法时，把各像素划归到各个物体或区域中。在边界方法中，只需确定存在于区域间的边界。在边缘方法中，则先确定边缘像素并把它们连接在一起以构成所需的边界。

使用阈值是一种区域分割技术，它对目标与背景有较强对比的景物的分割特别有用。它计算简单，总能用封闭并且连通的边界定义不交叠的区域。当使用阈值规则进行图像分割时，所有灰度值大于或等于某阈值的像素都被判属于目标。所有灰度值小于该阈值的像素被排除在目标之外。于是，边界就成为这样一些内部点的集合，这些点都至少有一个邻点不属于该目标。

边界方法利用边界具有高梯度值的性质直接把边界找出来，包括边界跟踪、梯度图像二值化和拉普拉斯边缘检测三种方法。

确定图像中的物体边界的另一种方法是先检测每个像素和其直接邻域的状态，以决定该像素是否确实处于一个目标的边界上。具有所需特性的像素被标为边缘点。当图像中各个像素的灰度级用来反映各像素符合边缘像素要求的程度时，这种图像被称为边缘图。一幅边缘图通常用边缘点勾画出各个目标的轮廓，但很少能形成图像分割所需要的闭合且连通的边界。因此，需要另一个步骤才能完成目标的检测过程。边缘点连接就是一个将邻近的边缘点连接起来从而产生一条闭合的连通边界的过程。这个过程填补了因为噪声和阴影的影响所产生的间隙。

区域增长是一种受到计算机视觉界十分关注的图像分割方法。这种方法是从把一幅图像分成许多小区域开始的。这些初始的区域可能是小的邻域甚至是单个像素。在每个区域中，对经过适当定义的能反映一个目标内成员隶属程度的性质（度量）进行计算。用于区分不同目标内像素的性质（度量）包括平均灰度值、纹理或颜色信息。

B　特征的提取方法

图像特征的选择和提取是图像处理的基础。人们在图像中识别目标主要利用目标的形状、大小、位置、色调、阴影、纹理等六大识别特征。建立计算机评价方法，必须分析哪些特征对人眼发现、识别目标起关键作用。实验表明，发现、识别目标的早期阶段首先是目标和背景的分离，人们依靠一些基本特征，如局部亮度对比、边界线形就可以将目标从背景中分离出来。对于发现、识别非点源目标，不仅取决于它与背景的辐射亮度对比，还与空间结构特性有关。通过分析我们认识到，目标的亮度特征、边界特征、纹理特征和分形特征对于目标识别较为重要。

目标与背景的亮度特征就是它们反射或辐射能量的特征。图像中目标与背景的亮度差异越大，目标的发现识别概率就越大。提取目标的亮度特征可通过统计它们的一阶灰度直方图来实现。

目标与背景的边界特征即目标与背景的线性特征。边界能勾出目标外形，使观察者一目了然；边界蕴含了丰富的内在信息（如方向、形状等），是图像识别中抽取图像特征的重要属性。提取目标的边界特征可以通过提取目标的局部边界方向特征和局部边界方向相干特征来实现。

目标灰度的空间分布模式称为图像的纹理。图像的纹理特征反映了目标的空间结构性质，因此目标与背景纹理特性的差异就反映了目标与背景空间结构性质的差异。提取图像纹理特征的方法主要有统计分析方法和结构分析方法。统计分析方法由图像有关属性的统计分析出发，结构分析方法则着力找出纹理基元，再从结构组成上探求纹理的构成规律。目前，利用空间灰度共生矩阵进行图像纹理分析是人们公认的一种纹理分析方法，它是一种建立在统计图像二阶组合条件概率密度函数基础上的统计分析方法，我们可选用它来分析度量目标的纹理特征。

分形特征可用于描述物体的空间结构特征和表面结构特征，度量物体的自相似性。分形目标的一个重要性质是它们的表面面积。对图像来说，可以在不同尺度上测量灰度层表面的面积。随着所用尺度的改变，测量出的灰度层表面面积也随之改变，并可导出反映图像空间结构性质的分形参量。通过目标背景分形参量来评价它们分形特征差异。

C 图像统计分类的方法

a 贝叶斯统计决策理论

在某一对象被测量后，该对象属于第 Z 类的概率即所谓的后验概率可以根据贝叶斯定理计算，即：

$$P\left(\frac{C_i}{x}\right) = \frac{P\left(\frac{X}{C_I}\right) P(C_i)}{P(x)} \tag{5-23}$$

其中，

$$P(x) = \sum_{i=1}^{2} P\left(\frac{x}{C_i}\right) P(C_i) \tag{5-24}$$

式中，$P(x)$ 是一个使后验概率之和为 1 的归一化因子。

贝叶斯理论使得人们可以将类隶属度先验概率、条件概率密度函数和所进行的度量结合起来，计算出该对象属于每一类的概率。每当人们将一个物体归入某一类别时，就会有出错的风险。在多类别问题中，某些分类错误要比其他分类错误危害更大。处理这种问题的一种定量分析方法就是引入代价函数。贝叶斯决策规则声称，每个对象应归入产生条件风险最小的类别中，因此贝叶斯决策的风险是最小的。

b 神经网络

另一种完全不同的模式识别方法来自人工神经网络技术，近些年它已经引起了广泛的关注。人工神经网络的研究最初是受生物神经系统启发的，而现在则受到对特定的一些问题的适应能力和潜在的并行处理能力驱动。其中还出现了几种同时适用于模式识别问题的监督和非监督训练的神经网络。

神经网络是由许多完全相同的处理单元互联成层状结构而构成的。每一个结点计算输入的加权和得到输出，将输出传递到下一层的结点。当神经网络用于模式识别时，它的第一层接受特征向量作为输入，最后一层输出分类结果。神经网络的训练是通过重复训练样本集来实现的，每一次互联权值都做微小的调整。训练良好的神经网络分类器的分类性能一般同设计良好的统计分类器大致相同。当对问题的细节了解较少时可以使用神经网络分类器，但它使你无法得到具体的分类决策的过程。

5.2.1.5 人工判别

人工判别涉及人眼–大脑的图像翻译过程，作为观察者的影响并不能直接测量，仅能用视觉心理实验来推论。观察者判别的最低等级是分辨有无，最高等级是对特定目标的精确确认与描述，在这两个等级之间是判别等级的连续区域。视觉判别的等级有时很容易确定，有时很难，这与目标所处的环境有关。一架飞机在晴朗的天空很容易被探测到，而一个车辆在复杂背景的丛林中探测起来就困难得多了。一条小路上一个小斑点的合理概率是一辆车，而在田野中就有可能是别的植被或物体。

伪装目标与背景的亮度、颜色及形状等差别数据只是客观反映了目标位置效果，其与背景融合性能即综合伪装效果最终还需专业人员进行判别分析。目前，人员判别有现场实地判别和通过图像判别两种方法。现场实地判别是观察判别人员在距目标设置场地一定距离裸眼或用望远镜进行观察。通过图像判别的步骤是首先根据要求获取目标设置地区的地面、空中或空间照片，然后组织判读人员进行判别。将判别结果进行统计，可求出伪装目标发现概率和识别概率，人员判别常采用约翰逊判则。

约翰逊判则指出目标的等效条带：一组黑白间隔相等的条带状图案，其总高度为基本上能被识别的目标临街尺寸，即目标的最小投影尺寸，其长度为垂直于临界尺寸方向的横跨目标的尺寸，等效条带图案的可分辨力为目标临界尺寸所包含的可分辨的条带数。约翰逊论证了等效条带图案可分辨力能用来预测目标的探测识别，通过实验确定了各类目标探测识别准则。

研究表明，有可能在不考虑目标本质和图像缺陷的情况下，用目标等效条带图案可分辨力来评价成像系统对目标的识别能力。根据约翰逊判则，伪装效果判别结果一般分为发现、识别和确认，具体见表 5-5。

表 5-5 标准正态分布函数数值表

判别等级	含 义
发现	存在目标，把目标从背景中区分出来
识别	识别出目标属于哪一类（坦克、车辆、人员）
确认	认出目标，并能够定型（如“豹式”坦克、苏-27 飞机）

人工判别的方法计算目标的发现概率，一般的确定方法如下：在有一定纵深的试验场内配置目标并进行伪装，目标数量 $N \geqslant 10$；在设计的对抗距离上采用裸眼观察或采用光学侦察器材（如微光夜视仪、航空相机等）对试验场成像，由符合条件的判读人员对配置区域进行观察或对侦察器材获取的图片进行判读，一般要求判读员人数 $K \geqslant 10$。单个判读员对目标的发现概率为：

$$Q_i = \frac{n_i}{N} \times 100\% \tag{5-25}$$

式中，Q_i 为第 i 个观察员对目标的发现概率；n_i 为第 i 个判读员发现目标的个数；N 为目标总数。

目标平均被发现概率为：

$$Q = \frac{1}{K}\sum_{i=1}^{K} Q_i \tag{5-26}$$

式中，Q 为目标平均发现概率；K 为观察人员总人数。

5.2.2 红外伪装效果评估

5.2.2.1 目标的热红外探测距离计算

A 最小可分辨温差

最小可分辨温差（MRTD）是评价热成像系统温度分辨力和空间分辨力的重要参数，

它不仅包含系统特征，也包含观察者的主观因素 *MRTD* 定义为对于处于均匀黑体背景中具有某一空间频率高宽比为 7∶1 的 4 个条带黑体目标标准条带图案，由观察者在显示屏上做无限长时间的观察。当目标与背景之间的温差从零逐渐增大到观察者确认能分辨（90%的概率）出 4 个条带的目标图案为止，此时目标与背景之间的温差称为该空间频率的最小可分辨温差 *MRTD*。

$$MRTD = MRTD_0 \cdot \exp(\beta_s f) \tag{5-27}$$

式中，$MRTD_0$、*MRTD* 的极限值为实验室条件下 4 杆条带图案（条带长宽比为 7∶1）的最小可分辨温差值；β_s 为系统消光系数；f 为空间分辨率。

在红外热成像系统中，用单位毫弧度中的周期数来表示系统的空间频率，则有：

$$f = \frac{n}{N} R \times 10^{-3} \tag{5-28}$$

式中，n 为目标的可分辨周期数，即条带图案线对数，也称任务困难程度函数。

美军测定红外前视装置（FLIR）探测和识别距离的战地手册上提供了 FLIR 性能数据，见表 5-6。

表 5-6 标准正态分布函数数值表

年份	1978（8~12μm）	1974（3~5μm）
$MRTD_0$	0.0112	0.0171
β_s	0.633	1.006

表 5-6 中 *MRTD* 数据与红外前视装置的总灵敏度有关，此值为实验室条件下的数据，实用中应予以修正，其修正值以 $MRTD' = C \cdot MRTD_0$ 表示（C 为修正系数）。根据美军 20 世纪 70 年代末期到 80 年代初期，利用两种机载红外前视系统对地面条纹图案靶标的测试结果发现，由背景温度的不均匀性所引起的动态范围调节，*MRTD* 的测试值要比实验室的测试值高出一个数量级，而且这些试验都是在日落 2h 后进行的，白昼有太阳辐射条件下可能会高出更多。修正系数可按以下条件取值：无太阳辐射时，C 取 10；有太阳辐射时，C 取 20。

对非 7∶1 形状的目标必须以等效条带长宽比 $m\left(m = \frac{2nL}{D}\right)$ 进行校正，即以 $\sqrt{m/7}$ 除以 *MRTD*，$\sqrt{m/7}$ 称为 *MRTD* 的形状校正系数。

综上，修正后的 *MRTD* 为：

$$MRTD = C\sqrt{\frac{7D}{2nL}} \cdot MRTD_0 \cdot \exp\left(\beta_s \frac{nR}{D} \cdot 10^3\right) \tag{5-29}$$

式中，L 为目标长边的长度，m；D 为目标短边的长度，m；C 为常数，太阳照射时，$C = 20$，无太阳照射时 $C = 10$；$MRTD_0$ 为 *MRTD* 的极限值，即实验室条件下四杆条带图案（条带长宽比为 7∶1）的最小可分辨温差值；β_s 为系统的消光指数；R 为观察距离，m；n 为任务困难程度函数。

背景温度空间分布的不均匀性所引起的亮暗起伏会对发现和识别目标形成干扰，使任务困难程度函数值增大，即在背景干扰的条件下分辨目标的线对数必须提高到更高水平才能发现和识别目标。观察试验表明，背景干扰对分辨目标的影响可分为无、低、中、高4个等级。探测发现目标时，n 的取值如下：无干扰为0.5；低干扰为1.0；中等干扰为2.0；高干扰为3.0。而要识别目标，则取为发现目标时的4倍。

B 目标的热红外探测距离

目标与背景的辐射温差还受大气衰减的影响，人眼能通过热成像系统发现目标的基本要求是：在目标对系统的张角大于探测水平对应的最小视角时，目标与背景的实际温差在经过大气传输衰减到达热成像系统时，仍大于或等于该热成像系统对应该目标空间频率的*MRTD*，即

$$\Delta T\tau(R) \geqslant MRTD \tag{5-30}$$

式中，ΔT 为目标与背景的真实辐射温差，K；τ 为单位厚度大气透射率，km^{-1}；R 为热像仪到目标的距离，km。

式（5-30）取等号时，可求出目标的热红外探测距离。需要注意的是，最小可分辨温差*MRTD*，一般是背景为300K时的测量结果，所以采用公式时背景温度一般应在300K左右。

5.2.2.2 目标与背景辐射温差

目标与背景的辐射温差一般指目标与背景平均辐射温度的差别。在热红外波段，目标与背景的差异由二者辐射温差决定。热红外伪装性能不仅取决于伪装材料表面性质，同时与整个材料的一系列性质及环境，特别是天气情况有关。随着天气变化及昼夜交替，背景中的物体及伪装材料的温度迅速变化，随之改变的还有二者间的辐射温差，而且背景中的不同物体（草、树、岩石等）温度变化不一致，所以不同的地域、不同的季节、不同的天气情况、一天中的不同时段对伪装材料的性能要求都不同。这种不稳定性使目标与背景间辐射温差的评估变得非常复杂。

通常要求目标与背景辐射温差不大于4K。计算目标与背景温差时，首先找出白天热图中辐射温度最高的$1m^2$区域，计算此区域的平均辐射温度与环境气温的差值，最后求出3次测试的平均温差值；找出夜间热图中辐射温度最低的$1m^2$区域，计算此区域的平均辐射温度与环境气温的差值，最后求出3次测试的平均温差值。规定平均温差值均应小于8℃，期望达到5℃以内。

5.2.2.3 目标的热红外发现概率

目标的热红外发现概率的估算的原理与可见光发现概率计算原理类似。早期研究者经过试验得出了电视屏幕上对不同长宽比的矩形图案图像被人眼所觉察的信噪比 SNR_P 与探测概率 P 的关系曲线，如图5-1所示（假定探测概率为50%时，归一化信噪比值 SNR_P 为1）。

图5-1中的曲线与人眼对不同亮度对比值目标的探测曲线类似，也属于正态分布曲线，在探测概率50%对应的信噪比为数学期望（均值）。实际应用中为求得其他探测概率下的*MRTD*值，可用概率换算系数 k 乘以探测概率为50%的均值的方法解决。

由*MRTD*定义知，系统所给定的*MRTD*值，是针对长宽比为7∶1的标准图案，在探测概率为90%的条件下确定的，图5-1中90%探测概率对应的换算系数为1.5，故对应探

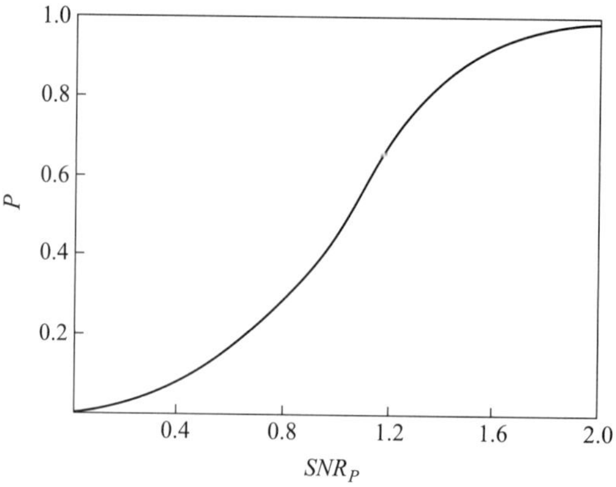

图 5-1 探测概率与归一化信噪比关系

测概率为 50%下的均值为：

$$\mu = \frac{MRTD}{1.5} \tag{5-31}$$

MRTD 正态分布的方差由式（5-32）求得：

$$\sigma = \frac{\mu(k-1)}{x} = 0.391\mu \tag{5-32}$$

式中，k 为概率换算系数，取探测概率 90%时的 1.5；x 为与 k 相对应的发现概率所要求的临界值，即该概率下标准正态分布函数的积分上限，90%概率又应取值为 1.28。

综上，可求得红外侦察条件下目标的发现概率为：

$$P = \int_{-\infty}^{\Delta T} \frac{1}{\sqrt{2\pi}\,\sigma} \exp\left(-\frac{t-\mu}{2\sigma^2}\right) \mathrm{d}t = \Phi\,\frac{\Delta T - \mu}{\sigma} \tag{5-33}$$

式中，ΔT 为经过大气衰减后目标与背景的辐射温差，单位为 K。

5.2.3 雷达伪装效果评估

由于雷达系统的复杂性，雷达发现概率计算显得非常复杂。下面仅介绍地面目标雷达成像发现概率的测试与空中目标雷达发现概率估算。

5.2.3.1 地面目标雷达成像发现概率

在规定的天气条件下，将目标在预定试验区域内展开并实施伪装，空中平台按事先确定好的飞行航路和高度，对整个试验场地进行空中雷达成像。雷达通常以 HH、VV 不同的极化方式各成像一次。

观察员对雷达图像进行判读，发现概率的计算同光学发现概率测试。

5.2.3.2 空中目标雷达成像发现概率

对空中目标进行探测时，对雷达而言目标处于黑背景中。雷达接收机检测微弱信号的能力受接收机噪声的影响。接收机的噪声通常是宽频带的高斯噪声，且噪声的均值为 0。由于噪声的起伏特性，判断信号是否出现也成为一个统计问题。

由于噪声的随机特性，接收机的输出包络出现起伏，检测时设置一个门限电平，如果包络电压超过门限值，则认为检测到目标。门限值过高，可能使较弱的目标信号漏报；门限值过低，可能使噪声电平超过门限值而被误认为目标。噪声超过门限电平而被误认为信号的事件称为虚警，雷达信号检测中的奈曼-皮尔逊准则应用较广，这个准则要求在给定信噪比条件下，满足一定虚警概率 P_{fa} 时的发现概率是最大。

振幅为 A 的正弦信号同高斯噪声一起输入中频滤波器时，设信号的频率是中频滤波器的中心频率，包络检波器的输出包络的概率密度函数为：

$$P_d(r)=\frac{r}{\sigma^2}\exp\left(-\frac{r^2+A^2}{2\sigma^2}\right)I_0\frac{rA}{\sigma^2} \tag{5-34}$$

式中，r 为信号加噪声的包络；A 为信号振幅；σ 为噪声方差；$I_0\frac{rA}{\sigma^2}$ 为宗量 $\frac{rA}{\sigma^2}$ 的零阶修正贝塞尔函数。

信号被发现的概率就是 r 超过预定门限 U_T 的概率，因此发现概率为：

$$P_d=\int_{U_T}^{\infty}\frac{r}{\sigma^2}\exp\left(-\frac{r^2+A^2}{2\sigma^2}\right)I_0\frac{rA}{\sigma^2}\mathrm{d}r \tag{5-35}$$

这个积分非常复杂，计算时需要采用数值技术或级数近似。由于噪声强度确定时，虚警概率取决于门限电平 U_T；反之，此时门限电平可由虚警概率解出。当虚警概率一定时，信噪比越大，发现概率越大，即门限电平一定时探测概率随信噪比增大而增大。信噪比一定时，则虚警概率越小（门限电平越高），发现概率越小。

雷达探测空中目标的信噪比可表示为：

$$\frac{S}{N}=C\frac{\sigma}{R^4} \tag{5-36}$$

其中，C 为雷达的性能参数，与目标无关。可以看出，信噪比与目标的 RCS 是线性相关的。对于确定的雷达系统，根据目标的 RCS 及其与雷达距离，就可由图得出其某一虚警概率下的发现概率。

对于地面目标，情况要复杂得多，此时雷达接收的不单纯是目标信号，还包括地面回波，如果将地面回波看作均值不为零的噪声，接收机输出结果将包括目标信号、地面噪声和接收机噪声，这里不做讨论。

6 典型目标伪装

典型目标伪装是通过采用各种工程技术措施和作战组织措施对各类军队目标与具有重大经济价值的国家后方目标所实施的伪装。典型目标伪装反映了伪装方案的“场景”设计和“情景”设计思想。使敌人的兵力和注意力偏离己方最重要的目标，而将其火力用于假目标，达到隐蔽的目的，为提高己方的生存能力、争取战场主动创造有利条件。

本章讨论的典型目标一般暴露征候比较明显，有些属于固定目标，不具有机动性，有些属于大型目标，容易被侦察探测。对于典型目标伪装应注意以下几方面问题。

（1）固定目标的伪装应与目标的工程建设、改造同步。在目标工程建设的勘察、设计、施工阶段，同时进行伪装勘察、伪装设计和伪装作业，使伪装贯穿目标工程建设、改造的全过程。目标的伪装应确保目标的正常使用和相关人员的正常操作。采取的各种伪装措施和使用的各种伪装器材、材料不得对目标的防护能力或设备的正常运行带来任何不利影响。

（2）目标伪装应针对目标的暴露征候，制定伪装方案，采取相应的伪装措施，实施目标的伪装技术改造。伪装应充分利用当地的自然条件，坚持以天然伪装为主，自然伪装和人工技术伪装相结合的原则。

（3）目标的伪装应贯彻平、战结合的原则，在伪装方案中制定平时伪装方案和战时伪装方案。平时伪装方案应以对付敌方侦察监视为主，伪装措施应考虑建设和使用的全过程。战时伪装方案应以对付敌方的捕获跟踪和打击为主，伪装措施应体现瞬时、快速的特点。切实做好平时伪装方案与战时伪装方案之间的衔接与转化，确保伪装的整体效能。

6.1 道路与桥梁目标伪装

道路、桥梁目标配置特征明显，这类目标一经建成，便不能机动，因而极容易受到探测设备的重复侦察，从而极大地增加了被发现和识别的可能性。因此，该类目标进行伪装时面临着较大难度。

6.1.1 道路目标伪装

6.1.1.1 道路的暴露征候

道路是明显的线形目标，很容易被空中照相、热红外扫描、合成孔径侧视雷达等发现。隐蔽长达几千米、几十千米的道路是很困难的。由于道路作为一种方位物或标志能使敌人比较容易地发现它所通向的目标，一些个别的道路地段和由主干线通往目标的道路支线成为道路伪装的重要方向。

A　道路光学暴露征候

道路路面的类型有泥土、碎石、水泥混凝土、沥青混凝土等多种。在光学侦察条件下，沥青路面的公路颜色一般要比背景暗得多；水泥路、碾踏频繁的小路、乡村土路的道面一般均比背景明亮。但在冬季雪景条件下，无论沥青路面，还是水泥路、土路的路面，其颜色都比背景灰暗。这种路面在遥感图像上呈现出整齐的、彼此之间距离相等的光亮线条。小路、乡村土路全长呈现为宽窄不同而又曲折（小路尤其如此）的形状。小路很窄（约宽 0.7m），乡村土路较宽，后者还有车辙，较宽处有错车道和急转弯等的痕迹。公路（碎石面、水泥面、沥青面）呈现为全长宽窄一致而又比较笔直规则的形状。它比乡村土路要宽，且有明显的路面、路肩和边沟。两旁通常还有平行的通信或电力线路。在开阔地段的边沟旁边有时还有平行的乡村土路。急造军路是战时临时构筑的保障军队和技术兵器通行的道路，是军队活动的一种暴露征候。急造军路在通过泥泞地时，通常铺设带车辙板的路面。

B 道路红外暴露征候

在红外侦察条件下，由于沥青道路、水泥混凝土道路受太阳照射后温度升高较快，因此在白天和刚进入夜晚时，其红外辐射更强，在红外图像上会呈现浅色调的线条。

C 道路雷达暴露征候

在雷达侦察条件下，由于道路表面被压得比较平整，无论是水泥混凝土道路、沥青道路还是林间小路，其雷达回波会呈现镜面反射特性，在 SAR 图像中呈现深色调条带状，而道路周围背景环境为植物、光露土地时，其在 SAR 图像中会呈现明暗相间的噪点状纹理，与道路形成明显的对比。

D 沿道路运动目标暴露征候

道路上的目标运动以及运动时产生的活动痕迹，不仅暴露目标本身，而且会暴露经过伪装的道路。在空中影像中车辆沿道路运动的画面表现为条带型道路上的小斑点或小亮点。在红外和雷达侦察条件下，沿道路运动目标与周围背景相比，产生明显的斑点，打断了道路线条结构。

6.1.1.2 道路的伪装方法

根据对道路使用情况以及沿道路运动目标的暴露征候分析，道路伪装任务通常包括对通向已伪装目标的个别路段进行伪装或构筑假道路。对道路实施伪装时，其伪装任务应根据给定地段负责道路保障指挥部总的伪装决心，或者道路所通向目标的总伪装意图来确定。同时还要考虑到道路的情况（如：道路地段的天然遮蔽条件，对道路通行的要求，道路是已建、新建还是修复）和完成伪装任务的人力、物力、时限等条件。

A 隐蔽道路

隐蔽道路通常用于伪装重要目标的接近路，以及背景伪装性能较好的重要路段。

a 利用地形

利用天然地形隐蔽道路，是最好而又必须首先采用的方法。因此，在选择目标接近路的位置时，就要尽量使道路通过树林、谷地、反斜面和居民点等隐蔽地段，隐蔽地接近目标。如果道路必须通过开阔地段时，也要使它沿着田界、沟渠和比较明显斑点的边界（例如，草地、耕地、庄稼地等）通过，使其与地形背景尽量融为一体，以降低道路的显著性。

对重要目标（尤其是已深入地下的目标）的接近路，在可能的情况下都要尽量构筑成隧道；若不可能，也要争取构筑成凹道，并设置遮障。在植被茂盛的地带实现坑道工程口部接近路伪装最为有效的方法还是植物伪装。

对于阵地上进出工事小路的隐蔽要特别地注意，必须限制人员的活动，在容易产生截路的接近路两侧，设置低桩导向铁丝网，防止产生新的能缩短到目标距离的截路。

b 设置遮障

当利用地形的遮蔽性能尚不能完全达到隐蔽道路的目的时，要根据对付的威胁和波段，设置不显著的水平遮障或平面掩盖遮障。不显著的水平遮障，用在通行频繁且距离不长的路段上以对付空中观察。它既隐蔽了道路，也隐蔽了任何时候道路上的运动。在这种遮障面上，通常仿造周围的背景图案。为了使遮障与背景融合得更好，还要使遮障在整个被隐蔽路段的长度上都具有不规则的轮廓和不同宽度，防止出现矩形边界。遮障面的最窄处从道路每边向外伸出的宽度应不少于其高度的二倍；当背景斑驳时，最好能使遮障边缘与斑点的轮廓一致。

平面掩盖遮障通常用于道路通行不频繁的地段，遮障面直接铺设在路面上，在需要通行之前，再把遮障面卷向道路的一侧，通行结束重新将其铺在路面上。如果道路沿山坡修筑，隐蔽道路用斜面掩盖遮障效果最好。为保证掩盖遮障的不显著性，也要如同不显著水平遮障那样对遮障面的颜色和粗糙程度进行处理。

对付地面侦察时，栅栏遮障通常断续设置在靠敌方一侧；当同时对付光学和雷达侦察时，设置成隔绝遮障；道路两侧如有高大树木，但未形成对空遮障时，可用绳索将树冠拉拢，树冠不便拉拢时，可在绳索上悬挂树枝形成对空遮障。

c 设置干扰

道路干扰遮障的设置在针对地面侦察时，通常以 50cm 或 75cm 角反射器构成。在横向道路上，角反射器通常沿道路靠敌方一侧成一线设置，距道路内侧边沿不超过 10m，角反射器之间的间距根据敌雷达的距离分辨力和方位分辨力而定，见表 6-1；在纵向道路上，角反射器沿道路两侧交错设置，其纵向距离根据敌雷达的距离分辨力而定，通常不大于 20m。

表 6-1 角反射器的间距

距敌雷达站的距离/m	角反射器的间隔/m
400	30
600	50
800	70
1000	90
1200	120

注：雷达的波束角为 0.5°。

设置角反射器构成的线状或面状干扰遮障，主要对付活动目标侦察雷达，用来隐蔽军队和技术兵器的沿道路运动。对付一般的空中侦察脉冲雷达时，角反射器的间距通常为 50m；以 50cm、75cm 角反射器在道路两侧交错设置，角反射器的间距根据敌雷达的分辨率而定。

d 布置人工斑点

在背景开阔又单调的地段上不便于采取其他伪装措施时，可采用布置人工斑点的伪装方法。其目的是改变道路和道路两侧地面单调的颜色，使之呈现扰乱注意力的斑斑点点，在敌机出现时，车辆可迅速进入斑点之中，以降低伤亡和损耗。布置人工斑点主要有迷彩、铲草皮、翻土地、在草地上撒化学药剂、撒煤渣等方法。单色斑点为5~15m，两色斑点为15~30m，斑点的数量决定于道路使用的频繁程度，通常在1km总长的道路上布置20~30个斑点为宜。人工斑点布设示意图如图6-1所示。

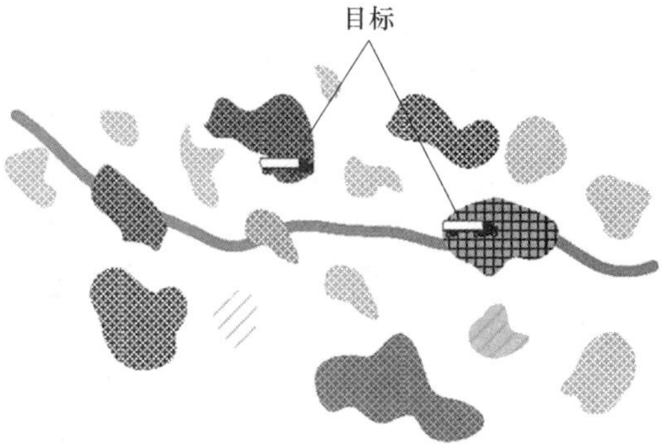

图6-1 道路旁人工斑点布设示意图

e 施放烟幕

施放烟幕可与布置人工斑点同时使用，在受到空中侦察、攻击威胁时，沿道路运动的目标可利用烟幕来降低伤亡损耗。烟幕的施放要求既能遮蔽道路上目标的运动，又不妨碍目标机动。

B 改变道路外形

在道路上仿造破坏，通常采用柔性的掩盖遮障或布撒黑色材料的方法，在道路上仿造弹坑和被破坏路面的碎片，以及碎石块、土块等。这种方法只适宜在道路两侧不能通行的低洼地段，在平坦开阔地段上就没有多大意义，因为此时绕行是很容易的。对修复被炸的道路地段，在修复的同时就仿造成被破坏的样子，简便而有效。在道路上仿造废弃不用的外貌，可用草皮或与草皮颜色相似的掩盖遮障构成许多杂色的地段，并在其上或附近设置一些牲畜模型，以示其荒芜的样子。

一些军事目标通常修建有高标准的接近路。这些接近路大多为混凝土道面，笔直平整直通工程口部，成为敌方侦察和实施攻击的引导性标志。将高等级的接近路伪装成狭窄的、宽窄不一且弯曲的乡间道路以改变道路外貌，可降低原有道路的军事价值。改变道路的外貌，还可以将道路伪装成已破坏、废弃、不使用的道路，以避免引起敌人对目标的注意。在战时，还可根据作战情况，在道路上仿造破坏。

C 设置假道路

在隐蔽真道路的同时，设置假道路可以把敌人的注意力从原有真道路和专门修筑的使用道路上吸引开，并且可以大大减少敌人对目标配置区内重新出现人员足迹和车辆痕迹的注意。其方法要根据伪装意图、现地情况、人力、时间、器材等条件来确定。一般可按道路的概略尺寸，用翻土、割草、撒布沙土、木屑、煤灰等就便材料，或用汽车、压路机反复碾压等方法构筑。道路的边沟可用煤灰、黑土等暗色的材料，铺撒在边沟位置上显示。为了使假道路自然逼真，还应在假道路上模拟运动，留下车辙痕迹和设置某些显著的人工遮障等。

通常情况下，构筑假道路是在如下四种情况下进行：第一种是在假机场、假炮兵、假坦克的集结地或假导弹阵地等假目标区构筑假道路网；第二种是在真实道路外仿造军队的运动，构筑假道路；第三种是将通向隐蔽目标的未隐蔽道路进行延伸；第四种是有时为了改善隐蔽目标配置区域内地形的伪装性能，也可在军队和技术兵器配置区域内预先构筑假道路网，使其与真实道路及居民点良好连接。

有时，构筑假道路是为了减轻单个或集群的坦克、自行火炮、车辆掩蔽所等目标的伪装任务，掩蔽所或遮障就位于假道路上，在掩盖或遮障上模拟该道路的通行部分，即可使真目标难以被查明。这种方法除了能有效地对掩蔽所进行伪装外，还可以减少配置在其中的技术兵器运动痕迹的显著性。

假道路的效果不仅取决于它的外形，而且也取决于它被使用程度。在所有情况下，无论其用途如何，假道路在其外形上、路面颜色上、各种尺寸都应与所要仿造的道路一致，并在各波段的征候上要有一致的显示，同时采取必要的措施，模拟技术兵器和车辆在道路的运动。如果假道路有通行的可能性，最好在设置兵器模型的同时，组织单个技术兵器和车辆在道路上进行周期性运动，留下车辙痕迹。有必要时也可设置某些显著的人工遮障。

6.1.1.3 沿道路运动目标的伪装

战场上的机动目标是敌方监视的重要目标。道路及沿道路运动的目标不仅受到多光谱侦察，还广泛地受到音响、震动、压力、磁力等特种地面遥控传感器探测的威胁。对军队机动或运动来说，在几个波段内都存在明显的暴露征候。

伪装沿道路运动的目标，首先是利用有利的天然条件，即选择夜间、雨、雾、雪等能见度不高的天候，或沿道路的树木、高地反斜面、峡谷、居民地等隐蔽地段进行运动。对于新建道路，则要求在选线时尽量利用隐蔽的地形构筑道路。利用不良天候，只能有限地对付敌人光学侦察；而利用道路的隐蔽地段，能有效地对付任何种类的地面、空中侦察。在暴露的道路地段上，隐蔽沿道路的运动，还必须采用构筑人工遮障、布置人工斑点、施放烟幕等人工伪装的方法。

A 利用树木隐蔽沿道路的运动

在开阔地段上，若考虑到战时的伪装，平时就应沿道路的两旁种植几行乔木与灌木相间的植物遮障，以对付地面与空中侦察。在道路通过天然林区时，若树冠不能完全遮蔽沿道路的运动，则应采用集结树冠或悬挂树冠的方法来伪装。

集结树冠法是在树木很高且容易弯曲的情况下，将滑轮固定在树冠上，然后用绳索将道路两旁的树冠拉在一起，以隐蔽沿道路的运动；悬挂树冠法，是在树木很高、遮障应用的时间又很短时，在道路上空用绳索将道路两侧的树干紧系起来作为支撑索，然后再将由远离道路处砍来的树冠悬挂在支撑索上，以构成遮障的方法。如果树木高度不够，也可采用栽植立柱的方法悬挂树冠。

B 构筑人工遮障隐蔽沿道路的运动

构筑人工遮障隐蔽沿道路运动的伪装措施基本有以下两类。

（1）采用显著型遮障，如路旁垂直遮障、道路上空垂直遮障和道路上空水平遮障（棚架遮障），以及对付地面和空中活动目标雷达侦察的隔绝遮障、干扰遮障和综合遮障等。显著的水平遮障，要在道路上每隔30~60m设置一个，以便敌机出现时，沿道路运动的车辆能迅速进入遮障隐蔽。虽然遮障是显著的，但由于遮障个数很多，敌人难以判定哪一个遮障下有目标，从而不能进行直接瞄准射击。这就达到了减小损失的目的。

（2）不显著的水平遮障，它们是在道路的开阔地段不长（如两旁植树的道路上某些没有植树的地段等），且通行频繁的个别地段上仿造道路或周围背景，并在各波段上与背景融合，可以隐蔽目标沿道路通过。为保证这种遮障的不显著性，应根据对付的波段和该地段的背景情况，在其遮障面上使其颜色和粗糙程度与背景相一致。

C 施放烟幕隐蔽沿道路的运动

对沿道路运动的重要目标，除了采用上述各种隐蔽运动的措施以外，还应在敌来袭时施放多波段烟幕隐蔽沿道路的运动。对于敌人地面袭击，烟幕施放线应在道路朝向敌人的一边，根据当时风向，使烟云平行道路移动或向敌人方向移动；对于敌人空中袭击，则只有在风速较小、风向平行于道路时，沿道路两侧施放更为有利。

D 模仿沿道路的运动

模仿沿道路的运动是一种战术或战役的伪装措施，是根据战术或战役指挥员与上级指挥机关实施战术或战役伪装的总企图来进行的。它不仅能够造成敌方错误判断，还能够在我方行动的假方向或假道路上，吸引敌人的注意力和火力，也可以在我方目标沿道路运动的间隙中实施，以麻痹敌人，消耗其火力。它的实施通常都是用较少的兵力和技术兵器，带着一些人员和技术兵器的模型及模拟器材进行的。例如，使用摩托车载上汽车模型以模仿运载车辆或机械化行军的运动，用车辆拖行的物件（如树枝等）所扬起的灰尘模仿运动的暴露征候，用履带式拖拉机模拟坦克在道路上的运动等。

6.1.2 桥梁目标伪装

在现代战争条件下，攻击桥梁已是破坏和摧毁对方交通线及补给系统的重要手段。由于桥梁处在极为单调的水面背景下，暴露征候特别明显，很容易被侦察和打击。海湾战争中，美军以每周摧毁7~10座桥梁的速度，使伊拉克中部至科威特战区的桥梁约有3/4被严重破坏或摧毁，其中有41座主要桥梁和31座浮桥，空袭这些桥梁的武器主要是经过改进的精导武器，包括激光制导炸弹、“小牛”空地导弹和远距离投射的巡航导弹等。

6.1.2.1 桥梁的暴露征候

A 光学暴露征候

桥梁处在极为单调的水背景上，暴露征候特别明显。在光学侦察条件下，桥梁车行部在水背景上所呈现的长条形，呈明显的亮色，为春夏季节拍摄的公路桥。在冬雪背景上，桥梁呈暗色的长条形。

B 雷达暴露征候

在机载全景雷达荧光屏上，桥梁为暗色水背景上的一个长条形亮斑点。桥梁是雷达的良好目标，即使是老式雷达，只要河宽超过其分辨率，往往就有良好的雷达回波，呈现出水面暗带上的亮光标。而在现代合成孔径侧视雷达图像上，由于其分辨率大大提高，可以得到更多的细节显示。桥梁的各种结构和水面、各结构物之间往往形成两面的或三面的角反射器效应，具有较强的反射。但无论如何，金属结构桥比砖、石和混凝土材料的桥梁会有更强的反射，如大型铁路钢桥具有突出的雷达反射信号。图像细节的清晰程度则取决于雷达分辨单元的尺寸。

C　配置暴露征候

不同类型和结构的桥梁具有不同的形状和特殊的组成部分。例如，浮桥有突出的浮游桥脚，根据浮游桥脚的形式和跨度，能大致确定浮桥的载重。高水桥有突出的桁架，桁架会在水背景上产生阴影，上游可能有破冰凌，根据这些特征可判断它的结构与高度。桥梁两岸的接近路和桥上的通行，会在河川背景上突出显示桥梁的位置。对新建桥梁，由工程开始到施工结束都会产生一系列的暴露征候，如人员的活动、机械车辆的运动、堆集的材料、河川上的门桥、夜间的灯火、作业的噪声等。

6.1.2.2　桥梁的伪装方法

A　桥梁架设的隐蔽

a　选择便于伪装的架桥点

选择架桥点时除满足其他战术技术要求外，应充分利用地形的伪装性能，尽可能地满足下述要求：

(1) 敌人地面观察不能发现；

(2) 附近无明显的方位物；

(3) 不便于敌机轰炸；

(4) 便于开设隐蔽的接近路，且桥轴线不在原有道路的延长线上；

(5) 附近有适合架设假桥的河川地段。

b　架设作业的伪装

在敌侦察条件下，运送架桥器材应尽量利用夜暗或能见度不良天候进行，如果必须在昼间运送，应将其伪装成非架桥物资，器材的集中、加工应选择在隐蔽的地点（丛林、谷地等）。架设浮桥时，桥节门桥的结合作业应在有天然遮障的河段或支流上进行，当缺少天然遮障时，应预先架设人工遮障。架设作业通常在夜间或能见度不良天候进行，对作业的噪声和灯火应实施音响伪装和灯火伪装。

B　桥梁的隐蔽

隐蔽桥梁的主要目的是降低桥梁的显著性。遮蔽桥梁的方法与桥梁的类型、结构和尺寸及其使用特点有关。由于桥梁是水背景上一个明显的线状目标，要遮蔽桥梁（尤其是高水桥）是很困难的。针对可见光侦察来说，降低桥梁显著性就是要降低桥梁与背景的颜色差别。

a　在冬季结冰期的隐蔽

冬季结冰期，低水桥的背景类似陆地背景，这样就有可能用凸面掩盖遮障仿造背景对桥梁实施隐蔽。为了使遮障与桥梁周围背景、颜色、特点一致，遮障的坡度应尽可能缓和，使其表面的受光方向与背景尽量接近，遮障面材料的颜色和粗糙状态应与周围背景相符合。对非水背景上的桥梁（如谷地、凹道上的桥梁），其遮蔽方法与上略同。

b 已破坏桥梁的隐蔽

已破坏桥梁也可作为仿造迷彩的伪装背景。例如，低水桥或浮桥与被破坏的桥梁靠得很近时，可将其表面涂以与被破坏的桥梁背景相连续的仿造迷彩。若条件许可，甚至可直接将低水桥架设在已破坏的高水桥的桥墩上，并用迷彩加以仿造，其伪装效果通常是很好的。

c 浮桥的隐蔽

通常情况允许分解的浮桥，一般是采取傍晚结合浮桥、早晨分解浮桥、夜间通行的方式使用。此时，整个浮桥的伪装只需隐蔽桥节门桥，两岸栈桥和桥上的通行。桥节门桥是浮桥的一段，两端有相互连接的结构，如图 6-2 所示。

图 6-2 桥节门桥

桥节门桥的隐蔽效果，与两岸地形是否利于选择伪装外形密切相关。在选定架桥点时，除了必须符合浮桥战术技术要求外，还应考虑便于隐蔽桥节门桥的伪装条件。浮桥的位置最好选在两岸长有树丛、芦苇和有支流或河流弯曲的地段，以便利用地形隐蔽桥节门桥和选择适应河岸的伪装外形。比如岸边树冠覆盖着的水面或高陡的河岸在水面形成的阴影，都是隐蔽桥节门桥的良好条件。

当把桥墩门桥和两岸栈桥伪装成河岸的形状时，可以使用人工遮障，其方法有预先设置和临时设置的两种。

（1）预先设置的遮障，其支柱采用植桩方法设置在岸边和岸边水中，并用铁丝、钢索或绳等将其连接起来以支撑伪装面。若水中不便固定支柱时，也可采用漂浮器材支承遮障支柱，并以锚固定其在水面上的位置。岸上部分的遮障伪装面，可水平地张设在骨架上，或直接铺设在岸上；而在水面上供门桥进出的那部分遮障伪装面，则应顺着河岸的自然斜坡张设成可以活动的。整个伪装面的颜色图案和粗糙状态在所对付的波段上都应与河岸背景相适应，使其成为河岸的自然延伸。预先设置的遮障，门桥进出比较方便，可以使隐蔽桥节门桥的时间大为缩短，而且伪装效果好，不管其中有无门桥，河岸的伪装外貌保持不变。因此，在人力、器材和时间允许时，最好在岸边预先设置这种遮障。

（2）临时设置的遮障，是用适应河岸背景的伪装面构成。当门桥靠岸时，将其直接铺设在门桥上进行临时的伪装；当门桥离岸时，立即将其撤收。这种遮障铺设和撤收比较费时，影响浮桥架设的速度，并在遮障撤收后，改变了河岸的外貌，所以仅适用于人力、器材和时间不足的时机。为了提高遮障临时设置和撤收的速度，可以将伪装面的一端用木桩固定在岸边并收卷放好，当门桥靠岸时，立即将其铺开，门桥要离开时可立即收拢。

d 水面下桥的隐蔽

水面下桥是桥面没入水面下 0.5~1m 的桥梁，其本身就具有一定的隐蔽性能，通常不易被敌侦察发现，只要对桥板、桥墩升降装置、两岸接近路和桥上通行采取适当的伪装措施，就可达到隐蔽的效果。

要达到完全隐蔽不被敌发现的效果，架设水面下桥的河川最好具备下列条件：

（1）河水的流速不大，最好不超过 0.7m/s，流速过大不仅影响架桥作业和桥的稳定性，而且会造成上下游水位落差和漩涡易被敌人的空中目视和照相侦察所发现；

（2）河川水位的昼夜涨落不大，桥的上下游没有控制在敌人手中的、能影响水位急剧变化的水工建筑物（水库、水坝和水闸等）；

（3）河川两岸便于开设水面下桥的隐蔽接近路。

水面下桥的桥板颜色，应随河川的深度和河水的透明度而改变。从空中观察河底往往呈暗色，水面下桥的桥板，可按水深和水的透明程度而涂相应的颜色。当河底为发亮的沙质土且水清澈时，桥板可涂成灰色。为此，可采用亮度系数适宜、水冲刷不掉的材料对桥板进行涂色。为了涂色方便，桥板涂色应在水面下桥架设之前进行。

两岸接近路和桥上的通行等是水面下桥的重要暴露征候，必须进行周密的伪装。水面下桥两岸接近路的隐蔽，可根据道路个别地段的伪装方法进行，且须与水面下桥岸边部分的伪装相配合。岸边部分可用伪装覆盖材料遮蔽，模拟成河岸的一部分或门桥渡口，如果需要伪装的接近路很长而又不可能全部遮蔽时，则可以用假道路沿着河岸延伸至假桥或码头的位置。当岸边部分伪装成门桥渡口时，其接近路也可以不伪装。因为门桥渡口与道路相接是必然的事。

在有敌情顾虑时，水面下桥的通行，应在烟幕的掩护或夜间及能见度不良的气候条件下进行。为防止桥上通行的目标被雷达侦察发现，应设置反雷达伪装遮障，但通行一停止，就应将遮障撤收至隐蔽的地点，以免因光学侦察发现遮障而判定水面下桥位置。当只需防止敌人的空中雷达侦察时，可在桥梁两侧 1~1.5km 的水面上混合设置 FD_4-50 和 FD_4-75角反射器，角反射器之间的距离为 80~100m，并使桥梁偏于干扰遮障的一侧；如果要同时防止敌人的地面雷达和空中雷达侦察，则应在桥梁两侧 200~300m 的水面上，补充设置 FD_4-50 角反射器，其间距为 15~25m。

e 桥上通行的隐蔽

在夜间及能见度不良条件下，军队及装备在桥上通行时，隐蔽桥上通行通常采用两种方法。

（1）运用烟幕，尤其是遮蔽高水桥更是最主要的手段。用烟幕遮蔽桥梁，不仅要遮蔽桥梁本身及其上的运动目标，还应遮蔽桥梁附近的方位物，如江河的汇合点，河湾、沙洲及道路交叉点等。施放烟幕时，应迅速多点、多批次施放烟幕。

（2）设置反雷达干扰遮障、实施箔条干扰，对付敌方利用雷达所实施的侦察与攻击。在设置反雷达干扰遮障时，将水上面型干扰遮障设在浮桥的一侧，而另一侧用于隐蔽桥节门桥。并在离桥的一定距离上设置假浮桥，以吸引敌人的注意力及火力，以便保证浮桥的隐蔽效果。但在现代条件下，这种反雷达的干扰遮障则要在分析敌方威胁基础上慎重地使用。

必须注意的是，无论是利用烟幕还是干扰遮障遮蔽桥梁，都不能使桥梁位于烟幕或遮障的中央，这是因为敌进行轰炸瞄准时一般都对准烟幕或遮障的中心。

C 改变桥梁的外形

改变桥梁的外形是将桥梁伪装成被破坏、未建成的桥梁。

(1) 高水桥的外形伪装。改变高水桥的外形，仿造成被破坏的桥梁，可以通过以下方法：

1) 在仿造破坏的桥跨部位，将桁架、车行部等水上部分涂成暗黑色；

2) 在桥跨的两端各向水中放置仿造破坏了的桁架模型；

3) 用各种变形设备设置在桥的适当部位，以模仿桥梁上部结构破坏的外貌及其阴影。

(2) 低水桥的外形伪装。在低水桥上仿造破坏，可采用迷彩、遮障和模型来实施，其方法有三种：

1) 在桥面上用迷彩仿造破坏，可以直接将要仿造破坏的桥板、缘材、栏杆和水面以上的桥脚部分涂上暗斑点，暗色斑点的形状应仿造成木板或原木破坏时特有的形状和痕迹，同时要在涂色的暗斑点上放置一些破碎的木板和断裂的小原木，为了加强桥梁破坏的景况，在靠近桥梁的水中还应放置一些相互连接的、固定在桥墩上的碎木板等，这种仿造破坏的方法效果较好，但桥面上的涂色（特别是车行道上的涂色）很快就会被车辆的行驶所磨损，并在短期内蒙古上尘土而改变原来的颜色，所以要及时维护；

2) 用预制的移动式构件仿造破坏，用涂有暗色的薄板、胶合板、席子、伪装布、伪装网等预先制成桥梁损坏构件的模型，作为移动式的构件，用于仿造桥梁的破坏，能使仿造破坏的作业时间大为缩短，而且当车辆要在桥上通行时，可以迅速将其移到岸上或桥面的一侧，不妨碍桥上的通行；

3) 设置凸面掩盖遮障仿造破坏，其大小应使遮障的边缘下垂到水中，以仿造桥梁侧面的破坏形状，这种仿造破坏的方法可不撤收遮障，且不妨碍桥上车辆的运动，但其仿造破坏的伪装效果不如在桥面上直接仿造破坏，因为凸面掩盖遮障高于桥面较多，仿造破坏的景况不够逼真。

对于修复的破坏桥梁和在破坏桥梁附近架设的新桥，采取仿造破坏的方法，不仅便于伪装作业，而且还能获得较好的伪装效果。在这种情况下，根据桥梁的结构和河段的状况，可以选择以下仿造破坏的形式：架设带有桥节门桥的低水桥；使低水桥和徒涉场相结合；在低水桥中，部分架设成水面下桥；在低水桥的某些部分拆卸桥板，并在拆卸处涂刷迷彩和设置断裂木材，以仿造桥梁破坏的外貌，其效果比上述三种形式仿造破坏稍差，但比已建成桥梁的仿造破坏的效果要好。仅考虑对付敌地面侦察的低水桥，可设置垂直遮障进行隐蔽。垂直遮障设置在敌人观察点与桥梁之间的河面上或河岸上，遮障本身是显著的，仅能遮蔽低水桥的准确位置，使地面敌人无法进行瞄准射击和观察桥上的运动。垂直遮障的具体位置，应根据敌人观察点的位置来确定，为了使敌人射击垂直遮障时不致破坏桥梁，帮遮障与桥梁的距离应尽可能远些，但远离桥梁的程度，以遮障的高度不超过 5~6m 为宜，避免因高度增加而造成设置遮障作业困难。设置在水上的垂直遮障，可根据河川深浅的不同，采取不同设置方法，水深在 2m 以内，垂直遮障的支柱可以采取打桩固定；如果水深较大，打桩困难，则可将遮障设置在木筏或浮体上。架设带有桥节门桥的低水桥对于仿造桥梁的破坏极为方便。因为把桥墩门桥引出后，全桥少了几跨，易使敌人误认为桥梁被破坏而不能使用；而且此时仿造破坏的作业，只需在桥梁的固定部分与浮桥部分的结合处进行即可。

对付雷达侦察时，遮蔽任何类型的桥梁都可采用反雷达面形干扰遮障。关于这种遮障的设置方法，均按反雷达伪装的要求实施。为了使仿造破坏的桥梁达到逼真，以造成不能使用的景象，还可以通过以下方法加强伪装效果：

（1）在桥梁的接近路上，应仿造弹坑，显示成破坏而不能使用的场景；

（2）在桥梁的两岸及其附近设置被击毁的车辆及技术兵器模型，并在岸边设置一些半沉没的车辆模型，以加强桥梁仿造破坏的伪装效果；

（3）根据敌人的活动情况，制定出桥梁的伪装纪律，要求部队和技术兵器等，极力避免出现因使用桥梁而暴露的情况；

（4）对原来设置的干扰遮障进行适当的补充和维修，以伪装桥上的通行；

（5）在距桥梁适当距离的河段上，架设假桥，构筑假桥接近路和仿造假的通行活动，以转移敌人的注意力与火力。

在现代条件下，由于工程作业速度快，未建成的桥梁能在短期内迅速完成，敌人仍会进行袭击。对于敌人早已知道的又未被袭击过的桥梁，也不宜伪装破坏的形式，因为这样反而会暴露其伪装。对于浮桥，尤其是用舟桥墩列所架设的浮桥，却不宜伪装成破坏的形式，因为浮桥被破坏，剩余的舟桥器材或其他浮游器材仍可供军队渡河使用，敌人仍会对其进行攻击。

D 设置假桥梁

桥梁伪装实践证明，架设假桥是保证真桥安全的重要措施。架设假桥能够转移敌人的注意力，从而保证真桥的伪装效果；即使真桥已暴露，架设假桥也能分散敌人的火力，减少真桥的损坏。在完成桥梁隐蔽、改变外形的伪装任务后，必须配合设置假桥梁。架桥点侦察的时间应尽量缩短，与此同时，在假桥梁的地段应有示假的侦察活动。所有伪装措施均应根据具体情况（敌人可能的侦察、架桥过程可能出现的暴露征候和河段地形的伪装性能等），预先制定伪装计划，有组织地进行。

战场上最常模拟的是低水桥和浮桥，而模拟高水桥由于困难很大，故很少采用。要使假桥逼真，在架设假桥时应满足以下要求：

（1）假桥应与真实的桥梁、渡口体系联系起来，其位置应符合真桥位置的要求，并应距真桥有一定的距离，以保证真桥的安全。在强渡地段内假桥的位置由上级批准的渡口伪装计划确定；

（2）在拟对付的几个波段上，假桥的外形应与真桥的外形相一致，模拟的精细程度，由拟对付的各波段侦察与目标捕获系统的分辨能力确定，但结构应力求简单和作业迅速；

（3）示假的数目应根据作战企图、作战计划、地形情况、兵力器材等条件经分析、论证由上级批准的伪装计划确定；

（4）假桥原则上应稍早于或与真桥同时构筑，并应以能再现桥梁，渡口的各种暴露征候为特点，这些暴露征候有假桥结构与外形，道路、桥梁的接近路，人员和技术兵器在桥上和桥梁接近路上的运动，人员和物资在岸边的聚集，声响及伪装得不完善的各种破绽，如夜间的灯火等。

假桥可分为简易假桥、轻型假桥、重型假桥及反雷达假桥等几种类型。

简易假桥只显示桥梁外形没有任何承载能力，它用布、草席或树枝编席及张设在两岸的简单骨架组成。如果人力、器材和时间有限，也可以仿造水面下桥来代替这种水面上的简易假桥。仿造水面下桥基本上就是构筑接近路，显示岸边部分和水上的标示板。只显示桥梁的外形而不能载重，一般利用布、苇席或树枝以及张设在两岸的简单骨架组成。

轻型假桥有较小的承载能力，可以允许人员成一路或两路纵队通过，或者技术兵器模型通过，它可以架设在固定桥脚或浮游桥脚上，也可以架设在混合式的桥墩上，桥墩形式的选择要根据水的深浅，打桩的难易和能否通航等情况来确定。通常在河面较宽的河段上采用混合式桥墩。如仿造低水桥时，其一部分还可做成吊桥形式。这种假桥的桥桁用小原木或木板做成，桥板则可用任何材料制作，只要人员能在其上通行即可。为了使桥面的车行部逼真，应在桥面上用具有一定颜色的布或迷彩仿造车辙板的外貌。

重型假桥通常仿造成载重 60t 以内的桥梁。它有较大的承载能力，其上可允许通过重量为 3~5t 的车辆。这种假桥的材料，结构和架设都完全根据真低水桥的施工要求进行，只是需要补充一些仿造载重 60t 桥梁外貌的作业，如加宽的车行部、假桥桁、假桥脚桩等，假桥脚桩的长度只要保证与水面接触即可。

防雷达侦察假桥是专门用来对付敌雷达侦察的，用不同型号角反射器构成。当既要对付空中雷达侦察，又要对付地面雷达侦察时，可用 50cm 角反射器横断河川成一线设置，角反射器彼此相距 15m，个别角反射器与桥轴线的偏差不超过 10m；当仅用于对付空中侦察时，则应用 75cm、50cm 角反射器混合设置，彼此相距 30m，个别角反射器与桥轴线的偏差不超过 15m。为了欺骗敌人的雷达侦察，简易假桥还需要在桥面下或在其近旁能避开光学侦察的地方设置角反射器。

构筑假浮桥有轻型和重型两种。轻型假浮桥可用民舟，就便浮游材料（如桶、小圆木、细木杆等编成筏）作为桥梁。而后根据所仿造的舟桥的类型，在浮游桥墩上设置制式舟的模型。重型假浮桥应根据真的轻型浮桥的要求，用小船或制式舟架设，仅在其上用模型设备仿造载重 60t 的舟桥设备的外形。

6.2 工事与障碍物伪装

作战过程中，对工事、障碍物和阵地伪装的程度，应根据任务、所处地形和作业条件等情况综合决定。

6.2.1 工事伪装

工事是为保障军队作战行动和安全隐蔽而构筑的防护性工程建筑物，一般包括射击、指挥、观察、掩蔽工事以及堑壕、交通壕等。工事分为永备工事和野战工事。永备工事是平时或战时预先构筑的永久性工事；野战工事则是临战时或作战过程中构筑的临时性工事。

6.2.1.1 工事的暴露征候

各种工事的设备和体系，呈条带状分布，形状各异，大小不等，暴露征候较为突出。对于不同的侦察手段，有着独特的暴露征候。

堑壕和交通壕一般为很长的曲线形特殊轮廓，堑壕和交通壕的壕沟形成狭长的暗带，而胸墙则形成一侧或两侧亮带。由于亮暗对比强烈，堑壕和交通壕在草地等单调背景下容易被发现。其各种掩盖工事的孔口呈黑色，积土、前墙呈亮色，积土呈小丘状、有阴影。地面观察时，堑壕和交通壕的胸墙被射孔中断而形成断续的亮带。

6.2.1.2 工事的伪装

A 堑壕、交通壕的伪装

(1) 利用天然地形地貌。如果配置堑壕、交通壕时，考虑地形的起伏和背景图案，应使堑壕和交通壕顺着地形自然弯曲和起伏，沿着田界、沟渠、道路来配置。

(2) 利用遮障伪装。堑壕、交通壕的伪装需连同胸墙一起用平面掩盖遮障遮蔽，伪装成现地背景的一部分。遮障的颜色与斑点形状应与背景协调，采用周围植被和土壤铺设在平面掩盖遮障上面，能有效地降低红外暴露征候和雷达暴露征候，掩盖的面积视背景情况和材料的数量而定。堑壕、交通壕周围的散兵坑、机枪座等战斗工事，均应加以隐蔽。用平面掩盖遮障进行遮蔽。可以采用制式伪装网配合就地取材的材料。下面分别叙述几种典型背景上堑壕和交通壕的伪装方法。

1) 草地背景。当在草地背景上，仅用人工遮障遮蔽堑壕、交通壕时，胸墙应覆盖草皮，并力求使草皮与周围草地表面之间没有差异。若要抵御雷达侦察，铺设的草皮应满足一定的厚度要求。在时间充裕情况下，可以栽培的方式在胸墙表面上铺设草皮。应注意的是，企图采用迷彩伪装草地背景下的胸墙，是很难取得效果的，因其亮度与草地背景有很大差异。这种条件下，只有能够很好地模拟草地的材料，才能取得所需的效果。

2) 耕地背景。在耕地背景上通常采用掩盖遮障，如胸墙上覆盖伪装网能够模拟耕地背景斑点图案，选用的遮障材料在红外、雷达波段具备一定的吸波性能。对堑壕和交通壕实施伪装的地段，应注意把由于施工破坏的耕地背景恢复原状。

3) 沙地、雪地单调背景。这种背景下可以采用掩盖遮障，遮障面与背景色调一致，并在胸墙上覆盖一些沙或雪，能够较好地隐蔽目标。

对付敌地面观察时，可配合设置堑壕垂直遮障。遮障的高度应能遮住壕内的目标，通常为50~70cm，每段长度为5~15m。遮障面可用伪装网和树枝等就便材料制成，并有一定的通视度，以便观察指挥、组织火力。

B 火炮、坦克、汽车掩体的伪装

在确定火炮掩体的配置位置时，应尽量将其选择在周围地物相对复杂、植被条件较好的地点上，尽量利用地形的伪装性能，隐蔽地配置。迫击炮的阵地可以选在遮蔽物之后或反斜面上，这样能够为人工伪装作业带来方便。当施工现场的地貌遭到大量破坏时，通常将掩体伪装成新土的斑点，使其夹杂在施工所造成的斑点之中。

当掩体位于自然植被条件较好、周围地物复杂或山坡等位置时，应根据现地背景情况，采用天然伪装、植物伪装或用掩盖遮障伪装。选择具有一定雷达吸波性能的掩盖遮障材料。

当用伪装网架设掩盖遮障时，必须将拼网缝对准射击首线并能迅速张开以便射击；当使用就便器材架设掩盖遮障时，同样要在遮障覆盖的火炮射角内，制作设置成以活动的装置，如可以拉开的框架、帘幕、折叠的挡板等。

在火炮、坦克、汽车掩体伪装时，应注意在配置坦克掩体及汽车掩体的地段上，要消除坦克及汽车运动痕迹。掩体和掩蔽所要使坦克、汽车进出迅速，保证坦克不间断射击。斜坡出口上面要设置拆卸迅速的掩盖遮障，在坦克身旁要设置可拆卸的掩盖遮障。

C 射击（观察）工事的伪装

根据射击（观察）工事的暴露征候，应对外形、积土、前墙和射孔（观察孔）、出入口等部位进行伪装。

a 工事伪装外形的选择

根据现地背景的特点，形式应多样。在平坦开阔地的背景上，应尽量利用自然土丘，将工事构筑在其顶部以下适当位置；在坟地，可将工事伪装成坟堆；无自然土丘和坟堆利用时，可将工事伪装成形状不规则、坡度较平缓的土丘等。

b 积土的伪装

在起伏地上，积土的堆积或覆盖形状应与工事配置地域内的地形一致。在平坦地上，积土的坡度应平缓，一般来说满足两种要求：一是防止产生阴影，二是斜面具有不显著的外形。因此要求南北方向坡度为1/5~1/3，东西方向坡度为1/7~1/5，积土的表面状态应能融合于背景中；当工事周围有大量露土斑点时，通常把工事位置的积土伪装成露土斑点，其余应布置适量的人工斑点；当工事周围露土斑点较少，通常在积土表面设置掩盖遮障或铺设草皮。

c 前墙和射孔、观察孔的伪装

工事前墙和射孔、观察孔的伪装应与主体部分的伪装统一筹划，应保证不妨碍射击和观察，尽可能在使用时和使用后，都能保持伪装的外形。具体遮障措施如下。

（1）双层式遮障，由内外两层伪装网组成。外层伪装网为固定的，在视界范围内编扎较稀疏的伪装材料，以不妨碍射击和观察；内层伪装网的上端固定在涂有迷彩的射孔、观察孔挡板上，可随挡板的开闭而起落，并在伪装网上编扎较密的伪装材料，以遮蔽孔口，注意伪装材料的颜色应与背景一致。

（2）混合式垂直遮障。这种遮障通常用于伪装在林缘或灌木丛背景上的野战射击、观察工事的射孔、观察孔。由固定部分和活动部分组成，遮障的下部为能在地面转动的活动栅栏，遮障面用树枝编扎。

（3）起落式掩盖遮障。起落式掩盖遮障由固定部分和活动部分组成。固定部分一般是一个固定在前墙上方的金属架，其上铺设伪装面，伪装成倾斜的覆土部分；活动部分的一端固定在地面上，另一端能上下起落，当处在隐蔽状态时，和固定部分坡度一致，射击时，通过滑轮在工事内操作即可落下。

（4）拉帘式掩盖遮障。用8号铁丝或细钢筋制作成滑道，一端固定在前墙上方，另一端固定在地面上。用柔性材料制作遮障面，其下沿连接一根具有一定重量的杆材，上沿固定在前墙上方，通过绞盘使遮障面顺滑道上下开闭以便于隐蔽和射击。

（5）仿造岩石背景。在岩石地背景上，工事的顶盖和前墙可采用外形加工的方法伪装成岩石的一部分，或在灌筑混凝土时，在工事需仿造部分外模板的内壁装置一些模拟材料，在可见光、红外、雷达波段范围都与岩石类似，仿造部分类似岩石状态。

（6）仿造居民地背景。在居民地背景上，射击与观察工事可仿造成完好的、局部破坏的或半倒塌的房屋、烟囱或其他建筑物，如射孔、观察孔伪装成门、出气孔等。

d 出入口的伪装

工事的出入口应选择适应背景的伪装外形。水平出入口通常采用平面掩盖遮障，连同交通壕一起掩盖，防护盖板通常用草皮覆盖；垂直出入口的防护盖板上可涂刷迷彩，也可铺设草皮，采用草皮覆盖能够接近背景环境的红外、雷达特性。

D 坑道的伪装

坑道是永备工事的重要组成部分，是构成陆军设防工程的基本单元。坑道工事易于隐蔽伪装，防护能力较强，容量较大，便于组织对火力攻击的防护。坑道是现代筑城工事的重要内容，无论在平时和战时，都为敌人侦察的重要目标。对坑道等永备工事实施严密的伪装有助于保持战备、提高阵地防护能力和稳定性，增强作战行动的突然性。

坑道口部是地下工程与外界连通的重要设施，也是坑道防护最为薄弱的环节，同时也是敌方侦察探测和精确制导打击的重要目标。要使坑道口达到隐蔽，必须对坑道口部工事、排气孔、石渣场、接近路和交通壕连同坑道口一起进行良好的伪装。

对易暴露的坑道口，通常采用植物伪装。在不妨碍人员、技术兵器出入的位置种植与背景协调的乔木和灌木，以形成遮障；在光露地背景下，应大面积造林；当坑道口附近有房屋时，可在坑道口处建造符合现地民房外形并具有较强防护能力的房屋；坑道口与交通壕相连接时，要避免交通壕在坑口处中断，可将坑口前的交通壕加以掩盖，或在坑口前挖假交通壕与坑口两侧交通壕接通，以隐蔽坑口位置。石渣应隐蔽地运至远离坑口的地点，并根据背景情况采取相应的伪装措施；在草地背景上，可在石渣上覆盖一层土壤，然后铺设草皮或播种草籽；在梯田背景上，可将其仿造成梯田；在光露地背景下，应在石渣上覆盖土壤。当条件受限，必须将石渣倒在坑口附近时，应根据背景情况及时采取上述相应的伪装措施。对工事周围的地形进行伪装加工，周围是植被，则移植或栽种树木，周围是山地则整理地形成堆放的岩石；周围是居民地则可修筑或修改道路等。

对于坑道等永备工事，一般在平时构筑，工事的定点、配置和设计对伪装效果难易程度和作业量影响很大，因此工事在勘察和设计时满足以下要求。

（1）工事定点及配置应充分利用地形地物的遮蔽性能和景观性能，便于对背景进行伪装处理；

（2）工事的配置地域，应无明显的地形标志，并避开明显的方位物，设置工事时，应尽量避免各类目标特有的、规则的配置特征；

（3）配置工事时，应尽量减少施工对自然地貌和植被的破坏，有便于隐蔽施工的作业场地及便于伪装的排渣点；

（4）尽量利用原有道路作为工程的接近路和施工道路，对原有的线路、管道也应进行相应处理；

（5）在设计工事时，应根据目标地域的地形和背景特性，使工事外露部分具有某种合适的伪装外形，便于融合于地形背景之中；

（6）在满足工事战术技术要求前提下，尽量减小工事的轮廓阴影，避免工事规则配置；

（7）隐蔽配置工事的线路、管道、孔口和接近路等。

由于永备工事使用的长期性，必然要求考虑伪装措施的长期性，优先考虑采用植物伪装，在采用其他措施时，强调支撑结构的耐久力，伪装面便于随季节变化而更换表面材料。另外，永备工事在平时构筑，也要注意对其保守秘密。因此在勘察、施工时需要注意伪装，在竣工后，也要注意保密。

6.2.2 障碍物伪装

6.2.2.1 障碍物的暴露征候

A 障碍物的可见光暴露征候

各种铁丝网、桩砦，在地面观察时，铁丝的光亮或一列列木桩、钢轨是障碍物显著的暴露征候。在空中观察时，桩砦所形成的许多小斑点是色调暴露征候。障碍物的配置暴露征候是按一定的间隔断离的轮廓，好像棋牌格一样排列。另外，障碍物正面每一段的延伸线上可能配置有掩护障碍物的射击工事。地雷场的暴露征候，主要是在埋设时留下的痕迹(被破坏的地貌、余土、暴露的地雷等)。

B 障碍物的红外暴露征候

桩砦由钢筋混凝土构成，铁丝网、桩砦等障碍物白天受太阳照射后温度明显升高，若周围是植物背景，则能够形成明显的红外暴露征候。

C 障碍物的雷达暴露征候

铁丝网、桩砦具有较强的雷达回波特性，若有直角结构的桩砦更能够产生强雷达回波。在 SAR 图像中能够形成按一定间隔分布的小亮斑。

6.2.2.2 障碍物的伪装

A 筑城障碍物的伪装

各种铁丝网伪装主要是将铁丝和木桩用沥青等进行涂饰，降低显著性，配置时沿着篱笆、栅栏、林荫道、林园等设置，铁丝、木桩等障碍物还可做成树丛、栅栏等形状。

三角锥、桩砦、石障等表面应实施保护迷彩，采用较强吸波性能的迷彩涂料；或将其设置在草丛、灌木林中，同时能够降低在红外、雷达波段的显著性；桩砦还可设置成天然巨石堆和岩石堆。

防坦克壕、三角沟的伪装，由于其作业量较大，可以利用天然河床、陡坡、谷底、悬崖等结合构筑个别地段，必须与地貌相适合，不得规则地挖掘地面；防坦克壕、三角钩只在部分地段使用平面掩盖遮障伪装，遮障面的颜色应与背景近似一致，采用周围植被和植物散布在遮障表面，降低红外、雷达波段显著性；在崖壁和断崖可以用倾斜掩盖遮障伪装成与地貌斜坡相吻合的形状；在经过掩盖的相邻两段之间，可用黑色颜料伪装成若干个摆布不规则的弹坑，或仿造成口宽较小的，不失其障碍能力的沟渠；还可将障碍力较大的障碍物伪装成障碍力较低的障碍物，如将正常宽度的梯形防坦克壕，利用小原木做支架、铺设遮障网、散布现地地物将其伪装成重型坦克可以通过的深度。

B 地雷障碍物的伪装

地雷场、地雷群的伪装主要是消除埋设地雷的痕迹。对每处埋设地雷的位置都要进行适应背景的处理，如在草地背景上埋设地雷，应在雷坑上铺设草皮等；对雷场所设的各种标志，应使用不太醒目的材料，并尽量利用自然方位物。

6.3 仓库与油库伪装

6.3.1 仓库目标伪装

后方仓库一直非常重视生存能力问题，并在以往战争中积累了大量的伪装经验。北约对南联盟进行空袭作战行动中，以美国为首的北约国家发挥它们在卫星技术和遥感遥控技术方面的优势，使用大量军事间谍卫星和无人机进行远距离、超远距离侦察，掌握了很多准确的情报，摧毁了南联盟的包括很多武器仓库、弹药仓库、飞机贮藏区和燃料仓库。仓库目标的伪装挑战性越来越大。

6.3.1.1 仓库的暴露征候

A 仓库的配置暴露征候

研究目标配置的战术技术要求和目标位置之间的相互关系，确定其规律性，为战略后方仓库区域伪装设计提供基础依据。例如，仓库的分布有单独设置的大型仓库，也有多个相同规格的仓库规律地排列，或连接在一起，如图 6-3 所示。也有一些为了隐蔽而分散配置的仓库和弹药库。

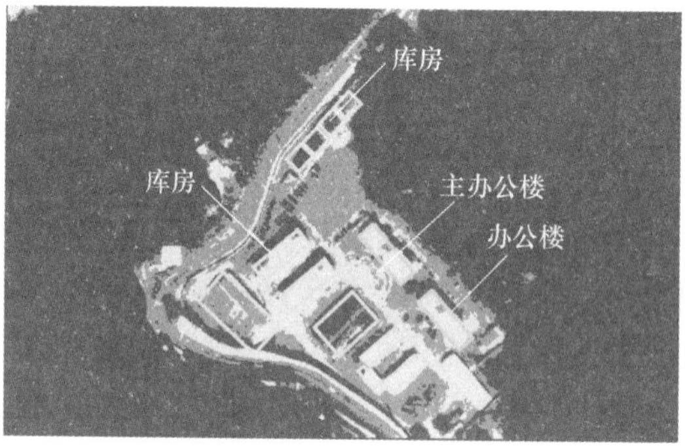

图 6-3 仓库影像

B 仓库的多光谱暴露征候

主要研究目标的颜色、温度、雷达波后向散射、目标外形、大小、阴影等特征，为仓库多波段伪装设计提供技术依据。一般大型仓库目标建筑外形比较工整，呈现长方形或方形，仓库顶部多为平面顶。颜色一般根据仓库构筑材料的材质和表面迷彩的颜色而不同。

C 仓库的活动暴露征候

主要研究目标平、战时活动要求，获得目标作业、人员活动和目标在建设和使用过程中产生的痕迹，如扬起的尘土、加油时留下的油斑和丢弃的垃圾等，确定仓库伪装后的维护以及战时的快速伪装实施方法。

D 仓库目标性质暴露征候

如部队营房、生活设施、地面库区、半地下库区、地下库区、铁路专用线、各种管线以及进出道路等主要特征目标的性质等级，据此确定整个区域的伪装优先等级。

6.3.1.2 仓库的伪装方法

仓库的伪装方法可以沿用传统的植物伪装、迷彩伪装方法，并将其拓展如下。

(1) 植物伪装。植被不但从外观上覆盖了目标，而更重要的是能减弱甚至遮蔽目标所产生的光、热、电、磁辐射，能吸收甚至阻断来自外界的非接触性探测信号。因此，仓库的植树造林，不仅是绿化美化的环境改善问题，也不仅是“绿色银行”的经济效益问题，而是在未来非接触性战争条件下如何有效地保存自己、消灭敌人的首要问题。仓库应根据库区的自然条件，依山就势、因地制宜地进行种树植草栽藤，使库区及周围山峦形成乔、灌、草、藤自然结合的生态植被网，将目标隐匿其中。

(2) 迷彩伪装。库房、站台及各种作业场所利用这种伪装方法都具有显著效果。其中多功能迷彩还具有吸收雷达波的功能，能够有效地对付可见光、红外、雷达等多种探测器，使伪装目标得到很好的防护。

(3) 遮障伪装。这种伪装方法对洞口、地面库、半地下库等相对较小的仓库设施均适用。新型的多频伪装遮障技术在可见光、近红外、中红外和微波范围内均有遮蔽作用。随着科学技术的不断发展，将出现一些性能更优的伪装器材，比如超级植物地毯、高技术迷彩、新型气溶胶发生剂、智能蒙皮等，使人工遮障效果得到进一步提高。

(4) 制造大量的假目标。为对付地面非接触性侦察和打击，根据损失代价的非对称性，后方储备仓库及重点目标应有一套或几套假目标伪装。选择恰当的位置制造假目标，示假隐真、以假乱真。造假应逼真，不但外观形象仿真，而且应具有一定的光、电、热、磁辐射量。同时，还应为假目标提供必要的辅助设备，可使用旧的无线电设备佯动，利用待报废的汽车、机械发动机等。用这些迷惑敌人，不但能使敌人的侦察、监视系统错判目标，而且能引诱敌人的精确制导武器集中攻击假目标。

(5) 仓库的选址不仅要考虑战术要求，更要根据可能选择一些特殊的地形地势来建造。如密林可以大量吸收各种机动车辆的辐射，其本身就是一个天然防护屏障；利用山系特点挖掘出纵深仓库，并注意巷道开口方向，这样不仅让敌人难以侦察，而且即使被发现，敌方再强的穿甲弹对此厚装甲也无计可施。

(6) 清除作业痕迹。一是注重地形整理。后方仓库大都在山区，当初施工时不但使原来的地形遭到了不同程度的破坏，而且留下一些明显的痕迹。比如洞库切口处与周围地形截然不同，大量的石渣与背景光谱反差很大等，使非接触性的侦察探测设备极易发现。因此，后方仓库应将被毁地形进行复原整理，达到与周围浑然一体、自然协调。特别是生态环境恶劣、自然条件较差的山区仓库，利用地形隐蔽显得尤为重要。二是注重整体效果。首先，目标与背景是一个整体，后方仓库的库区应与周围的自然环境协调一致。其次，目标本身是一个整体，不能藏万漏一；其次，目标对来自外界非接触性的光、热、电、磁等侦察探测手段的综合防护是一个整体，应统筹考虑效果，统一隐蔽防范，不能顾此失彼。

(7) 隐蔽重点。后方仓库技术区内的重点隐蔽目标，因其光、热、电、磁辐射量较大，既易暴露自己，又会殃及整体，且又属无以取代的专用设施、设备。对其中的重点部位应采用制式的屏蔽器材进行技术处理，进一步使目标的光源、热源和电、磁辐射源与外界彻底隔断。研制能预防光、热、电、磁信号探测的多功能伪装网，增设洞库隔热门，开发迷彩涂料新技术、新材料。随着电子监视系统，遥感监测系统等科技含量较高的设备在后方仓库陆续配备，其安装使用应与屏蔽伪装同等重视，同步进行。在移动通信工具日渐普及的今天，后方仓库应像管理火种一样严禁将其带入技术区，必要时还应在库区周围一定区域内保持关机沉默。

（8）释放干扰。在临战状态下，除战役方向组织的电子、网络、网电一体对抗、干扰以外，后方仓库接到空袭通报后，可根据情况在目标周围施放烟雾，或撒布黄磷、六氯乙烷等化学气溶胶，能使采用激光制导技术的巡航导弹和侦察设备无法辨认、锁定以致失去地面目标。

6.3.2 油库目标伪装

6.3.2.1 油库的暴露征候

A 外表暴露征候

大型油库分布范围广，典型目标物暴露特征突出，有的建筑物（构筑物）呈规则分布，通常情况下油库周围植被比较单一，有的区域裸露土地成为主要背景，整体背景比较单调。

a 光学暴露征候

大型油库的暴露征候主要有原油库、联合站、输油管线等典型目标的暴露特征，以及周围背景规则的树木、道路等。

原油库储油罐体积大，阴影长，分布规则，目标特征突出，容易在空中被发现、识别。联合站的建筑物特征突出，输油管线数量多，尺寸大，有的采用不同的颜色标注，为区分油罐、天然气罐和水罐，分别采用红色、黄色和绿色，使得目标更加突出。输油管线为平直的细条状且分布规则，更容易被识别发现。

b 红外暴露征候

红外暴露征候是油库目标最突出的暴露征候之一，主要有热惯量较小的储油罐、输油管线等，特别在冬季这些目标受太阳照射，温度较高的目标与周围背景反差较大，容易被识别发现。而在夏季，原油库的整个区域温度比较高，在太阳照射下，水泥混凝土道路、建筑物表面温度可达50~60℃，金属材质的储油罐、输油管线等表面温度可达60~80℃。周围背景裸露土地和植被具有较低的温度，能形成较大温差，易于识别发现。油气站的油、气、水罐具有较高温度，容易从背景中区分出来。

c 雷达暴露征候

各种储油（水、气）罐，输油管线为金属材料制作，雷达特征显著，油库内建筑物、道路等为混凝土、钢筋混凝土构成，对雷达波有较强的反射，整个油田的原油库、联合站等成为雷达强反射区域，与周围背景区别明显。

B 配置暴露征候

油库配置暴露征候主要有规则排列的储油罐，笔直而高亮度的道路与目标相连，人工种植的树木分布均匀规则。

C 活动暴露征候

油库的活动暴露特征主要是车辆装备的活动痕迹，以及人员机器等工作留下的垃圾、油斑等。

6.3.2.2 油库的伪装方法

油库目标伪装方案应根据各自的具体情况进行设计。即使是同样的大型目标，也不应采用完全相同的伪装方案。伪装方法和伪装程度还取决于设施的重要性和易损性，敌人对设施了解的程度，敌人对目标观察、照相可能采取的角度、距离，平均能见度、实施伪装所能占用的时间等。如果目标确实重要，时间、材料和人力又允许，应实施全面彻底的伪装；如果设施的重要性并不要求彻底伪装，则可利用简单的降低色调的方法降低目标的显著性。大型目标的空中和地面防护设施是重要的暴露征候，应与目标同时进行伪装。

A 防可见光侦察伪装

采用大型掩盖遮障对原油库实施掩盖。采用大型伪装遮障时，遮障面不仅要遮住建筑物的顶部，而且要逐渐倾斜，向四周延伸，直到与地面成30°的视线不能看到建筑物的底部为止。遮障面装饰材料的色彩、亮度和斑点图案应与周围背景吻合，并根据季节的变化调整遮障面的色调。

B 防红外侦察伪装

a 隔热处理

原油库、输油管道等目标表面温度高，非常容易被发现。因此，应在罐的内层进行隔热处理，也可以在外层进行隔热处理。表面涂覆低发射率耐热涂料，降低中远红外波段的发射率。膨胀型隔热涂料在可见光、中远红外波段都很有效，颜色多，可选择余地大，使用时先膨胀后固化，可以有效防止目标热量散失，也可以改变目标的热特征。

b 红外示假

外缘导管用金属管制成的大型经济目标（输油管线、原油库等）红外特征模拟器主要用于模拟输油管线、原油库等的热目标的红外特征，欺骗和吸引敌方空地导弹的攻击，以保护真目标。这种红外特征模拟器，侧壁和顶部用耐300℃高温的聚酰胺-聚酰亚胺材料制成，腔内热源采用固体推进剂火箭燃料。点燃固体推进剂火箭燃料，在1~1.5s内形成大的黑体热特征。

c 红外降温涂层

红外降温涂层通常用于太阳光照时间比较久的部位，涂装降温涂层，可以有效降低被保护部位的表面温度。多波段涂层的应用，利用涂料在3~5μm和8~14μm波段的高反射和微波、毫米波有强吸收来达到多波段伪装效果。

C 防雷达侦察伪装

a 宽波段微波隐身涂层的应用

宽波段微波隐身涂层主要用于输油管线、原油库等目标，降低目标的雷达截面积，达到隐蔽的目的。这种涂层也可以用于目标内壁的涂装，防止电磁波的反射和泄漏。

b 吸波材料的应用

吸波材料主要用于结构隐身设计中，在新建设的原油库和输油管线中，可以大量采用吸波材料，提高目标防雷达性能。原有大型经济目标有条件进行隐身改造的，也同样可以采用吸波材料，来降低经济目标的雷达截面积，达到防雷达伪装的目的。

c 对空发射箔条弹，形成多波段防护层

为了快速形成同时对付可见光、近红外、中远红外、激光、雷达探测器对油库目标的侦察、监视和跟踪瞄准，可以采用空射型散射遮蔽干扰器材。

遮蔽剂主要有液体燃烧型和固体燃烧型两种，常用的燃烧型固体遮蔽剂有赤磷基遮蔽剂、六氯乙烷基遮蔽剂等。综合考虑原料来源、工艺安全性能、遮蔽波段和效果等因素，经过广泛研究比较，选择赤磷基遮蔽剂更具有优势地位。

d 干扰遮障

干扰遮障一般以制式角反射器和就便角反射器构成面状干扰遮障。

6.4 机场与港口目标伪装

6.4.1 机场目标伪装

军用机场是航空兵部队进行作战、训练、武器装备维护，以及油料、弹药存储供给和人员生活保障的基础设施。无论平时还是战时，军用机场不仅在军队空中作战力量聚合方面发挥着重要作用，而且在形成国家（地区）安全防务和战争支持能力上具有重要地位。

机场的主要特点是：规模大，专用设施特征突出，数量多，隐蔽性差。军用机场分为永备机场和野战机场。永备机场规模较大，停驻飞机种类和数量较多，机场设施齐全。野战机场也称为临时机场，战时保障作战飞机高强度地出动，保证夺取局部制空权，在改建、扩建和维护原有一线、二线机场的同时，根据战役布势需要，临时构筑的跑道、机库。野战机场通常只供飞机起降、弹药补给之用，有的还可以进行一般维修检修，野战机场需要在使用时临时设置。

6.4.1.1 机场的暴露征候

A 机场光学暴露征候

机场跑道一般呈现为边缘整齐、宽大平直的白色或黑色长条形状。其质量、长度、宽度、方向与预定常驻飞机的重量、发动机种类与数量等有关。滑行道一般与跑道平行，也是具有明显暴露征候的条带状目标。停机坪分为集体停机坪和个体停机坪，集体停机坪多为方形、长方形，面积较大，个体停机坪能停放1~3架飞机，面积较小。飞机掩蔽库由一小块平地与周围的防护墙组成，在影像上多为深灰色长方形。调度室与塔台是机场中较高的建筑物，通常配置在飞行跑道中部。塔台通常为两个，位于机场跑道与滑行道之间，多为二层独立塔楼。飞机修理库在停机坪附近，库房特点是体积较大，长宽一般在20m以上。油库、弹药库一般配置在距机场一定距离的位置，暴露征候与一般的油库、弹药库基本一致。在现代战争条件下，为减少敌方打击造成的损失，大型军用永备机场多设有飞机疏散区，疏散区内设有若干个体停机坪、飞机掩体或掩蔽库，并有滑行道、道路与跑道相连。为减少敌方打击造成的损失，一些机场利用附近地形地势构筑飞机洞库来保护飞机；有的还把油库、弹药库、飞机修理库和各种设备器材也置于洞库中。

B 机场红外暴露征候

机场跑道、滑行道、停机坪等通常由水泥混凝土、沥青混凝土、钢筋混凝土等建筑材料铺设而成。太阳照射下，跑道温度会比周围裸露土地或植被环境温度明显高很多，能够形成较大温差，容易被红外探测器材识别和发现。飞机掩蔽库是利用钢筋水泥、波纹钢板等材料构筑的带顶盖的飞机掩体，金属材质受太阳照射后，温度升高得更快，与背景产生较大温差。

C 机场雷达暴露征候

机场跑道、滑行道、停机坪等由表面平整的水泥混凝土、沥青混凝土、钢筋混凝土等材料构筑而成，对于雷达回波会产生镜面反射效果。在 SAR 图像中，周围若为植物背景，则呈现深色调的长条形状。飞机掩蔽库、油库、弹药库、飞机修理厂等建筑，由于其材质具有较强的雷达回波特性，在 SAR 图像中能够形成较亮的轮廓斑点，部分建筑具有直角结构的地方在图像中会形成亮线。

6.4.1.2 机场的伪装方法

充分利用地形的隐蔽性能；平时以降低目标显著性为主，工程示假伪装措施为辅；战时以示假伪装为主，隐真和示假相结合，歪曲机场的使用等级，降低目标的显著性，使飞行场地的大小、位置及各种设施之间的相互关系产生变形。

A 机场勘察设计的伪装考虑

在满足飞行场地战术技术使用要求的前提下，机场位置的选择应力求隐蔽、安全。包括选择地形隐蔽、背景斑驳、不便于敌人侦察和攻击的地域上。机场附近应避免有大的方位物，如大的交通枢纽站、铁路公路交叉点、河流交汇点等，防止敌人借助方位物确定机场位置。在机场一定距离外，设置假机场。

B 飞行场地的伪装

a 降低显著性

在不妨碍飞行场地战术技术使用要求的前提下，有条件时，可使用彩色水泥等材料降低各种道面的亮度、雷达特征，借助灯光和其他导航设备、设立安全标志线等措施，达到飞机起降安全和伪装的最佳状态。

在备用跑道上移植草皮，仿造成附近的耕地、牧场等背景，与周围背景融合。在备用跑道上铺设伪装网，或在迷彩伪装的基础上布设可快速移动的假树或假建筑。

b 缩小机场规模，降低机场跑道使用等级

对于新建的飞行场地，有条件时可以用彩色水泥等材料，将主跑道两端伪装仿造成保险道、土跑道等附属道面，或将机场主跑道显示为滑行道或辅助跑道，缩小机场主跑道长度和宽度。对于正在使用的飞行场地，使用伪装涂料或其他伪装材料，将主跑道迷彩成保险道、土跑道等附属道面，缩小主跑道长度和宽度。对于保险道、土跑道，通过移植草坪、庄稼植物，仿造成附近耕地、牧场等背景。

c 隐蔽场坪设施

对加油坪、滑行道和停机坪等场坪设施，根据目标所处地域、背景斑驳程度和植物落叶状况实施迷彩伪装，降低目标的显著性。战时，在不影响加油坪、滑行道和停机坪场坪使用的条件下，采用伪装网设置不显著水平遮障，隐蔽场坪设施，军用飞机停放及其活动痕迹。也可快速移植植物、树木模型覆盖，将森林等背景延伸至场坪上。

d 设置假跑道、假场坪等

在机场一定距离外，设置假机场主跑道和各种附属设施，便于在“隐真”的同时“示假”。构筑假机场，一是要根据背景情况，合理确定假机场配置的位置和飞机数量，严格按照战术、技术要求进行构筑；二是利用制式器材和就便器材制作假飞机、假机场设施等，构筑假机场；三是构筑假掩机道，布设假机库等。为了使整个库区伪装更逼真，更符合机场特征配属关系，除采取隐蔽机库、改造背景等伪装措施外，还应布设同尺寸充气式假机库，构筑碎石路面的假拖机道环形路；四是构筑假机场作业完成后，应当对构筑和设置的假机场进行伪装效果检验，消除作业痕迹，对假机场实施不完善的伪装。另外，对假机场也要组织专门人员进行维护，以保证示假行动的连续性。

e 飞行场地设置烟幕遮障

在飞行场地的隐真示假区域设置烟幕发射装置，战时遭敌方侦察打击时，在防空火力配合下，发射烟幕弹或点燃废旧易燃物，快速形成大面积烟幕层，降低敌攻击精度。

f 歪曲飞行场地外形，产生变形伪装效果

战时遭到轰炸后，使用伪装涂料或其他伪装材料，及时在飞行场地上布设假弹坑、毁伤的假飞机等，模拟轰炸后效果，造成敌方错觉。

C 飞机掩蔽库、飞机洞库等伪装

（1）在勘察设计时宜将单击掩蔽库、洞库、储物库等选择配置在地形隐蔽、植被茂盛，不便敌方侦察和攻击的位置。

（2）设计时应尽量降低目标的定位高度，做地下或半地下化，减少伪装作业量。

（3）结合环境绿化工作，在单机掩蔽库、洞库、储物库周围不规则地移植与背景一致的高大成年树木，或在实施迷彩伪装的基础上，沿着单机掩蔽库四周种植爬藤植物，形成天然伪装遮障，遮蔽目标。

（4）对靠近山体或树林的掩蔽库、洞库、储物库，通过钢丝网水泥薄壳或轻质材料制作框架结构，改变目标外形，仿造周围背景环境。

（5）对于不宜栽种植物或植物稀少的地区，可在迷彩伪装基础上，在单机掩蔽库顶部适当位置采用轻型骨架材料制作框架结构，表面贴石，仿造假山、假石、土堆等背景，将周围背景延伸到目标上，改变目标外形。

（6）在距离真单机掩蔽库一定的距离外，设置假的单击掩蔽库，并在假掩蔽库附近显示适当的飞机活动痕迹。战时，根据攻击情况及时间允许的情况下，在掩蔽库上采用迷彩伪装模拟仿造成被攻击后不能使用的效果。

6.4.1.3 野战机场的伪装

野战机场具有简易的飞行保障措施，供航空兵临时驻用，一般铺设装配金属板道面或其他易构筑的跑道面，装备有活动式保障措施，建筑物较少，多为临时构筑。

野战机场的主要暴露征候包括：野战机场的跑道一般由土质道面、金属板道面构成，跑道长度和宽度较永备机场都要小，一般的野战机场配备临时构筑的飞机掩蔽库。

对野战机场伪装时，应根据器材条件和周围背景环境，通过降低机场显著性和改变机场外形等方式进行伪装。

（1）指挥中心的伪装。野战机场通常不设置塔台，战时若作战需要可通过移动指挥车指挥控制，也可将指挥中心转入地下，利用洞库隐藏。对临时构筑的航站类目标，采取仿造迷彩、设置变形遮障改变其外形及颜色特征的方法降低其显著性。

（2）机场跑道、停机坪的伪装。采用迷彩的方法来降低其显著性，缩短跑道的长度和宽度。还可通过移植草坪、庄稼植物，仿造成附近的耕地、牧场的背景，与周围背景融合。

（3）机库及其他配套设施的伪装。临时构建的飞机掩蔽库，尽量选择隐蔽的背景环境，利用山洞洞库、茂密的树林等。实施仿造迷彩，降低目标表面光谱反射率，并与周围背景相融合。对机库防护门表面实施变形处理，以消除阴影。还可采用植物绿化伪装。对机库周围裸露土壤实施植物绿化伪装，种植爬藤植物。

（4）受到侦察打击威胁时的伪装。战时，若野战机场临时受到侦察打击威胁，这时可在机场上空大面积施放空中水平烟幕，使敌人寻找不到机场重要目标的具体位置，从而保护机场目标，为飞机起飞赢得时间。

（5）构筑假机场。可以利用各种迷彩、遮障设置成假跑道的道面，并用制式器材或就便器材构筑道面上的假目标。在必要时，也可把假机场经加修当作真机场使用，做到真假结合，欺骗、迷惑敌人。

6.4.2 港口目标伪装

港口是舰船执行作战和运输任务的依托，军用港口是登陆兵装载上船和卸载上陆的重要设施。港口是处在水背景上的面状和线形目标，由于水背景的单调和特殊位置，港口、码头及其相关目标，都能被光学侦察、红外侦察和雷达侦察发现。

6.4.2.1 港口的暴露征候

港口是一个复杂的组合目标，按主要设备划分，包括各种码头、防波堤、修船设备、仓库和水上机场等。

（1）港口、码头的外形特征。码头是保障舰艇停靠和补充弹药、燃料物资的一种水工建筑物。码头一般都具有明显的轮廓，且水背景上的港口、码头有明显的颜色差别。反应在空中可见光照片中一般呈现明显的长条状。

（2）修船设备。港口的修船设备主要包括船坞、滑道、修船台和基本生产车间等组成。船坞的外形是一个与舰船形状相似的槽形，并且具有明显的阴影。滑道是用来从水中升起舰船并将其传送到岸上的装置。修船台外形呈现平行线状的轨道，并常有船只停放。

（3）港口的接近路。通往港口、码头的接近路是断头路，该路为港口、码头与内陆的连接道路，具有明显的指示特征，其指向终点表明港口的位置，使敌方很容易发现，路面若为水泥混凝土构筑，其光谱反射率大于60%，与周围背景能够形成明显的亮度反差，暴露征候十分明显，同时可以指示港口、码头的位置。

（4）舰船及舰船活动。舰船停靠及装卸载时，水面上的舰船及港口、码头上的车辆、机械等，都能暴露港口、码头位置。

（5）夜间作业痕迹。夜间作业时，作业照明的灯火和作业噪声也能暴露港口、码头位置。

6.4.2.2 港口的伪装方法

根据港口、码头的特点、暴露的征候和伪装作业的条件，港口、码头伪装的任务可分为隐蔽和示假两项。其中示假对保证港口、码头的伪装效果具有特别重要的意义，在完成港口、码头隐蔽的伪装任务时，都必须配合示假。

A 港口、码头的隐蔽

港口、码头的隐蔽效果，与岸边地形是否有利于选择伪装外形密切相关。因此，在建设港口、码头时就应考虑其伪装条件，码头位置最好选在岸边常有树丛、芦苇和有支流或河岸弯曲的地点，以便利用地形隐蔽码头和选择适应河岸的伪装外形。当码头伪装成河岸的形状时，可以使用人工遮障，即把遮障的支柱设置在岸边的水中，其上用铁丝、钢索或麻绳联结起来，伪装面长在骨架上，伪装面的颜色图案和粗糙状态应与河岸背景相适应，使其成为河岸的一部分。另外，应事先计划好实施烟幕伪装的方案，以便战时根据需要，适时实施烟幕伪装。

B 舰船的伪装

（1）舰艇应靠码头停泊，最好停泊在拐角处，尤其要注意停泊在阴影处，因为正确地利用阴影可以使伪装效果大大提高。

（2）舰艇应喷上与所在港口颜色接近的材料，并且为了避免因舰艇表面对光的反射导致被敌人发现，应采用无光泽涂料。

（3）用专用伪装网对舰艇实施伪装。网的颜色应该与港口的颜色一致，还要遮盖好舰艇和码头之间的空隙，使伪装后的舰艇看起来像是港口的自然延伸部分。在舰桥等部位要用单个伪装网补充伪装。

（4）在伪装好的舰艇旁边系泊一艘小游艇，使敌人看到的只是小游艇，而看不到舰艇，干扰敌人判断。

C 装、卸载时的伪装

装、卸载时是人员、物资器材和舰船相对集中，部队行动暴露，受敌火力威胁最大的时候。装、卸载时的伪装：一是尽可能利用能见度不良气候条件；二是周密计划、巧作安排，尽量缩短装、卸载时间；三是准备好发烟器材，适时实施烟幕伪装；四是严格伪装纪律，实行灯火、音响管制；五是与示假、佯动相结合。

D 构筑假港口、码头

构筑假港口、码头能转移敌人注意力，分散敌人火力，减少对真港口、码头的破坏，是实施港口、码头伪装的重要组成部分。假港口、码头的位置应符合地理要求和技术要求，并应与真港口、码头有一定的距离，以保证真港口、码头的安全；假港口、码头在外形上、红外特征和雷达特征上都要与真港口、码头一致，但结构应力求简单、作业迅速；应仿造通向假港口、码头的接近路，以及用民船（舟）或竹木筏结构的门桥。在接近路及假港口、码头应仿造人员、车辆的运动，以及音响、伪装不完善的灯火等。

7 武器装备目标伪装隐身

7.1 隐身技术

7.1.1 隐身技术的内涵

隐身技术又被称为目标特征信号控制技术或低可探测技术，是通过减小武器平台的特征信号，降低其被敌方探测器探测、跟踪、识别的概率，降低敌方制导武器攻击的成功率，提高武器平台生存力的统称。隐身技术可分为可见光隐身、红外隐身、激光隐身、雷达隐身和声波隐身技术等。不同的隐身技术具有不同的可探测特征，可见光隐身的探测特征是目标与背景之间的亮度对比度和色差。红外隐身的探测特征是目标和背景之间的温度差、辐射功率对比度。激光雷达和无线电雷达隐身的探测特征是雷达截面大小特征差异。

实现目标隐身的手段主要有外形隐身技术、材料隐身技术和等离子体隐身技术等，其中在隐身材料中，又有结构型隐身材料和涂覆型隐身材料之分。由于将涂料用于隐身技术具有许多优点（如使用方便），特别适宜现场及野战条件下对武器装备和重点目标实施快速隐身；不需对武器装备的外形做出改动，特别适宜在现场装备上推广使用；还可制成隐身网或隐身罩等。因而隐身涂料在现代隐身技术中具有广阔的发展和应用前景。

据统计，空战中80%~90%的飞机损失是由于飞机易被探测所导致的。因此，隐身的目的就是通过增加敌人探测、跟踪、制导、控制和预测平台或武器空间位置的难度，大幅度降低敌人获取信息的准确性和完整性，降低敌人成功地运用各种武器进行作战的机会和能力，以达到提高己方生存能力的目的。现在秘密研制中的隐身武器有隐身飞机、隐身导弹、隐身舰船、隐身水雷、隐身坦克装甲车辆等。未来隐身武器将朝着多兵种、全波段、全方位、更隐蔽的方向发展，使整个战场成为琢磨不定的隐身世界。

7.1.2 隐身技术的应用情况

7.1.2.1 美军隐身武器的应用情况

美军在隐身理论、设计技术、材料技术、测试技术及应用方面等处于世界领先地位。在新一轮的隐身技术发展时期，美军除了注重开展隐身技术机理的深入和拓展研究外，还更加注重隐身技术的应用研究，尤其是隐身战斗机、隐身导弹、隐身舰艇、隐身潜艇和隐身坦克等主要武器系统。

B-2隐身轰炸机具备全球作战能力，1997年4月开始服役，不仅具备雷达隐身能力，而且能够降低红外和可见光探测识别概率。“黑星”隐身无人机作为高空续航航空侦察监视飞行器，以其独特的高气动性能、低RCS优化外形（其机身平面图形为细长管形），可以在敌方高达13.7km的领空完成长达8小时甚至更长时间的侦察任务而不被发现。美国海军正研制一种高性能无人作战航空器（UCAV），能从小型水面战舰上和载有弹道导弹的潜艇上发射，预计到2030年主宰作战空间。新一代多用途隐身无人机研制已经成为各国空军研制和发展的重点，在隐身性能、生存能力、作战能力方面不断提高。美军的三代隐身飞机，见表7-1。

表7-1 美军三代隐身飞机

代数	型号	特　点	隐身措施	雷达截面积/m^2
1	F-117	夜间作战	雷达和红外隐身	0.01~0.025
2	B-2	气动力高、大载荷、隐身	雷达和红外隐身	0.1
3	F-22	高空、高速、隐身、昼夜作战	雷达和红外隐身	0.1~0.5
	F-35	空战和对地攻击	雷达和红外隐身	0.5

7.1.2.2 俄罗斯隐身武器的应用情况

俄罗斯在隐身理论、材料技术和测试技术等方面已取得很大进展。苏-47战斗机独特的前掠机翼格外引人注目；“猎人”无人机是苏霍伊工业公司研制生产的一款新型察打一体隐身无人机，外部采用特殊材料和涂层，具备较强的低可探测性。在舰船隐身方面，作为核动力导弹隐身巡洋舰的基洛夫号是具有一定隐身能力的大型核动力舰艇；“无畏”级隐身护卫舰特别注意降低了雷达截面积和红外辐射。

7.1.2.3 其他国家和地区的隐身技术发展情况

英国在隐身理论研究、材料技术和测试技术等方面也有较大成效。在隐身导弹研究方面有暴风影巡航导弹、海鹰隐身导弹等，目前正计划研制具有一定隐身性能的装甲战车。英国研制出了灵巧隐身护卫舰，“美洲狮”隐身导弹护卫舰，还研究了隐身教练水雷、隐身军舰、隐身战车等。

法国在隐身理论、材料技术、设计、制造和应用方面成效显著，成功地研制出高性能隐身巡航导弹“强盗”及后继型“强盗”多用途隐身导弹。隐身舰艇有拉斐特护卫舰、费耶特、絮库夫军舰、戴高乐级核动力航空母舰等。

德国独立研制LA-2000隐身攻击机、AT-2000隐身战斗机/教练机等隐身飞机，还与法国、瑞典、韩国等合作研制隐身导弹，如模块化“强盗”“独眼巨人”等。德国在隐身舰艇研制方面也很有成效。

日本在隐身武器研究方面也已步入世界先进行列。ATD-X隐身战斗机是日本先进技术验证机；阿武隈级护卫隐身舰艇具备可变距大侧倾螺旋桨，获得更佳的静音能力。日本在隐身材料研制方面更有其独到之处。

随着隐身理论研究和实际应用技术的不断深入和拓展，以及在现代战争中探测防御系统飞速发展的推动下，隐身技术正在不断向各类作战武器系统中渗透，寻求发展宽隐身频带、全方位、全天候、智能化的隐身武器已成为大趋势。隐身技术研究应在注重雷达隐身研究和应用的基础上，大力展开红外、声、视频、磁等隐身技术的研制工作。

7.1.3 雷达隐身技术

雷达在无干扰时自由空间的测距方程为：

$$R^4 = \frac{PG^2\lambda^2\sigma}{(4\pi)^3 P_{\min}} \tag{7-1}$$

式中，R 为雷达探测距离；P 为雷达发射功率；$P_{\min}$ 为雷达最小接收功率；G 为雷达天线增益；λ 为雷达工作波长；σ 为目标的雷达散射截面积。

可以看出，雷达探测距离 R 与目标（如飞行器）的雷达散射截面积的 1/4 次方成正比。以美军现代中等功率监视雷达为例，对雷达散射截面积不大于 $1m^2$ 的目标的探测距离，见表 7-2。

表 7-2　雷达探测距离与雷达截面积的关系

σ/m^2	1	0.1	0.01	0.001	0.0001
R/km	116	65.1	36.7	20.1	11.5

由表 7-2 可以看出，要想缩短雷达探测距离，就要减少目标的雷达散射截面积，即降低雷达回波的信号强度。

决定目标 RCS 的主要因素是目标本身的物理性质和几何外形。当观测系统参数不同时，入射到目标上的电磁波参数不同，RCS 也就不同。RCS 取决于下列因素：

（1）目标的物理特性，即目标材料的电性能。通过选择适当电性能的材料，能缩减战场目标的 RCS；

（2）目标的几何外形与其 RCS 关系很大，可利用改变战场目标的外形来控制其 RCS；

（3）一般来说，目标被雷达照射的方位不同时，战场目标的 RCS 随方位角急剧变化，甚至可以相差几个数量级；

（4）入射波的波长不同，入射场极化方式和接收天线的极化方式不同，战场目标的 RCS 也不同。

以上述原理为基础，经过理论计算、计算机模拟测试和实践的检验，现总结了减小战场目标雷达散射截面积的一系列低可探测性设计的基本思路，即确定了有关基本技术和措施，主要包括以下技术。

7.1.3.1 外形设计雷达隐身技术

大量研究表明，外形设计对战场目标雷达隐身性能的贡献约占 2/3，材料性能占 1/3。因此，外形设计在雷达隐身中占有重要地位。目前，最具特点的外形设计包括 F-117 的“钻石”外形和 B-1 的“飞翼”外形。

（1）合理控制目标整体外形，避免表面采用大的平面和大的凸状弯曲面，以抑制镜面强反射。

（2）外形采用多面体或多角体结构，用多方向的小镜面反射和边缘衍射代替小角度的能量集中的大镜面反射等。

（3）避免出现边缘、棱角、尖端、间隙、缺口等，将口盖的缝隙设计成锯齿形，以避免直线缝隙形成镜面反射。

（4）采用导电材料弥合缝隙，避免因为行波而产生二次辐射。

（5）尽可能消除目标外形结构上的垂直相交表面，合理设计腔体，避免出现两面体、角反射器的矩形槽等凹状强反射结构。

（6）尽量消除战场目标外挂武器、吊舱、副油箱等一切外挂物，设计内嵌式结构。

7.1.3.2 材料隐身技术

隐形材料主要分为雷达吸波材料和雷达透波材料。在减小雷达散射截面积方面，通常透波材料所起的作用并不大，主要的是使用雷达吸波材料。雷达吸波材料按工作原理可分为谐振型吸波材料、宽频带吸波材料和综合型吸波材料三大类。

（1）谐振型吸波材料是一种夹层结构，通过在不同表面的反射波发生相位相反的相消干涉而吸收雷达波的能量。以一种两层的结构为例（见图 7-1），在基板上涂上屏蔽层（即所谓“索尔兹伯里屏蔽层”涂层）的阻抗率足以使 50%的雷达入射波从屏蔽层表面反射掉，剩下的穿过厚度为 1/4 波长的屏蔽层，那么在两个表面上的雷达反射波的相位正好相反，从而发生相消干涉，使反射波互相抵消。显然，上述谐振型吸波材料是为在特定频率下使用而设计的。尽管 20 世纪 50 年代后期 U-2 飞机上使用过这种“索尔兹伯里屏蔽层”，但对于应用而言，需要有较宽的频率覆盖范围。若这两个表面定位成 1/4 波长的间隔，即屏蔽层厚度为某一雷达波波长的覆盖范围才真正有效。为此制造出多层的吸波材料，使每一层都能让不同频率的反射波发生谐波，乔曼吸波材料就是这种多层结构，它多达 3~6 层，每一层都有一定的厚度，而且每一层的电阻率都比前一层的电阻率低。总的来看，谐振型吸波材料只能对一种或至多几种频率的雷达波起吸收作用，而且尺寸和重量都较大，因而应用有限。

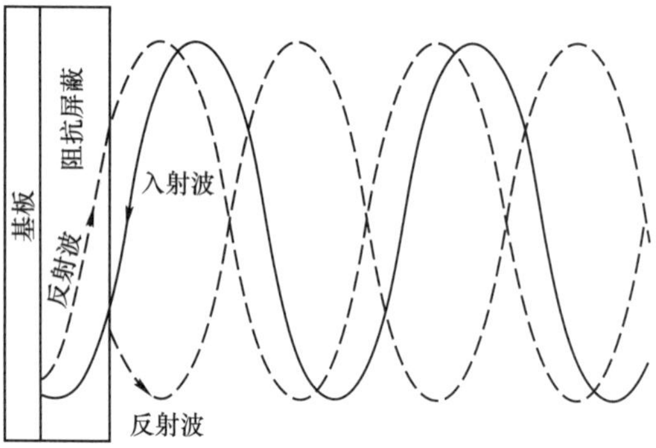

图 7-1 谐振型雷达吸波材料的机理

（2）宽频带吸波材料包括介电型、铁磁型和新机理吸波材料三类。

1）介电型吸波材料是以碳质电阻类材料为基础制造而成的，其电阻率高、导电度低，当受到雷达波照射时，电磁感应的作用迫使材料的分子试图随交变电磁场运动，大的电阻率或有限的导电率引起能量消耗，这就是所谓“耗能而不导电”的雷达吸波材料，通常通过将碳-耗能材料加入聚氨酯泡沫之类的基体中制造此类材料。其特点是覆盖的频率范围较宽，而且频率越高越有效，同时材料越厚，吸收作用越强，最多可能吸收掉入射雷达波能量的 90%~99.9%。当采用多层结构时，其吸收力更强，而且能覆盖多个波段（覆盖的频率范围为 4~100MHz），比如洛克希德公司研制的新型导电塑料吸波材料。此外，微波暗室里采用的毛垫型及棱锥体吸波材料等是较早投入实际使用的介电型雷达吸波材料。

2）铁磁型吸波材料是以铁的化合物、铁氧体（铁磁材料的陶质混合物）或羰基铁之类的磁性材料为基础制造的。磁性材料中存在着磁偶极子，当受到雷达波照射时，磁偶极子随电磁波运动而使能量被消耗掉。磁性吸波材料效率高，在同样频率下使用的磁性雷达吸波材料的厚度只有介电型吸波材料的1/10，而且覆盖的频率范围较宽，在低频时最为有效。磁性吸波材料常作为涂层使用，因而被称为涂料型吸波材料。美国已研制成功锂-镉铁氧体、锂-锌铁氧体、镍-镉铁氧体和陶瓷铁氧体等一系列涂料型磁性吸波材料；日本研制出一种厚度1.7~2.5mm，可使5~10GHz的电磁波衰减30dB(99.9%）以上的宽频带铁氧体混合涂料。

3）新机理吸波材料吸收雷达波的原理既不同于介电-耗能型吸波材料，也不同于磁性-耗能型吸波材料的新型吸波材料，即席夫碱基盐。这类化合物在受到雷达照射时，其原子会进行一种轻微而短暂的重新排列，从而吸收电磁能量。其对雷达波能量的吸收能力大于磁性-耗能型吸波材料，而重量却仅是磁性吸波材料的1/10。

（3）综合型吸波材料中，实际使用的吸波材料往往是将前述谐振型吸波材料与宽频带型吸波材料组合在一起的综合型吸波材料。例如，磁性-耗能型吸波材料在低频率时最有效，而介电-耗能型吸波材料在高频率时最有效。因此，如果把两者组合在一起，就可以得到在尽可能宽的频带范围内都有效的综合型雷达吸波材料。

按使用方法的不同可将上述各类吸波材料分为涂料型和结构型，涂料型吸波材料涂敷在目标的表面，所使用的是高性能的磁性-耗能吸波材料、席夫碱基盐等。涂料层薄，但容易脱落，而且覆盖的频率范围有限，所以又发展了结构型隐形材料。此类材料主要是介电-耗能型吸波材料和综合型吸波材料，用来制造机身、机翼、导弹壳体等，其重量和尺寸都较大、制造工艺复杂、强度不高等特点，所以只能有选择地用于制造武器装备的某些组件或部件。因此，在战场目标上各种吸波材料的使用往往以“折中”为原则，既考虑使飞行器有一定的控制雷达目标特征的能力，又不明显降低其机动性、速度、载荷能力等战术技术性能。

7.1.3.3 等离子体隐身技术

等离子体是一种宏观电中性的电离气体，其运动主要受电磁力的支配，它被认为是继物质存在的固体、液体、气体三种形态之后出现的第四态物质。所谓等离子体隐身技术，是指利用等离子体来规避探测系统（如雷达）的一种技术，它使许多武器装备几乎不做任何结构和性能上的改变，就可以利用等离子体发生器来实现隐形，而且可通过设计等离子体云的特征参数（如能量、电离度、振荡频率等），来满足各种特定要求，使敌方难以探测，从而达到隐形的目的。这种技术甚至还能通过改变反射信号的频率，使敌方雷达探测假数据，以实现军事欺骗。

等离子体隐形技术有诸多优势：一是吸波频带宽；二是吸收率高，隐形性能好；三是使用简便；四是使用时间长；五是价格极其便宜；六是无须改变飞机等装备外形设计，不影响飞行性能，甚至还能降低飞行阻力30%左右；七是没有吸波材料和涂层，维护费用大大降低。据称，采用这种新技术的飞行器，被敌方发现的概率可降低99%，即能真正实现“雷达全隐形”。

等离子体按其热容量大小，可分为高温等离子体和低温等离子体，目前世界上主要是应用低温等离子体。运用等离子体使武器装备隐形的方法主要有两种：一种是利用等离子体发生器产生等离子体，即在低温下，通过电源以高频和高压的形式提供高能量产生间隙放电，将气体介质激活电离形成等离子体，方法虽简单易行但效果较差；另一种是在装备的特定部位，如强散射区，涂一层放射性同位素，它的辐射剂量应确保射线电离空气所产生的等离子体包层具有足够的“电子密度和厚度”，以对雷达波有最强的吸收率，但其价格比较昂贵，且维护也较困难。

早在20世纪60年代，苏联就开始了秘密研究等离子体吸收电磁波的性能。80年代初，苏联首先开始等离子体实验，重点是研究等离子体在高空超音速飞行器上的潜在应用。90年代初，美国在休斯敦实验室进行了两年的实验，使雷达获取回波的信号强度减小到原来的1%。1999年初，俄克尔德什研究中心已开发出第一代和第二代等离子体发生器，并在飞机上进行试验并取得成功。其第一代产品是等离子体发生片，厚度为0.5~0.7mm，将该发生片贴于飞机的强散射部位，电离空气即可产生等离子体。第二代产品是等离子体发生器，在等离子体发生器中加入易电离气体，即可产生等离子体云层，经飞行试验证明，它不仅能减弱雷达的反射信号，还能通过改变发射信号频率实现隐形。当前，该研究中心正在应用新的物理知识研制第三代产品，是利用飞行器周围的静电能量来减少飞行器的雷达截面积。当然，等离子体隐形技术是一项非常有希望但又十分复杂的系统工程，包括大气等离子技术、电磁理论与工程、空气动力学、机械与电气工程等学科。但随着科学技术的飞速发展，一旦关键技术被突破，隐形兵器必定会开创一片新天地，并在军事领域展示出广阔的应用前景。

7.1.3.4 其他技术

国外发展的其他雷达隐形技术有有源与无源电磁干扰、微波传播指示技术等。例如美国海军航空系统司令部和英国费兰蒂计算机有限公司正在研究的微波传播指示技术，是利用计算机测量雷达波束在不同大气条件下的覆盖范围，从而指示出飞行器突防的较为安全的途径。大气温度、湿度的变化能使雷达波束的传播发生畸变，使其覆盖范围产生“空隙”和波瓣延伸，同时雷达波在大气层传播时会形成“传输波道”，其能量集中于波道内，波道外几乎没有能量。因此，如果能预测出雷达波在大气中的传播情况，就可使飞行器在雷达“盲区”或波道外飞行，避开雷达的探测，顺利突防。

7.1.4 红外隐身技术

许多军事目标（特别是飞机、导弹等）在飞行途中都会发出强大的红外辐射，利用其红外辐射信号的特征，通过红外探测器就可以发现目标，并引导导弹等制导武器跟踪、接近和摧毁目标，这就是红外探测和制导技术。随着红外侦察、红外制导技术的发展，与之相对抗的红外隐身技术也迅速发展起来，并成为一项重要的军事技术。红外隐身技术通过应用红外物理原理来衰减、吸收目标的红外辐射能量，利用屏蔽、低发射率涂料、热抑制等措施，降低或改变目标的红外辐射特征，从而增强目标红外隐身性能。

电磁学和热辐射的研究证明，温度高于绝对零度（即-273℃）的任何物体都在不断向外发出红外辐射。一般而言，物体的温度越高，其红外辐射越强。从物理学斯蒂芬-玻耳兹曼定律可知，物体的红外辐射能量不仅取决于物体温度，而且取决于物体的发射率。相同温度的物体，发射率越高，红外辐射能力越强。一般军事目标红外辐射都强于背景，所以采用低发射率材料是红外隐身技术的重要方向。

红外隐身技术隐蔽的信息是目标的相对辐射能级与红外辐射特征，隐蔽信息的中心是目标的红外辐射强度和辐射波段。根据红外辐射的基本原理，现总结减小战场目标红外辐射特征基本设计思路，具体如下。

（1）外形设计红外隐身技术。战场目标红外辐射主要来源之一是发动机喷出的高温高速气体，通过优化设计喷口外形，采用异型喷管，改变红外辐射波长，使目标红外辐射避开大气窗口而在大气中被吸收等方式隐蔽红外辐射特征。通过外形设计，如改变发动机排气喷口位置，从而改变红外辐射方向，有效抑制在红外探测威胁方向上的红外辐射特征。

（2）减少散热源。采用散热量小的设计和部件，降低目标主要辐射源温度。

（3）屏蔽技术。以屏蔽阻隔方式，减小目标内部发出的热量，对高热量部位采用红外遮挡。利用空气对流散热，将热能从目标表面传递给周围冷空气中。采用隔热层，使目标高温部位红外辐射大大降低。采用液体雾化冷却方式，利用混合冷却液的小液滴冷却高温部位。采用空气冷却，利用周围空气冷却目标高温部位。

（4）红外隐身材料。红外隐身材料具有隔断目标红外辐射的能力，同时在大气窗口波段内，具有低的红外发射率和红外镜面反射率。按照工作原理可以分为控制发射率和控制温度两类。

1）控制发射率红外材料。控制发射率红外材料主要有涂料和薄膜两类。涂料一般具有较低发射率，而且具有较低的太阳能吸收率和一定的隔热能力，可以避免目标吸热升温，降低目标红外辐射能量。从基尔霍夫定律可知，不透明物体的反射率越高，发射率就越低。金属颜料具有较高的反射率，和较低的红外发射率。但是，金属颜料不利于激光、雷达和可见光隐身。美国研究发现，将铝碎屑加入半导体、金属氧化物和黑色颜料组成的涂料中，再以合成胶黏剂混合，可使其在 8~14μm 波段发射率达到 0.5 以下。一般金属颜料在涂料中的比例为 20%~30%，其红外辐射能力最低。颜料的形状对降低红外辐射能力有较大影响，片状粒子效果最好，杆状粒子和粒状粒子其次。低发射率颜料一般为白色或灰色，一旦加入彩色涂料发射率会急剧升高。在使用着色颜料时，一般选用无机着色颜料，且无机着色颜料的粒子尺寸对其红外波段发射率影响很大，一般粒子尺寸应小于远红外波长而大于近红外波长，这样可以提升红外隐身性能。美军在 20 世纪 90 年代开始研究发射率随温度变化的半导体颜料，实现目标温度升高时发射率降低，目标温度降低时发生率升高，通过发射率变化补偿目标温度变化，降低目标与背景间热对比，达到红外隐蔽效果。涂料涂层厚度影响红外辐射强度和频谱分布，当涂层厚度在 30~100μm 时，随着涂层厚度的降低，红外发射率随之降低。当涂层厚度不在这个范围时，涂层厚度对其红外辐射外围基本没有影响。另外，涂料的涂刷工艺影响涂层表面微结构形态和取向。测试结果表明，涂刷操作的样品比喷枪喷涂的样品发射率低，且物理性能更好，表面光滑的样品比表面粗糙的样品发射率更低，但考虑到镜面反射、亮面的影响，还应保持一定的表面粗糙度。

2）控制温度的红外材料。控制温度的红外材料包括隔热材料、吸热材料和高发射率聚合物。隔热材料用来阻隔装备发出的热量，使热量难于外传扩散，包括微孔结构材料和多层结构材料。隔热材料可以使用泡沫塑料、粉末、镀金属塑料膜等组成，泡沫塑料能够存储目标发出的热量，镀金属塑料能有效反射目标发出的热量。吸热材料利用高焓值、高熔融热、高相变热的可逆过程，有利于减小升温引起的红外辐射。目前，红外隐身技术的重要性仅次于雷达隐身技术，受到各国的高度重视，并取得了一系列重要进展。据报道，如果在目标上综合采用上述各种抵御红外技术措施，则可抑制90%以上的红外辐射。由于各种军用目标的红外辐射特征不同，所采用的红外隐形技术措施的侧重点有所不同。例如，飞机的红外辐射源较多而又较强，因而红外隐形技术要综合采用上述多种措施；直升机主要通过改变发动机排气方向来控制红外特征；巡航导弹的主要红外辐射源是发动机的喷口和尾焰，因而应把改进发动机结构形式、降低尾焰温度及改变尾焰的空间分布等作为红外隐形技术的重点；对于弹道导弹弹头，再入段的气动加热是其红外隐身技术的重点方向，可采用纳米波红外隐形涂层、长波红外烟雾遮蔽技术、双向异形多层薄膜涂层等降低弹头的红外特征。

7.1.5 可见光隐身技术

可见光隐身是指在人眼观测的380~760nm波段，采取各种措施降低目标本身的可视特征，使敌方可见光相机、电视摄像机和微光夜视仪等光学探测、跟踪、瞄准设备和系统不能、难以探测到目标的可见光信号。可见光波段的光学探测、跟踪、瞄准是军事侦察的首要手段，试验测试证明，可见光探测系统的探测效果决定于目标与背景之间的亮度、色度、运动等视觉信号参数的对比特征，其中目标与背景之间的亮度对比是最重要的因素。目标结构体表面的光反射，以及喷焰、尾迹、羽烟、灯光及照明光等，均为目标的主要亮度源。如果目标亮度和背景亮度对比相差非常大，就容易被可见光探测系统发现。如果目标与背景的亮度相当，则它们之间的色度对比便成为目标的重要可视特征。如果目标对背景呈现强烈的亮度、色度，就很容易观察到目标相对于背景的运动，比如从飞机机身或螺旋桨的闪光可观察到飞机在空中的飞行。采用反可见光探测技术的目的，就是通过减少目标与背景之间的亮度、色度和运动特征的对比，达到对目标视觉信号的控制，以降低可见光探测系统发现目标的概率。

可见光隐身手段主要包括如下。

（1）静态可见光隐身。静态可见光隐身包括涂料迷彩和人工遮障。试验表明，涂敷迷彩具有相当好的隐身效果，如用微光夜视仪观测1000m处坦克的发现概率，无迷彩时为77%，有迷彩时只有33%，现代迷彩兼有吸波作用，不仅可降低坦克的可见光探测概率，还可减弱坦克的红外辐射。遮障可模拟背景的纹理，使目标得以遮蔽并与背景融合，是固定目标和运动目标停留时最主要的隐蔽手段，特别适合有源或无源高温目标。遮障综合使用了伪装网、隔热材料和迷彩涂料等技术手段，是静态目标可见光、红外和一定程度雷达波段隐身效果的集中体现。

（2）动态隐身。动态隐身是一种主动隐身方式，能够感知背景的变化，自动调节目标的亮度和色度，从而使目标融入背景中。动态隐身与迷彩、伪装网、烟幕相比可以使武器隐蔽不受环境的制约，提高了机动性能，扩大了作战范围。

（3）自适应隐身。自适应隐身技术是一种基于自适应隐身材料的主动隐身技术。自适应隐身材料是一种系统，它可以感知不同背景条件下不同方位到达的电磁波或光波特性，对感知信息进行处理，并通过自我指令对信号做出最佳响应。自适应隐身系统可以分为信号采集系统、信号处理与控制系统和目标可探测特征生成系统三个子系统。信号采集系统主要由温度传感系统和信号处理系统构成，可分辨采集目标和背景的光电特征信号；信号处理与控制子系统的中央控制系统主要由微处理器和 A/D、D/A 转换器构成，对采集信号进行分析处理，根据背景的光电特征信号，对目标的可探测特征生成系统发出工作指令，并对其工作状态进行监控；目标可探测特征生成子系统是体现自适应隐身的功能主体，主要由自适应隐身材料构成，通过接受控制系统的指令进行工作。可见光自适应隐身材料有光致变色材料、光致亮度调节材料、电致变色材料和热致变色材料等。

7.1.6 其他隐身技术

7.1.6.1 电子隐身技术

目标除了容易被敌方雷达和红外探测系统发现之外，其本身所载的电子设备因不断向外辐射电磁波信号也容易被敌方的电子侦察系统发现。为了使目标不被性能越来越高的电子侦察系统（如地对空雷达干扰系统、通信干扰系统等侦察接收机）发现，作为抑制目标本身所产生的电磁信号特征的电子隐身技术也成为一种重要的隐身技术。飞机、直升机、导弹等目标自身电磁辐射源主要是其所载的各种电子设备，如雷达、雷达高度表、通信系统、控制系统、电子对抗系统（雷达干扰机、通信干扰机等）、无线电信标等。

7.1.6.2 声波隐形技术

许多目标（如飞机、坦克和舰艇等）都会向周围介质（如空气、大地和水下等）辐射高能级噪声声波，极易被敌方噪声传感器、声呐等声波探测系统探测到。目标的噪声源主要是发动机等机械的工作噪声，目标及其部件（如螺旋桨）运动和排气对周围介质的扰动噪声，以及目标体与其构件的振动噪声等。声波探测系统的探测概率还受外界条件的影响，主要因素有传播衰减、多径效应、混响干扰、环境（海洋）噪声、白噪声、目标反射或辐射噪声强度等。声波隐形技术或声频特征信号控制技术，就是控制目标的声频特征，融入背景环境噪声，降低声波探测系统探测概率的技术。

F-117A 隐身战斗机由于采用了多种消除或降低噪声的技术，因而在几百米之外其发动机噪声几乎都听不见。但值得注意的是，采用上述技术措施虽能降低噪声，但不能完全消除噪声。因此，消除目标噪声问题目前还未能从根本上解决。声波隐身技术主要应用于舰艇，特别是潜艇。

7.2 舰艇与飞机目标伪装隐身

7.2.1 舰艇目标伪装隐身

舰艇目标一般活动在海天背景中，由于背景相对比较单调，舰艇目标与背景对比明显，容易被侦察发现。

7.2.1.1 舰艇的暴露征候

A 舰艇光学暴露征候

军用舰艇目标一般体积较大，舰体比民用舰船更加细长，这样便于军用舰艇的机动转移。军用舰艇一般配备有武器装备系统、指挥系统、控制舱等，船体上层结构与一般民用舰船相比更加复杂。潜艇一般呈深色色调、更加细长、两端尖尖，外形特点明显。

B 舰艇红外暴露征候

处于海洋环境中的舰船目标无时无刻不产生着红外辐射。按照产生红外辐射来源的不同，舰船红外辐射可以分为外生红外辐射和内生红外辐射。

舰船的内生红外辐射产生于舰船内部，包括发动机和其他动力设备的散射、发动机的排放、通风口的热气及舰船内部舱室的热损耗。其中烟囱管壁和排气烟羽的红外辐射最为强烈，是不可忽视的红外辐射。烟囱管壁的可见金属面积一般在 2~5m^2，温度一般在400~500℃。因烟囱管壁温度高，所处位置也高，是舰船最强的内生红外辐射源，所以最容易被敌方红外探测器发现。排气烟羽与烟囱管壁的温度相当，由它产生的红外辐射同样激烈。另外，排气烟羽后面的桅杆、排气烟道附近表面的暖流区域、围阱和机舱区、主推进系统的热终端部件等也会不同程度地产生红外辐射。

舰船外生红外辐射源于舰船表面对外部环境辐射的吸收和反射。例如，太阳、天空、海面、大气等环境温度，影响舰船表面温度，其中太阳辐射影响最为关键。当烟囱管壁和排气烟羽等小范围高强度的红外辐射源被有效控制后，舰船表面包括船体、甲板和上层建筑的热辐射成为主要红外辐射源。舰船表面的温度远低于烟囱管壁和排气烟羽的温度，与背景环境的温差较小，但有效辐射面积较大，仍会产生明显的红外暴露征候。当天气晴朗，太阳辐射强烈的情况下，舰船表面的红外暴露征候容易被侦察探测。

舰船红外辐射应综合考虑观测视角、环境温度及太阳光的影响，通过综合分析可知：排气烟羽和烟囱管壁的有效辐射面积很小，但温度很高，是导致舰船在中红外波段内暴露征候显著的决定因素；舰船表面与背景温差虽然不大，但有效辐射面积非常大，导致舰船在远红外波段红外辐射特征明显。

C 舰艇雷达暴露征候

在战争中，舰体和舱面甲板指挥台及舰载火炮、导弹武器等上层建筑全部暴露在电磁环境下，其各种金属材质和直角结构是明显的雷达暴露征候，是敌方雷达侦察的首要目标。对于潜艇来说，雷达暴露征候没有水面舰艇那样明显，但是雷达仍然是发现潜艇的重要手段之一。潜艇的潜望镜、警戒雷达、侦察雷达、无线电及定向天线等经常伸出水面，在水面上形成相当数量的雷达波反射体。因潜艇伸出水面的设备多呈现圆柱形，雷达波在各种角度下有效反射面积大致恒定，反射波比较集中，呈现稳定的强雷达回波。机载或舰载的专用合成孔径雷达，能够较容易地发现潜艇的潜望镜、通气管和各种雷达天线，海上巡逻机的现代潜望镜搜索雷达，能在超过 100nmi（海里，1nmi=1.852km）的距离内，甚至在恶劣的天气条件下探测到潜艇的通气管或潜望镜。

D 舰艇声波暴露征候

舰船航行过程中会向周围介质辐射高等级噪声声波，极易被敌方噪声传感器、声呐等声波探测系统探测到。舰船的声波源主要是发动机的工作噪声、目标及其部件运动机器振动产生的机械噪声，排气对周围介质的扰动噪声，以及目标及其构件的振动噪声。舰艇噪声来源主要有发动机、发电机、风机及各种机械部件的工作噪声和振动噪声。

还有螺旋桨的空泡噪声。螺旋桨工作时，桨叶正面产生极低压力，而背面产生高压区，以此产生推动舰艇前进的推力。在极低压力区产生蒸汽、形成气泡并不断膨胀，当它们进入高压区开始爆裂，产生空泡噪声，其频谱很宽从20~50Hz。另外，桨叶经过不对称尾流推动力不稳定产生的螺旋桨噪声。湍流经由船体表面产生的水动力噪声。

7.2.1.2 舰艇的伪装隐身

A 舰艇可见光伪装隐身

水面舰艇可以利用能见度不良的天候进行隐蔽。潜艇利用水下天然的地质结构进行隐藏。为了提高伪装性能，舰船常被迷彩为银灰色，在地平线处，这种颜色能够与背景相融合，难以被发现，如果再加上雨或者雾，则更难以被发现。潜艇呈现蓝黑色，是因为深海颜色很深，涂装蓝黑色更有利于隐蔽自己。如果潜艇作战区域在靠近大陆架的浅海区域，就会涂装成蓝色。例如，以色列海军潜艇和我国早期潜艇都是蓝色，与近海颜色相同。水面舰艇涂刷使人感到炫目的变形迷彩斑点颜色，有些舰船上的变形迷彩，其目的是使观察者直接眼花缭乱，从而难以确定舰船的外形，变形迷彩使目标在运动过程中，难以确定它准确的前进方向。

B 舰艇红外伪装隐身

舰艇红外伪装是要控制舰艇红外辐射特征，降低不同区域温度差，从而降低红外侦察设备和导弹识别的能力。

(1) 通过冷却降低3~5μm波段的红外辐射。燃气轮机和柴油机排放的高温废气是舰艇在3~5μm波段最强烈的红外辐射源，舰船的红外伪装需要考虑降低废气温度从而抑制在3~5μm波段红外辐射。废气排放量大，排气流速高，可以通过引射技术和烟囱喷水技术，使烟囱部位的温度大大降低，可降低舰艇在3~5μm波段95%以上的红外辐射。双层烟囱在烟囱底部开有冷空气进孔，使冷气与热废气混合，从而大大降低其温度，减低烟囱和燃气轮机的红外辐射。采用海水喷射技术，可以使排放废气温度由500℃降低到60℃左右。

(2) 通过屏蔽降低8~14μm波段红外辐射。采用红外隐身材料改变舰艇表面8~14μm波段红外辐射；采用隔热材料，阻止舰艇舱内的热源向外辐射；采用喷淋水幕技术将舰艇笼罩起来，达到降温屏蔽的伪装效果。

C 舰艇雷达伪装隐身

舰艇的雷达伪装隐身是为了降低敌方雷达探测舰艇的概率，或延长舰艇被雷达探测的时间。

(1) 外形设计。水面舰艇在外形设计上应避免上层建筑采用垂直或近似垂直的截面，同时应考虑如何减少电磁波的有效反射面积和反射强度。使雷达波避免在舰艇外表产生强的镜面反射，而将其分散到各个方向，减小在入射方向上返回的雷达波。

(2) 低雷达回波材料。舰艇表面包括上层建筑、烟囱、桅杆和舰体结构等都采用耐火型混合材料，减少雷达回波信号。采用涂覆型吸波材料或结构型吸波材料能够吸收和衰减空间入射而来的电波能量，使反射波减小或基本消除。

(3) 阻抗加载技术。利用自适应主动方式消除雷达反射波，涉及探测和信号处理技术，难度较大。

D 舰艇声波伪装隐身

声波伪装隐身技术主要是针对潜艇，还可以运用于反潜型水面舰艇、水雷等。

（1）通过取消、减少机械装置，代替采用喷水推进、电磁推进等技术降低自噪声。采用舰艇的双弹性支撑基座、隔声罩、消声器等机械隔声系统降低噪声。通过低发动机和辅助机噪声降低噪声。

（2）通过改进螺旋桨设计改进空泡噪声，采用大倾斜、变距、多叶螺旋桨。大倾斜叶片的叶根和叶梢不会同时达到半流场的高压区或低压区，因此有效地抑制了螺旋桨的振动噪声。通过增加螺旋桨叶数可以降低螺旋桨运动对介质的扰动噪声。螺旋桨叶片采用高阻尼合金材料，抑制桨叶振动降低噪声。采用气幕降噪，通过桨叶前缘的气孔将艇内空气喷到桨叶低压区吹气，以缓解阻止空泡噪声的产生。

（3）水动力噪声是不规则或起伏的水流流过运动着的潜艇产生的，这些不规则的水流还可能激起舰船本身某些空腔、空板的共振，从而辐射噪声。潜艇外形采用低阻力线型以减少紊流产生，尽量减小壳体附件和舰外开口数量，保持舰艇光滑，降低涡流噪声。舰艇表面涂覆吸声涂层。吸声层的材料一般在橡胶基体中加入某些金属微粒，声波入射后使金属离子运动产生热量，从而消耗声波能量。

7.2.2 飞机目标伪装隐身

7.2.2.1 飞机的暴露征候

A 飞机红外暴露征候

现代战争中，飞机成为实施攻击的主要武器之一，对战争双方都形成了巨大的威胁。飞机飞行过程中产生的红外辐射是飞机被侦察探测的主要信息来源。以喷气式飞机的红外辐射为例，其红外辐射来源于自身的辐射和对环境辐射的反射，其构成包括飞机自身红外辐射（发动机喷管、尾喷管排出的气体、机身蒙皮气动加热、其他发热部件）、机身对环境辐射的反射（直射阳光的反射和散射、大气辐射、地球辐射）。

（1）喷气发动机的辐射。喷气式飞机发动机的红外辐射是整个飞机红外辐射最突出的部分，与发动机的类型、推力比、加力燃烧模式、转速、飞行高度、大气条件、排气温度、尾喷管截面积以及排气管喷嘴喷出的气流速度等有关。飞机温度最高的部位是发动机周围区域，普通发动机排气管外壁温度大约是400℃，内壁温度大约是700℃。喷气发动机尾喷管外壁温度为500~600℃，内壁温度可达700℃，其红外辐射最大值在3~5μm波长范围内。通常将发动机的红外辐射近似地看成是发动机尾喷管的红外辐射。

（2）喷气束的辐射。发动机尾喷管喷出的高温燃烧产物（二氧化碳和水蒸气）发出极强的红外辐射，是高温、高速气流，也是最主要的红外辐射特征，其波长为3~5μm。喷气束的红外辐射强度随燃料（F）和氧（O）的比例变化而急剧变化，当 $O/F=1.8\sim2.0$ 时，红外辐射强度最大，当 $O/F=3.5$ 时，红外辐射强度适中。此外，喷气束的红外辐射强度与飞行高度、耗油量、喷气速度及喷气束温度等许多因素有关。

（3）机身气动加热。飞机飞行时，由于气动加热，飞机的蒙皮温度将剧烈增加，产生红外辐射，蒙皮的温度与其动力学形状、飞机速度和高度以及大气条件有关。当飞行速度达2~3Ma时，蒙皮温度很高，红外辐射相当强，其辐射峰值处于8~14μm波段范围。飞机飞行时，左右摇摆、俯冲、翻滚，它的红外特征也会有很大的不同。一般情况下，喷气式飞机辐射最大的部位位于机尾方向，辐射最弱的部位位于机头方向。喷气发动机内部发热零部件的辐射，如入口叶片、压缩器、汽轮机、排气喷管和尾喷管的辐射。

（4）机身的反射。在大多数情况下，飞机机壳是金属的，对红外辐射是不透明的。太阳光及大气的辐射和地球的辐射有部分被蒙皮反射，还有部分被蒙皮所吸收，这都会改变蒙皮的辐射特征或增加其红外辐射强度。当然，这里起主要作用的是太阳光，因为大气和地球的辐射比较弱。由于飞机本身发出的辐射与所反射的太阳辐射（即背景）的强度和频率不同，这使得红外探测器能将目标与背景区分开来。机载的各种机械和电子设备及电气设备在工作时会放出热量，因而也会产生红外辐射，只是其辐射强度一般比较小。

综上所述，根据各主要辐射源的情况，综合考虑整机的辐射参数，将各辐射源的各辐射参数相加起来，就成为整机的辐射参数，反映了整架飞机的红外辐射特征。相应地，红外隐身技术也就是从这些辐射源和辐射参数出发，寻求对抗红外探测系统的技术措施。

B　飞机雷达暴露征候

飞机雷达有效反射截面主要集中在机头、机翼、垂尾、座舱、发动机进气道，以及它们的结合部。机翼和水平尾翼的前后缘都是绝好的雷达反射体。飞机是一个很复杂的目标，由多个部件组成。在雷达波照射下，每个部件都会产生散射波而成为散射源。飞机表面的开口、缝隙、突起、凹陷和台阶对飞机的雷达散射截面积影响较大。普通飞机的合金金属表面也是强雷达回波材料。

7.2.2.2　飞机的伪装隐身

A　飞机红外伪装隐身

（1）发动机喷管采用碳纤维增强的碳复合材料或陶瓷复合材料，降低发动机喷管温度。喷口安装在机体上方或喷管向上弯曲，利于弹体遮挡红外辐射。在喷口附近安装“百叶窗帘”式水平隔栅红外排气挡板或红外吸收装置，或使飞机采用大角度倾斜的尾翼遮挡红外辐射。在尾喷管内表面喷涂低发射率涂料，采用S形二元喷管降低排气温度。椭圆或者矩形喷管取代传统的圆形喷管等；降低排气温度或提高排气冷却的速度，从而减小排气红外辐射强度。燃料中加入添加剂，抑制或改变尾焰中红外辐射频带。国外某些特殊燃料，使飞机喷射尾焰红外辐射处于5~8μm的大气强损耗波段。

（2）采用小热量发动机。采用涡轮风扇发动机，它与涡轮喷气发动机相比，平均排气温度降低200~250℃。用金属-石棉-金属夹层材料制作飞机发动机舱的衬里，以对发动机进行隔热，防止发动机热量传给机身，降低飞机的红外特征。

（3）在机身表面涂覆红外涂料，在涂料中加入隔热和抗红外辐射成分，以抑制飞机表面的温度。在飞机上采用闭合回路冷却系统，把座舱和机载电子设备产生的热能传递给燃油，使飞机红外辐射频段处于大气窗口之外。

（4）用气溶胶屏蔽发动机尾焰的红外辐射。例如，将含有直径为1~100μm金属化合物微粒的环氧树脂、聚乙烯树脂等可发泡高分子物质，随气流一起喷出，它们在空气中遇冷便雾化成悬浮泡沫塑料微粒，可有效地遮挡或屏蔽红外辐射，同时还可干扰雷达、激光和可见光探测器；或将含有易电离的钨、钠、钾、铯等金属粉末喷入发动机尾焰，高温加热形成等离子区；或在飞机尾段受威胁时喷出液态氮，形成环绕尾焰的冷却幕。

（5）降低飞机蒙皮温度。可采用局部冷却或隔热的方法来降低蒙皮温度；也可采用蒙皮温度预热燃油的方法，如美国SR-71高空侦察机，在马赫数大于3时，其壁面温度高达600K，飞机利用这一温度对燃油进行预热，并通过机体结构进行冷却，从而降低了飞机蒙皮温度。

（6）调节红外辐射传输途径可以通过在结构上改变红外辐射的辐射方向。另外，从目标发出的红外辐射在被红外探测器材接收前还要在大气中传播一段距离，红外辐射在大气中传输受到很大衰减。对于大多数军事目标来说，它们与背景的辐射对比度很低，实际辐射对比度只有百分之几到百分之十几，这就给实施干扰提供了机会。通过改变目标周围大气的辐射透过率，增大大气对目标红外辐射的衰减作用，屏蔽干扰红外探测器。可以通过制造大量的烟幕颗粒在目标与红外成像设备之间散开，可阻断或严重衰减红外辐射的传播，当目标产生的红外辐射通过烟幕的透过率小于15%时，红外成像系统将无法显示完整的目标图像，从而达到遮蔽的效果。直升机动力排气系统的红外抑制器就有这种功能，因而能有效抑制红外探测器威胁方向的红外辐射特征。此外，还可采用红外干扰措施，如用红外干扰信号、投放红外诱饵等。

（7）热红外伪装技术虽然有多种形式，但主要目的只有一个，即千方百计改变目标的原有热识别特征，使目标融合在背景之中，或显示一些假的热特征来欺骗敌方。假的红外辐射特征可以通过设置热红外假目标模拟出真目标的热红外探测特征，也可以使真目标模拟一些不重要目标的红外辐射特征。

B　飞机雷达伪装隐身

（1）改变飞机外形。飞机设计中，设法减少或合并有关部件，取消各种外挂物，在机体表面尽量避免开口、缝隙、突起、凹陷和台阶，使飞机表面尽量干净，并保证机体表面的光滑和连续，使其散射源的数量减少。采用机翼机身融合设计，取消垂尾，或将单垂尾改为外向或内向倾斜的双垂尾，采用后掠翼、三角翼，飞机单垂尾翼改为外倾式V形双垂尾翼，可使雷达反射波偏离雷达探测方向；把机翼修圆，使行波最小，减小朝向雷达接收机的二次辐射信号；采用异型（如格姆式）发动机进气口、长而曲折的S形甚至Z型进气道、“开缝”式的二维喷气管；对于高空侦察机和海上巡逻机等，主要威胁可能来自下方，可把进气通道和排气口之类具有明显可探测性特征的结构放在飞机的上表面，让机翼遮挡住从下面来的雷达波；对于低空攻击机，主要威胁是高空机载下视/下射雷达，则应将进气道和排气口移至飞机的下侧，对于制空战斗机等，威胁可能来自上方，也可能来自下方，情况比较复杂，或许采用埋入式进气道及在进气道上安装金属网屏蔽罩等较为有效；合理设计和制造座舱盖，不让雷达波进入座舱内；设计特殊的雷达天线或将盘状天线置于一种特殊的雷达罩内；遮挡炮口、传感器窗口和加/受油口等。采用没有常规的副翼、襟翼、缝翼和扰流片，上下表面都没有突变点，能够自行改变几何形状的自适应机翼，可有效地避免因行波产生二次能量辐射而引起雷达散射截面积的增大。减少散射源数量，取消外接吊舱，采用内嵌式机能，或将必需的翼下外挂物放在吸波材料制成的翼下容器内携带等，使飞机截面积近似菱形或枣核型，避免类似直角结构。

（2）低雷达回波材料。飞机全部蒙皮表面包括座舱窗户在内，全部都涂有吸波涂料。机体结构采用塑料、环氧树脂、石墨、碳纤维和陶瓷等低雷达反射材料制成。这些材料分子结构松散，不规则的多孔蜂窝状，使电磁波像乒乓球一样，在蜂窝状结构里弹跳，直到被吸收为止。

7.3 装甲车辆与导弹目标伪装隐身

7.3.1 装甲车辆伪装隐身

7.3.1.1 装甲车辆暴露征候

A 装甲车辆可见光暴露征候

装甲车辆空中观察颜色突出，呈深灰色、深绿色或土黄色，车体上方有炮塔、线状炮管和复杂阴影，履带结构及其行驶后留下的履带痕迹明显。

B 装甲车辆红外暴露征候

装甲车辆的红外辐射主要来源于发动机及其排出的废气、火炮发射时的炮弹及发射后的炮管高温部位、履带与地面摩擦及受阳光照射而产生的热等。不同型号的装甲车辆，使用的发动机功率不同、效率不同、位置不同，因而红外辐射特性也不同。装甲车辆外形复杂，各部分结构不同，从不同方位上探测，红外辐射特征也不同。受太阳辐射和周围环境影响，装甲车辆表面温度随时间变化而变化，在日出前5~6h装甲车辆表面温度最低，日出后表面温度逐渐升高，下午两三点钟时，表面温度达到最高，以后又慢慢下降直到温度最低值。装甲车辆质量分布极不均匀，导致热惯量也分布不均，炮塔等特厚部位，相比于油箱、翼子板、裙板等特薄部位以及地物背景，表面温度的变化稳定性和滞后性明显。

7.3.1.2 装甲车辆伪装隐身

A 装甲车辆可见光伪装隐身

(1) 改变外形。用较小水平面的多向散射取代大曲面的反射，从而将太阳光向四周散开去，减小目标单个方向上的亮度面积，减小目标发现概率，延长瞄准、跟踪时间。运用遮障伪装改变装甲车辆外形，与地物背景融合，隐蔽目标。

(2) 控制目标颜色亮度。消除目标表面的闪光、反光部件，降低显著性。在目标表面涂覆迷彩涂料，挂设伪装网，使目标与背景亮度匹配，如对车身结构进行变形，隐蔽炮管；表面喷涂变形迷彩，改变外形，以保障目标与背景的一致性。

B 装甲车辆红外伪装隐身

发动机排气和冷却气出口不能直接指向地面，从而使车辆行驶留下的地面热痕迹降到最低。采用陶瓷热发动机，降低装甲车辆发动机位置的红外辐射强度。朝向天空水平表面涂覆较低的发射率的涂层，以防向天空辐射热量。避免车辆自身产生高热量对比；在装甲车辆表面形成不均匀红外辐射，避免大面积均匀辐射；将外悬挂部件的热特性降到最低，避免从前方和侧面暴露。

还可采用不同发射率的红外迷彩涂料，使大面积的装甲车辆目标分散成多个小目标，分割歪曲目标的热图像，在热像仪上各种不规则的亮暗斑点打破了真实目标的轮廓，降低目标的显著性，增加识别难度。

7.3.2 导弹及导弹发射车伪装隐身

7.3.2.1 导弹及导弹发射车暴露征候

A 导弹暴露征候

导弹红外辐射的情况和飞机相似，导弹因其高加速度、高马赫数，其红外暴露征候是其被侦察发现的最主要因素之一。导弹的红外辐射来源包括发动机排出的高温尾喷焰、发动机尾喷口、导弹高速飞行时因气动加热的高温蒙皮以及弹体对环境高温辐射的反射。

现代导弹的动力系统一般分为火箭发动机和空气喷气发动机，无论导弹动力系统是哪种类型的发动机，发动机的尾焰都是构成导弹重要的辐射源。喷气式发动机尾喷焰的主要成分一般是 H_2O、CO_2、C 等，H_2O 和 CO_2辐射光谱成分一般分布在 2.4~3.1μm 和 4.3~4.5μm 两个谱段内。

导弹的雷达暴露征候是其被发现、拦截的另一主要因素。一枚常规导弹的雷达散射截面积为 0.05~0.1m^2。常规导弹头部呈球形，雷达散射方向均匀，雷达暴露征候明显。另外，导弹上的雷达、弹上通信设备、电子战设备、发动机进气道、发动机尾焰管、导弹弹翼以及各种传感器等，都是强散射部件。

B 导弹发射车暴露征候

导弹发射车较一般车辆体形较大，有导弹发射筒等明显的柱状、方形发射装置，具有明显的可见光暴露征候。

导弹发射车由于其自身性质，其红外辐射能力较强，热红外战场侦察给导弹发射车带来了极大威胁。导弹发射车的发动机在工作时会产生大量的热量，发动机机体的外表温度可升高到 120℃以上，车头由于采用钢板材料，使车头外表温度一般都在 60℃以上，这与背景都存在很大温差，这些红外辐射也会被车体挡住，反射到地面，或辐射到空间中。导弹发射车的轮胎在转动中由于和驱动轴以及路面发生摩擦，会产生大量热量。太阳辐射和地面辐射也能使导弹发射车轮胎温度迅速升高，发出很强的红外辐射。导弹发射车的尾喷口及排出的热废气温度可达 100℃以上，受其影响周围喷嘴部分可达 70℃，红外辐射强度也较高。晴朗白天太阳辐射对导弹发射车铁质材料加热升温快，且导弹发射车各个部分空间构成不同，包括驾驶室、设备室、弹舱等温度各不相同，容易被红外热像仪侦察识别。在导弹发射几分钟内，整个发射车及周围气体受导弹尾焰影响形成大块热板，温度较高，红外辐射特征明显。

7.3.2.2 导弹及导弹发射车伪装隐身

A 导弹伪装隐身

导弹的红外伪装隐身首先应考虑对导弹发动机红外辐射的控制，主要可从以下几方面入手：一是采用大流量比的涡扇发动机，比一般涡喷发动机温度降低 200~250℃；二是用金属石棉夹层对导弹发动机隔热，实现局部冷却或隔离，防止发动机热量传递给机身；三是采用非对称喷嘴，使尾焰与外部自流动空气更快速混合，达到降低温度的目的，实验证明，宽高比为 7 的二元矩形喷管与同样面积的圆形喷管比，尾焰的红外辐射强度降低了 61%；四是采用冷空气引射技术，以冷却动力装置的发热部件；五是采用新式燃料使尾焰辐射移到大气窗口外强损耗波段；六是采用陶瓷复合材料制作尾喷管，将喷管安装在弹体上方，降低向前下方的红外辐射；七是在发动机内壁以及外层蒙皮上使用红外抑制涂层，降低红外辐射。

导弹的雷达伪装隐身目的是降低雷达对导弹的最大探测距离，因而必须降低导弹的雷达散射截面积。从改变导弹外形角度出发，可通过减小导弹机械尺寸，将常规导弹头改成扁长的非球形体以降低雷达截面积等方面入手。将导弹进气道埋入弹身或将进气道制造成S形，降低雷达回波强度。在发动机前安装挡板，或设计成背负式进气道。另外，采用吸波材料使导弹表面产生强吸收效果。

B　导弹发射车伪装隐身

导弹发射车优先利用天然地形地物进行隐蔽。利用迷彩伪装，降低其色彩和亮度与背景之间的对比。利用遮障网，改变导弹发射车外形，与背景融为一体，防多光谱遮障网对于可见光、红外和雷达侦察都能够起到一定的遮蔽效果。必要时，利用烟幕弹隐蔽目标机动转移。

导弹发射车的红外暴露征候可以从改变导弹发射车表面各处的辐射分布、利用热抑制技术以及结构设计等方面入手。通过红外迷彩涂料，使发射车表面的发射率斑块形状发生变化，使目标的红外影像被分割，或与背景融合，从而隐蔽目标。隔热伪装网可以遮挡部分阳光直接照射。利用红外烟幕遮蔽导弹发射车的红外辐射，目前多型车载烟幕系统能够在可见光、近红外、热红外波段上隐蔽目标。加装车载水幕装置，在导弹发射车发射导弹后，利用水幕屏蔽红外辐射。

参考文献

[1] 张宇佳，魏俊杰．一种基于超光谱图像的快速反伪装识别技术［J］．光电技术应用，2018，33（3）：39-42.

[2] 古道西风，王家营，杨大峰，等．人防目标伪装防护［M］．北京：中国宇航出版社，2016.

[3] 杨照金，崔东旭．军用目标伪装隐身技术概论［M］．北京：国防工业出版社，2014.

[4] 赵渊，彭海军．军事伪装与战争欺骗［M］．北京：化学工业出版社，2013.

[5] 谷秀昌．SAR 图像判读解译基础［M］．北京：科学出版社，2018.

[6] 邢欣．隐身伪装技术基础［M］．长沙：国防科技大学出版社，2018.

[7] 王展，李洁．基于北京的迷彩伪装设计与综合评价方法［M］．北京：科学出版社，2017.

[8] 姬金祖．隐身原理［M］．北京：北京航空航天大学出版社，2018.

[9] 宣益民，韩玉阁．地面目标与背景的红外特征［M］．北京：国防工业出版社，2020.

[10] 王向伟，荣先辉．伪装隐身技术［M］．哈尔滨：哈尔滨工程大学出版社，2021.